증명의 함정

수학자가 알려주는
증명의 함정

초판 1쇄 인쇄 2026년 2월 25일
초판 1쇄 발행 2026년 3월 5일

지은이 애덤 쿠차르스키
옮긴이 고호관
펴낸이 오세인 | **펴낸곳** 세종서적㈜

국장 주지현
편집 최정미 | **표지디자인** this-cover | **본문디자인** 김진희
마케팅 조소영 | **경영지원** 홍성우

출판등록 1992년 3월 4일 제4-172호
주소 서울시 광진구 천호대로132길 15, 세종 SMS 빌딩 3층
전화 (02)775-7012 | **마케팅** (02)775-7011 | **팩스** (02)319-9014
홈페이지 www.sejongbooks.co.kr | **네이버 포스트** post.naver.com/sejongbooks
페이스북 www.facebook.com/sejongbooks | **원고 모집** sejong.edit@gmail.com

ISBN 979-11-24255-03-2 03400

· 잘못 만들어진 책은 구입하신 곳에서 바꾸어드립니다.
· 값은 뒤표지에 있습니다.

팩트가 통하지 않는 시대,
진실을 가려내는 과학적 방법

수학자가 알려주는

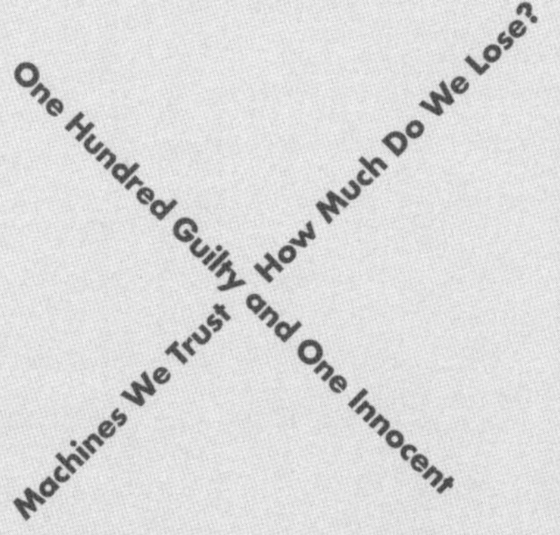

증명의 함정

애덤 쿠차르스키 지음 | 고호관 옮김

세종

O와 R에게

2010년 4월, 아이슬란드에서 에이야퍄들라이외퀴들 화산이 분화하면서 전 세계에서 온 항공 승객 600만 명의 발이 묶였다. 나는 4월 16일 금요일, 대서양을 건너 암스테르담을 경유해 런던으로 돌아가는 비행기를 탈 예정이었다. 하지만 그 전날, 북유럽 국가들은 9,000미터 상공에서 날아오는 화산재 구름을 포착하고는 공항을 폐쇄하기 시작했다.

수백만 명의 머릿속에 돌연 한 가지 질문이 떠올랐다. 언제 공항이 다시 열릴까? 며칠 걸릴까? 몇 주, 아니면 더 오래 걸릴까? 『가디언』지는 이렇게 보도했다. "한 화산학자는 만약 분화가 계속된다면 화산재가 향후 6개월 동안 항공 교통에 간헐적인 문제를 일으킬 수 있다고 말했다."[1]

과거를 돌아보면, 비행기와 화산은 그다지 좋은 궁합이 아니다. 화산재 입자가 엔진 안으로 빨려 들어가 블레이드(비행기의 추진력을 만드는 터빈의 날개―옮긴이)와 배기구를 막으면, 엔진이 녹아버릴 수 있다. 1982년 브리티시 에어웨이의 747 기종은 자카르타 부근에서 화산재 구름을 통과한 뒤 엔진 네 개를 모두 잃었다. 1989년 알래스카 상공을 날던 KLM 네덜란드 항공기의 엔진이 같은 이유로 멈췄다(다행히 두 항공기 모두 화산재가 식어 유리처럼 부서진 뒤 엔진을 재시동하는 데 성공했다). 이후 항공 가이드라인에는 새로운 권고 사항이 추가됐다. 항공기는 화산재가 있는 지역을 철저히 피해 운항해야 한다는 것이다.[2]

그러나 유럽 전역에 퍼지고 있는 에이야퍄들라이외퀴들의 화산재가 과거 사고를 일으켰던 짙은 화산재 구름과 동일한 영향을 미칠지는 불확실했다. 심지어 화산재 구름의 위치에 관한 신뢰할 수 있는 데이터조차 없었다. 항공편이 멈추자 각국의 연구진이 저마다 보유한 자료를 해석하려 애쓰면서 긴장감이 고조됐다. 각국 정부는 비행해도 안전하다는 증거를 원했고, 항공사는 그렇지 않다는 증거를 원했다.[3]

다른 국가보다 화산재 구름에 더 가까이 위치해 있고, 기후 분석의 역사가 깊은 영국은 일단 신중한 접근법을 택했다. 영국 연구자들은 1986년 체르노빌 원자력 발전소 사고에서 나온 방사성 입자를 추적하기 위해 개발한 기법을 응용해, 대기 시뮬레이션을 통해 화산재의 이동 경로를 예측했다. 이후 수집된 데이터는 시뮬레이션 결과와 일치했지만, 화산재 구름의 위치를 파악하는 것만으로는 충분하지 않았다. 화산재가 실제로 항공기에 어떤 위험을 초래할지에 대해서는 누구도 확신할 수 없었다.

몇몇은 시뮬레이션을 돌렸고, 나머지는 실험을 해보기로 결정했다. 4월 17일 토요일, 마침 내가 예약했던 항공사인 KLM은 승객을 태우지 않고 시험비행을 했다. 네덜란드 상공을 날아가는 동안 모든 것이 순조로웠고, 그 뒤에도 비행기가 손상을 입었다는 증거는 찾을 수 없었다.[4] 이어서 다른 항공사들도 시험비행을 더 해보았다. 데이터가 쌓이고 위험하다는 인식이 줄어들자 항공사들은 승객을 태운 비행을 서서히 재개하기 시작했다.

화산재 구름은 지나가겠지만, 근본적인 의문은 그대로였다. 새로운 문제를 맞닥뜨렸을 때 기존의 이론과 새로 나타나는 관측 결과를 어떻게 가늠해야 할 것인가? 실험에 위험이 따른다면 새로운 데이터를 수집하는 것은 언제 윤리적일 수 있을까? 그리고 어디에 선을 긋고 결정을 내려야 할까?

증명은 시급함을 요할 때가 있다. 중요한 것은 참이냐가 아니다. 무엇이 참이라고 자기 자신과 다른 사람을 설득할 수 있느냐다. 살인자가 풀려나지 않기를 원하는 검사는 증거를 충분히 모아 판사를 설득해야 한다. 전염병이 유행할 때 새로운 백신을 배포하고 싶다면 충분히 안전하고 효과적이라고 증명해야 한다. 판결의 오류를 줄이고 싶다면, 의학의 진보를 이루고 싶다면, 혹은 화산 분화 이후에 비행기를 띄워도 될지 제대로 결정하고 싶다면 우리는 증명을 해야 한다.

그러나 증명에 관한 우리의 경험은 흔히 짧고, 주입식이 되기 쉽다: "여기 확실한 사실이 있어. 외워서 말해봐". 내가 수학을 공부하던 초창기에 우리는 '분명하게' 또는 '명백하게'라는 단어로 명제를 시작해서는 안 된다고 배웠다. 만약 우리의 논리적 추론이 설득력을 지녔다면, 우리가 그런 말을 하지 않아도 읽는 사람은 그 분명함을 알 수 있을 것이다. 훗날 나는 작가들 사이에도 비슷한 진언이 있다는 것을 알게 됐다. "말하지 말고, 보여줘라." 하지만 여전히 우리에게는 무엇을, 어떻게 보여줄지 선택하는 문제가 남는다.

증명에 다가가는 방법은 흔히 우리가 직면한 상황에 따라 달라진다. 신제품이 기존 제품보다 더 낫다는 것을 어떻게 보여줄 것인가? 혹은 법정에서 어떻게 유죄를 밝힐 것인가? 어떻게 해야 자율주행차를, 혹은 모르는 이와의 금전 거래를 신뢰하게 만들 수 있을까? 여러분이라면 새로 도입할 정부 정책에—좀 더 야심이 있다면, 새로 세울 나라의 근간이 될 원칙에—관해서 어떤 종류의 증거를 원하는가? 이런 의문에 어떻게 다가갈 것인가? 철학자처럼? 변호사처럼? 컴퓨터 과학자처럼? 통계학자처럼? 아니면 완전히 다른 누군가처럼?

삶은 무엇이 참이고 그게 왜 참인지 우리가 이해하는 것과 놀라울 정도로 간극이 큰 상황으로 가득하다. 이 책은 그 간극에 관한 내용을 담고 있다. 참과 거짓을 분별할 수 있도록 과학자와 사회를 도와 의사 결정을 개선하고 위험한 오류를 줄여준 개념에 관한 이야기다. 중세의 배심원에서 근대의 과학혁명에 이르기까지, 사람들이 증거를 모으고 불확실성을 해결하며 증명에 다가갔던 방법에 관한 이야기다. 그리고 결정적으로 그런 방법이 실패했을 때 어떤 일이 일어났는지를 다룬다.

박사 학위가 있는 독자들로부터 분노에 찬 편지가 몰려들었다. 이 박사들이 화를 낸 대상은? 세계에서 아이큐가 가장 높은 사람이라는 기록을 보유한 매릴린 보스 사반트 Marilyn vos Savant였다. 때는 1990년 9월이었고, 보스 사반트가 얼마 전에 대단할 게 없어 보이는 수학 퍼즐에 관해 잡지 칼럼을 쓴 뒤였다. 안타깝게도, 보스 사반트의 풀이로 우편함에는 불이 났다. 불만을 토로한 한 독자는 "앞으로 이런 문제를 풀기 전에 확률에 관한 교과서를 구해서 읽어보는 게 어떨까요?"라고 써서 보냈다. 또 다른 누군가는 "당신의 생각을 바꾸려면 화난 수학자가 몇 명이나 필요할까요?"라고 썼다.[5]

수천 통이 넘는 편지가 왔으며, 그중 일부는 대학교 편지지에 쓰여 있었다. 상당수는 잘난 척하는 내용이었다. "우리 수학과는 당신 덕분에 한바탕 신나게 웃었습니다." 일부는 보스 사반트가 교육에 끼친 해악에 탄식하는, 좀 더 심한 내용이었다. "이 나라에 이미 수학에 대한 무지가 충분히 퍼져 있는데, 세계 최고의 아이큐를 가졌다는 사람이 그걸 더 퍼뜨릴 것까지는 없습니다. 부끄러운 줄 아시오!" 어떤 이들은 생물학에서 오류를 찾았다. "어쩌면 여성은 남성과 다르게 수학 문제를 바라보는 걸지도 모릅니다."

그렇게 격렬한 반응을 일으켰던 퍼즐은 미국 게임 쇼의 진행자 이름을 따서 으레 '몬티 홀 문제'라고 불렸다. 1970년대부터 나오던 문제였지만, 처음 보는 수학자가 많았던 게 분명했다. 나는 보스 사반트 논란으로부터 10년쯤 뒤인 10대 시절에 처음 그 문제를 접했다. 하지만 내가 그 퍼즐의 함의를 제대로 이해하기까지는 그보다 훨씬 더 오랜 시간이 걸렸다.

몬티 홀 문제를 처음 듣는 독자를 위해 이야기하자면, 문제는 간단하다. 여러분은 게임 쇼에 출연해 세 개의 문 중에서 하나를 골라야 한다. 두 개의 문 뒤에는 염소가 있고, 나머지 하나의 문 뒤에는 고급 승용차가 있다. 여러분이 먼저 문 하나를 고른다. 당신이 고른 것이 2번 문이라고 하자. 그러면 문 뒤에 무엇이 있는지를 이미 알고 있는 진행자

2번 문을 선택하면, 사회자는 3번 문 뒤에 있는 염소를 보여준다. 여러분이라면 바꾸겠는가?[6]

가 다른 두 문 중 하나, 가령 3번 문을 열고 염소를 보여준다. 그리고 여러분에게 선택을 바꿔 1번 문을 고를 수 있는 기회를 준다. 여러분은 이 제안을 받아들여야 할까?

1995년에 수학자 앤드루 바조니Andrew Vázsonyi는 친구인 폴 에르되시Paul Erdös에게 이 퍼즐에 관해 이야기했다.[7] 그 문제를 풀 수 있는 사람이 있다면, 그것은 세상에서 그 누구보다 수학 논문을 더 많이 발표한 데다 확률 전문가이기도 했던 에르되시였다. 에르되시라면 기회가 있을 때 선택을 바꾸었을까? 에르되시는 "차이가 있을 리 없다"라고 말했다. 남은 문은 두 개였으니 50 대 50인 도박이라는 이유에서였다.

에르되시의 답변에 바조니는 놀랐다. 바조니가 시간을 들여 가능한 모든 경우의 수를 다 확인해본 결과로는 차이가 있었던 것이다. 예를 들어 1번 문 뒤에 자동차가 있고, 여러분이 처음에 그 문을 골랐다고 하자. 만약 선택을 바꾼다면, 여러분은 자동차를 잃는다. 이번에는 여러분이 2번 문을 골랐다고 하자. 진행자는 여러분이 고르지 않은 문 중에서 염소가 있는 문을 열어 보여준다. 이 경우에는 진행자가 3번 문을 열었다는 뜻이 된다. 그 결과 선택을 바꾸면 자동차를 얻는다. 마찬가지로 여러분이 3번 문을 고르고 진행자는 2번 문을 열어 염소를 보여준다면, 여러분은 선택을 바꿀 때 자동차를 얻는다. 즉 여러분이 선택을 바꾼다면 세 가지 중 두 가지 경우에 자동차를 얻는다. 자동차가 다른 문 뒤에 있다고 가정하고 생각할 때도 똑같은 논리를 적용할 수 있다. 보스 사반트도 칼럼에서 이와 같은 결론을 제시했다. 수학적으로 말하면, 바꾸는 편이 낫다.

그런데 에르되시에게 자신의 계산 결과를 설명하고 난 바조니는 두 번째로 놀랐다. "놀랍게도 에르되시는 설득당하지 않았고, 그는 간단한 설명을 원했다"라고 바조니는 회고했다. 자신이 내놓은 해답에 직관적인 논리를 생각해낼 수 없었던 바조니는 난처했다. 모든 가능성을 다 짚어본 결과 어떻게 해야 하는지는 알 수 있었지만, 왜 그렇게 해야 하는지는 알 수 없었다. 그날 시간이 좀 더 지난 뒤 에르되시는 다시 물었다. "왜 그러는 거야? 왜 내가 바꿔야 하는 이유를 설명해주지 않는 거야?"

아직 뾰족한 수를 생각해내지 못했던 바조니는 다른 방식을 택했다. 이 문제의 컴퓨터 시뮬레이션을 만든 뒤 10만 번 돌렸다. 그 결과 매번 선택을 바꾼다면 시뮬레이션의 3분의 2는 자동차를 얻을 수 있었다. 만약 선택을 고수한다면, 3분의 1만 자동차를 탈 수 있었다. 다행히 바조니의 친구는 마침내 마음을 누그러뜨렸다. "에르되시는 여전히 이유는 이해할 수 없다고 했지만, 내가 옳다는 사실을 마지못해 납득했다.”

비록 에르되시, 그리고 보스 사반트에게 성난 독자들이 틀리긴 했지만, 그것은 단지 처음에 정답을 맞히고 못 맞히고의 문제가 아니었다. 다른 누군가가 정답을 가르쳐주었어도 그 사람들은 머릿속에서 스스로 정답에 도달하는 데 어려움을 겪었다. 몬티 홀 문제는 많은 사람에게 끊이지 않는 좌절감을 안겨준다. 사람들이 내가 수학을 전공했다는 것을 알게 되면 나는 본의 아니게 이 수수께끼에 관한 긴 대화에 끌려들어가곤 한다. 에르되시처럼 이들도 올바른 목적지를 가리키는 깔끔한 개념적인 지도 같은 직관적인 설명을 원했다. 바조니와 마찬가지로 나도 흔히 여기서 어려움을 겪는다. 처음 이 문제를 접했을 때 나는 금세 정답을 받아들였다. 하지만 다른 사람을 설득하는 게 얼마나 어려울지는 깨닫지 못했다. 여러분이라면 전에 몬티 홀 문제를 들어본 적이 있고, 앞서 말한 문을 보고 정답을 기억해냈다고 해도 다른 사람에게 만족스러운 설명을 할 수 있다고 얼마나 자신할 수 있을까? 그런 처지에 놓였을 때 외워서 설명하는 수준을 넘어 증명이라는 더 깊은 영역까지 들어갈 수 있을까?

직관적으로 풀이를 이해하는 데는 시간이 걸린다고 해도 바조니는 게임을 반복하기만 해도 정답에 도달하는 게 여전히 가능하다는 점을 보여주었다. 인간이 아닌 몇몇 종은 이런 방법을 선호하는 듯하다. 2010~2012년에 발표된 일련의 실험 논문에 따르면, 비둘기는 시행착오를 통해, 특히 선택을 바꾸었을 때 얻는 혜택이 클수록 더욱 최적화된 몬티 홀 문제 대응 전략을 구해낸다.[8] 그럼에도 칼럼 게재 이후 1년이 지난 뒤에도, 그리고 후속으로 해설이 몇 번 올라온 뒤에도 몇몇 사람은 매릴린 보스 사반트에게 편지를 보내고 있었다. 한 남성은 이렇게 말했다. "난 여전히 당신이 틀렸다고 생각합니다. 여성의 논리라는 게 실제로 있나 보군요."

몬티 홀 문제는 아무리 간단해 보이는 문제라고 해도 의견이 갈릴 수 있음을 보여준다. 바조니는 에르되시와 대화를 나누며 자신의 풀이가 옳음을 증명하기 위해 두 가지 접근법을 시도했다. 자동차의 위치와 문 선택에서 경우의 수를 하나씩 모두 살펴보며 각각의 결과를 체계적으로 기록했을 때 쓴 방법은 소진법이었다. 모든 경우의 수가 소진될 때까지 모든 조합을 확인해보는 것이다. 반대로 컴퓨터로 수천 번 돌려서 결과를 세어본 것은 시뮬레이션 증명법이었다. 전략을 계속 시험하다 보면 수많은 시도 끝에 가장 좋은 전략이 나타난다.

동시대 철학자들이 전하는 한 이야기에서 소크라테스는 설명할 수 있는지에 따라 무엇이 참임을 아는 것과 단순히 그게 참이라고 믿는 것을 구분했다.[9] 설명할 수 없다면 에르되시처럼 만족하지 못하고 마지못해 받아들이게 되는 것이다. 그러지 않으려면 우리는 이제껏 어떤 형태의 증명이 성공했고 어떤 증명이 지지부진했는지를 살펴보아야 한다. 앞으로 우리는 논리가 우아한 귀류법과 대우법에서 논란이 있는 예제 증명과 확률적 증명에 이르는 다양한 접근법을 탐구할 것이다. 합리적인 의심을 넘어서는 증명의 복잡성을 분석하고, 주장에 의한 증명과 위협에 의한 증명에 따르는 해로운 효과를 따져볼 것이다. 기발한 고대의 논리에서 현대 인공지능의 신뢰성에 이르기까지 과학적 사고의 발전도 추적할 것이다. 그리고 이런 개념이 정치와 정의, 위험에 관한 우리의 개념을 어떻게 형성했는지도 살펴볼 것이다.

또 우리는 증명의 한계와도 마주할 것이다. 1985~1989년 당시 매릴린 보스 사반트는 세상에서 가장 높은 아이큐라는 기네스 기록을 보유하고 있었다. 하지만 그는 그것이 자신이 세상에서 가장 똑똑한 사람이라는 뜻은 아니라고 선뜻 인정하며 이렇게 말했다. "너무 많은 요인이 얽혀 있어 지능을 측정하려는 시도는 쓸모가 없다."[10] 보스 사반트의 견해에 따르면, 아이큐 테스트는 그런 결론을 내리는 데 어쩔 수 없는 한계가 있다. "지능 테스트는 다양한 정신 능력을 측정한다. 그리고 뛰어난 테스트는 이를 잘 수행한다. 하지만 지능 자체를 측정하는 것은 아니다." 마침 기네스북은 보스 사반트의 몬티 홀 칼럼이 실린 1990년에 최고의 아이큐 분야를 선정하는 것을 '중단'하기로 했다.[11] 테스트가 다양하고 결과가 제각각이라는 점 때문에 기록 보유자 한 명에게 왕관을 씌워주는 게 타당하지 않다는 의견에 따른 결정이었다.

역사적으로 진리는 효과적인 분석 방법을 찾아낸 사람에 의해 모습을 나타냈다. 하지만 사람들이 증명을 받아들이는 데는 사회적 요인도 작용한다. 몬티 홀 문제에 대한 폴 에르되시의 답을 처음 접했을 때 그 문제를 증명한 사람이 에르되시였기 때문에 믿으려는 마음이 들지는 않았는가? 아니면 영국 왕립학회의 과학자들이 좋아하는 모토인 "Nullius in verba"(누구의 말도 곧이곧대로 믿지 마라)에 공감하는가? 틀린 정보와 음모론에서 패러다임의 전환과 과학적 분열에 이르는 모든 사항은 단순히 증거의 문제가 아니다. 증거를 둘러싼 사회 동역학 역시 이에 관여한다.

이런 문제는 최근 들어 점점 두드러지고 있다. 에이야퍄들라이외 퀴들에서 미세한 화산재 입자가 퍼져 나와 유럽의 항공로를 닫아버린지 10년 만에 코로나 바이러스 입자의 세계적인 확산은 그보다 훨씬 더 대규모로 오랫동안 세계를 봉쇄했다.[12] 비非과학자들에게 코로나19 팬데믹은 과학의 작동 방식을 보여주는 사건이었다. 코로나19 이전에는 흔히 추상적이고 스쳐 지나갈 뿐이었던 과학계 내부의 연구가 몇 달 동안 헤드라인을 장식했다. 대중은 실시간으로 과학이 이루어지는 과정의 실체를 목격했다. 그것은 때때로 정치, 개인 성향, 편견 등으로 추악했다.

그러나 동시에 지식의 최전선에 서서 새로운 발견이 등장하는 모습을 함께 바라볼 수 있는 기회이기도 했다. 그 시기에 역학자로서 나는 질병의 중증도에서 새로운 변종의 등장에 이르는 팬데믹의 특징을 밝히기 위해 노력했다. 우리는 다양한 방법과 데이터 세트를 조합해가며 자주 바뀌고 파편적인 진실의 단면을 집어내기 위한 최고의 도구를 찾았다. 어떨 때는 그 질병에 관해 우리가 내린 결론이 며칠 만에 검증이 되기도 했고, 때로는 몇 달이 지나야 우리가 옳았는지를 알 수 있었다.

내 이메일과 엑스(X, 이전의 트위터—옮긴이) 알림에 욕하는 메시지가 쌓이기 시작하자 나는 매릴린 보스 사반트의 처지에 공감하게 됐다. 다수의 증거가 똑같은 방향을 가리키고 있어도 여전히 그 정반대를 확신하는 사람이 있었다. 여러 가지 면에서 그 치열했던 시기는 증거와 통계, 논리, 인간 행동이 뒤섞인 더 넓은 삶 속에 있는 증명의 축소판이었다.

1990년에 산더미 같은 비판을 받은 뒤 보스 사반트는 "수학 문제의 답은 투표로 정해지지 않는다"라고 말했다.[13] 과학과 그 외의 분야에서 눈에 보이는 수학의 순수성과 불변성은 분명히 유혹적이다. 불확실한 세상에서 분명한 답을 제공해줄 수 있는 분야가 하나라도 있다고 생각하면 안심이 된다. 하지만 이 확실성은 환상이다. 증명이라는 수학적인 개념마저도 생각처럼 항상 단단하고 정치로부터 자유로운 것은 아니다. 우리는 바로 그 지점에서 출발할 예정이다. 일군의 수학자와 일군의 정치가, 그리고 둘 모두를 집어삼킬 공통의 위기와 함께.

차례

1장

유클리드에서 독립선언까지, 국가적 공리의 균열

군중은 무대 위의 남성이 풍기는 기묘함 그 자체에 뒷걸음쳤다. 정말 우리가 보러 온 게 이 사람 맞나? 그 자리에 있던 한 변호사는 다음과 같이 회상했다. "처음에는 군중 속에서 혼자 툭 튀어나와 보이게 하는 커다란 키를 제외하면 특별히 인상적이거나 눈길을 끄는 점은 없었다. 옷은 커다란 뼈대에 어색하게 걸려 있고, 얼굴색은 눈에 띄지 않을 정도로 창백했다. 거칠고 주름진 얼굴에는 고난과 투쟁의 고랑이 파여 있었다. 움푹 들어간 눈은 슬프고 불안해 보였다."[1]

그에 앞서 1,500명의 군중이 눈과 진탕으로 범벅된 길을 피해 행사장으로 몰려들어오자 행사 주최자는 스타가 되어야 할 인물에 대해 점점 불안해졌다. "뉴욕의 대중 앞에 서는 날 밤에 입은 옷은 키가 크고 수척한 남자를 위해 악마가 창의성을 발휘해 만들어냈다고 할 수 있을 정도로 어울리지 않았다. 검은 프록코트는 잘 맞지 않았고, 몸통 부분과 코트 자락, 팔은 너무 짧았다. 구부러진 낮은 옷깃은 길고 마르고 주름진 목을 그대로 드러내고 있었다."

그러나 그날 월요일 저녁에 그 남성이 날카롭고 때로는 홀 전체에 울려 퍼지는 높은 목소리로 연설을 시작하자, 그 변호사는 분위기의 변화를 감지했다. "꾸미거나 과장하려는 시도 없이, 과시나 겉치레 없이 그 남자는 곧바로 요점을 말했다." 묘한 동작을 곁들인 그 남성의 연설은 청중의 흥분 어린 반응을 불러일으켰다. 이 광경을 지켜보던 한 기자는 이렇게 평했다. "그 남자는 이 대규모 청중을 완전히 사로잡았다. 그리고 독특한 표현이지만 명쾌하고 설득력 있는 주장으로 그의 정치적 결론이 정확하고 반박 불가능하다는 사실을 하나씩 입증할 때마다 청중은 오랫동안 격렬하게 열광했다. 나는 연설가가 그렇게 좌중을 휘어잡는 모습을 지금껏 본 적이 없다." 다음 날, 연설 내용이 뉴욕에서 발행되는 신문 네 곳에 실렸다. 그 남성의 연설은—그리고 그를 지지하는 의견은—훗날 미국 전역에 퍼졌다. 1년도 지나지 않아 그 남성은 대통령이 된다.

뉴욕 행사로부터 몇 주 뒤 목사 존 걸리버는 에이브러햄 링컨Abraham Lincoln이라는 이름의 정치가였던 그 연사와 기차에서 대화를 나눌 수 있었다. 그날 저녁 걸리버는 링컨이 코네티컷의 노리치에서 연설하는 모습을 보았는데[2], 살면서 그렇게 뛰어난 연설은 거의 들어보지 못했다. 걸리버는 링컨의 옆자리에 앉아 어떻게 그렇게 설득력 있게 연설을 하느냐고 물었다. "'정리하는' 능력이 어떻게 그리 뛰어날 수 있는지 정말 알고 싶습니다."[3]

링컨은 자신이 정규 교육의 혜택을 받지 못했다고 말했다. "저는 6개월 이상 학교에 다닌 적이 없습니다." 그러나 변호사로 훈련받는 동안 링컨은 다른 사고방식을 접했다. "법전을 읽는 과정에서 저는 끊임없이 '입증'이라는 단어와 마주쳤습니다. 처음에는 그 의미를 이해했다고 생각했지만, 곧 그렇지 않다는 것을 받아들였습니다."[4]

사전과 참고 서적을 뒤졌지만, 링컨은 정말로 타당해 보이는 설명을 찾을 수 없었다. "저는 웹스터 사전을 찾아보았습니다. '확실한 증명', '의심의 여지 없는 증명'이라고 되어 있더군요. 하지만 그런 증명이 도대체 어떤 것인지 떠올릴 수 없었습니다." 결국 링컨은 그 개념을 이해하는 유일한 방법은 행동에 옮기는 것이라고 결정했다. "마침내 나는 말했습니다. '링컨, 입증이 무슨 뜻인지 이해하지 못하면 넌 결코 변호사가 될 수 없을 거야.' 그리고 스프링필드를 떠나 아버지 집으로 갔습니다. 그곳에서 유클리드의 책 여섯 권에 나온 어떤 명제라도 바로 설명할 수 있게 될 때까지 머물렀지요."

그가 말한 여섯 권의 책은—『원론 *The Elements*』으로 불리는 열세 권의 앞쪽 절반이었다—기원전 300년경 고대 그리스 수학자 유클리드가 쓴 것이다. 그렇다면 2,000년 된 교과서가 어떻게 미국 정치에 그런 깊은 영향력을 발휘할 수 있었던 걸까? 얼핏 보면 『원론』은 따분한 학술서 같다. 연구하게 된 배경에 대한 이야기도 없고, 인물에 관한 언급도 없고, 예시로 보여주는 그림도 없다. 『원론』은 전형적인 간결함을 보여주며 시작부터 요점을 제시한다. "점은 위치를 갖지만, 차원은 없다."[5] 그럼에도 유클리드의 저서는 고향인 알렉산드리아를 굽어보던 등대보다도 더 오래 남은 고대의 경이로운 기념비가 됐다.

유클리드는 지식의 체계, 근본적인 원리에서 보편적인 진리로 보이는 것을 구성하는 방법을 만들었다. 『원론』의 바탕에는 정의가 있었다. '점'의 정의로 시작한 유클리드는 이어서 도형과 구조를 정의했다. 예를 들어 삼각형은 "양 끝이 붙어 있는 직선 세 개로 이루어진 도형"이었다. 유클리드는 "전체는 부분보다 크다"처럼 증명이 필요하지 않은 자명한 공리도 열거했다.[6]

이런 정의와 공리로부터 유클리드는 수십 가지의 수학적 주장을 입증했다. 증명이 구조화된 방식은 객관적이고 부정할 수 없는 결론으로 이르는 논리적인 경로를 보여주었다. 그 결과 원론은 이성을 통해 진리를 찾게 해주는 안내서로, 『성경』 다음으로 인쇄본이 많이 팔린 책이 됐다.[7] 또한 고전 교육에서 핵심적인 역할을 하며 수 세기에 걸쳐 서구 사상에 영향을 끼쳤다. 영향력 있는 수학자이자 철학자였던 유클리드는 유럽과 미국에서 민주주의의 근본적인 기초까지 쌓게 된다.

고대 그리스 이전의 수학은 주로 실체가 있는 대상에 초점을 맞추었다. 예를 들어 바빌로니아의 점토판 하나에는 이런 질문이 적혀 있다. "나는 식량의 3분의 2를 먹었다. 남은 것은 일곱 개다. 원래 있던 식량은 몇 개였을까?"[8] 한편, 기원전 1650년경에 쓰인 이집트의 린드 파피루스에는 이런 질문이 있다. "어떤 양의 4분의 1에 어떤 양을 더하면 15가 된다. 그 양은 얼마인가?"[9]

이런 문제에 자극받은 당시 사람들은 어림하기나 검사하기처럼 문제 풀이를 위한 초창기 수학 규칙을 탐구했다. 그런 기술은 곧이어 건축에서부터 물물교환에 이르는 여러 상황에 쓰였다. 하지만 여전히 본질적인 한계는 있었다. 비록 린드 파피루스는 "존재하는 모든 사물과 모호한 모든 비밀에 관한 지식으로 가는 입구"가 되겠다는 문장으로 시작하지만, 부정확하고 다른 상황에까지 일반화하기는 어려운 설명이 흔히 나왔다.[10] 바빌로니아와 고대 이집트의 수학에서 문제에 관한 해답은 특정 상황을 벗어나 확장되는 일이 거의 없었다. 보편적인 진리나 정리, 증명 같은 것은 없었다.

특정 문제만 중점적으로 다루기는 했어도 그 과정에서 개념적인 혁신도 일부 일어났다. 바빌로니아인은 위치 기수법을 처음 떠올렸다. 똑같은 기호도 수 안에서의 위치에 따라 값이 달라지는 방식이다. 예를 들어 현대 수학에서 '111'이라는 수의 '1'은 동시에 '100'과 '10', '1'을 나타낸다. 새로운 수가 생길 때마다 기호를 추가로 만들어야 하는 방법보다는 훨씬 더 효율적이다. 선사 시대처럼 눈금의 수로 '111'을 나타낸다고 상상해보라.

오늘날 우리는 아랍에서 기원한 방법인 10의 배수에 바탕을 둔 위치 기수법에 익숙하다. 반대로 바빌로니아인은 밑을 60으로 하는 기수법을 사용했다. 시, 분, 초를 보여주는 시계와 비슷하게 작은 단위 60개가 더 큰 단위 하나를 이루는 것이다. 문제 해결에 관심이 있던 사회에서는 60을 바탕으로 수 체계를 만드는 편이 매우 이로웠다. 일단 정수로 나머지 없이 나눌 수 있는 방법이 많다(2와 3, 4, 5, 6, 10, 12, 15, 20, 30으로 나눌 수 있다). 바빌로니아의 석판에 새겨진 문제처럼 이것은 실용적인 문제를 풀고자 하는 욕구를 둘러싸고 발달한 지식을 반영하고 있다. 만약 여러분이 건물을 지으려 한다면, 보편적인 진리까지 필요하지는 않다. 노력해 지은 건물이 무너지지만 않을 정도면 충분하다.

그래도 일반화에는 이점이 있다. 특정 삼각형이나 구, 각기둥, 각

뿔에 대해 어떤 것이 참일 때 그게 다른 도형에 대해서도 참인지 알 수 있다면 유용하다. 여기저기 흩어져 있는 해법과 사실을 모아 더 큰 지식으로 나아가지 않고 매번 새로운 문제를 처음부터 푸는 것은 비효율적일 수 있다. 그때그때 결과가 달라질 수도 있다. 바빌로니아인은 반지름이 r인 원의 넓이 구하는 공식을 $3r^2$으로 정했지만, 이집트인은 $16r^2/9$를 이용했다. 고대 그리스에 이르러서야 수학자들의 의견은 πr^2이라는 올바른 공식으로 모였다. 그리스 수학자, 특히 유클리드가 종합한 개념이 결국 그렇게 영향력이 있었던 이유다.[11] 고대 그리스 수학자들은 사람들이 좁은 범위의 문제에서 폭넓은 증명으로 옮겨가는 데 필요한 근본적인 원리를 제공했다.

튼튼하고 일반화할 수 있는 진리라는 희망에 끌린 건 수학자만이 아니었다. 유클리드식 사고방식을 정치에 적용한 초기의 선구자들 중 한 사람은 영국인 존 로크John Locke였다. 1632년에 태어난 로크의 어린 시절은 험난했다. 국왕 찰스 1세는 자신에게 다스릴 수 있는 신성한 권리가 있다고 주장하며 점점 의회를 무시했고, 결국 내전이 발발해 거의 10년 동안 이어졌다.[12] 전쟁에서 왕당파에 맞서 싸웠던 아버지를 보며 로크는 도덕이라는 개념에 큰 흥미를 느꼈다. 무엇이 옳고, 사람이 어떤 권리를 가져야 하는지를 사회는 어떻게 결정해야 할까?

로크는 『원론』의 논리적 구조에서 영향을 받아 자신의 이데올로기를 형성했다. 개념을 정의하고 그 정의를 이용해 명제를 확립하는 것과 비슷한 방식으로 한 사회의 '자연권'을 확립할 수 있다고 생각했다. 예를 들어 로크는 재산을 '어떤 것에 대한 권리', 부정의를 '그런 권리에 대한 침해 또는 위배'라고 정의했다. 따라서 '재산이 없는 곳에 부정의도 없다'라는 명제는 그 안에서 제시한 정의로부터 직접 끌어낸 것이므로 자명하다고 여길 수 있다.[13] 로크는 이 결론이 "유클리드의 어떠한 논증 못지않게 확실하다"라고 주장했다.

1689년에 출판한 『통치론』에서 로크는 "같은 종류의 피조물은 자연이 부여한 동일한 혜택을 받고 태어나 동일한 능력을 사용하므로 서로 평등해야 한다"라고 썼다. 따라서 로크에게 규칙이나 법이 없는 인간의 자연 상태는 '자유롭고, 평등하며, 독립적'이었다. 로크는 정부의 목적은 생명과 자유, 재산이라는 자연권을 보존하는 데 있다고 결론지었다.[14]

계몽 시대가 도래하며 이성과 논리가 교리와 권위에 도전하고 있었다. 혁명의 시대 이전에는 절대군주와 교회가 법과 정의를 규정했다. 계몽주의 사상가들은 이런 전통을 바꾸고자 했다. 위쪽에서 개념을 정의해주는 방식 대신 자신들이 당연하고 객관적인 법칙을 찾아내기를 원했다.

프랑스에서는 볼테르가 객관적인 추론에는 종교 분파가 할 수 없는 방식으로 사람들을 통합하는 힘이 있다고 주장했다. "어떤 영역이든 모든 분파는 의심과 오류가 모여드는 곳이다. (……) 기하학에는 분파가 없다. 유클리드교나 아르키메데스교라고 하지 않는다. 진리가 명백할 때는 분파나 당파가 생기지 않는다."[15] 작가 샤를 르 부Charles le Beau가 기존의 다른 종교와 달리 기독교에는 도덕이라는 개념이 있다고 주장하자 볼테르는 도덕에 관한 고대 그리스와 로마 철학자들의 저작을 인용하며 어리석은 주장이라고 비판했다. "도덕성은 하나밖에 없습니다, 르 부 씨. 기하학이 하나뿐인 것처럼요." 전 세계의 사회가 똑같은 기하학 정리를 유도할 수 있듯이 볼테르는 모든 사회가 똑같은 도덕 체계로 수렴할 수 있다고 주장했다. 볼테르의 표현대로라면, "인도의 염색공, 타타르인 양치기, 영국의 선원 모두 정의와 부정의를 잘 알고 있다."

이후 독일에서 계몽주의 철학자들은 아름다움이라는 개념으로 관심을 돌리게 된다. 이마누엘 칸트Immanuel Kant는 아름다움을 개인의 의견처럼 취급할 게 아니라 모든 사람이 그 정의에 동의해야 한다고 주장했다. 칸트는 독자에게 어떤 물건이 아름답다고 말하는 사람을 상상해보라고 말했다. "어떤 것이 아름답다고 하는 사람이 있을 때 그 사람은 다른 이들도 똑같이 만족한다고 생각한다. 자기 자신만 그렇게 여긴다고 판단하는 게 아니라 모두가 그렇다고 생각하며 마치 아름다움이 그 물건의 속성인 것처럼 이야기한다."[16] 칸트는 도덕과 심미안이 무엇이 '더 나은가'라는 질문에 관한 보편적인 진리 두 가지로, 근본적으로 얽혀 있다고 보았다.

계몽주의 사상은 대서양을 건너 미국 건국의 아버지들이 쥔 펜대로 흘러들어 갔다. 1776년 토머스 제퍼슨Thomas Jefferson이 초안을 쓴 미국 독립선언문의 두 번째 문장은 이렇게 시작한다. "우리는 다음의 진리들을 자명한 것으로 여긴다. 모든 인간은 평등하게 창조됐다." 적어도 최종 문구는 이와 같았다. 수학을 열심히 공부했던 제퍼슨은 초안을 쓰며 '모든 인간은 평등하게 창조됐다'라는 명제에서부터 '생명, 자유, 행복 추구' 등의 '타고난' 권리를 나열하는 데 이르기까지 유클리드와 로크의 논리적 형식을 모방했다. 하지만 아직 다듬어지지 않은 초안에서는 초반의 진리를 자명한 것으로 명시하지 않았다. 제퍼슨은 "우리는 이런 진리들을 신성하고 부정할 수 없는 것으로 여긴다"라고 썼다. 결정적인 수정이 이루어진 것은 제퍼슨이 동료인 벤저민 프랭클린

Benjamin Franklin에게 초안을 보여준 뒤였다.[17]

프랭클린도 제퍼슨처럼 수학적 사고가 더 폭넓은 생활에 가치가 있다는 사실을 깨달았다. 프랭클린은 손자에게 『원론』의 프랑스어 번역본을 남겼고, 한 번은 수학적 논증이 "정확한 추론을 가능하게 하며 수학과 무관한 주제를 포함한 모든 사건에서 거짓과 참을 구분할 수 있게 해준다"라고 쓰기도 했다.[18] 독립선언문 수정에도 이런 견해를 반영했다. 굵은 선으로 "신성하고 부정할 수 없는"이라는 문구를—종교에 의존한다는 함의와 함께—지워버리고, "자명한"이라는 과학적인 주장으로 대체했다.

동료인 윌리엄 헌던William Herndon이 사무실에 들어왔을 때 링컨은 도형이 그려진 넓은 종이를 바라보고 있었다. 뉴욕에서 연설하기 거의 10년 전인 1850년대였고, 두 사람은 일리노이주의 순회 재판 변호사였다. 링컨은 두꺼운 종이 위의 도형에 너무 몰입해 있어 헌던이 들어오는 것도 알아채지 못할 정도였다. 책상 위에는 잉크병 여러 개가 널브러져 있었고, 그 옆에는 연필 몇 자루와 컴퍼스 하나, 자 하나, 높게 쌓인 새 종이 뭉치가 있었다. 링컨은 이른 시각부터 그러고 있었던 게 분명했고, 온종일 문제를 푸는 데 골몰할 기세였다.[19]

마침내 법정에 가야 할 시간이 다가오자 링컨은 헌던에게 무슨 문제를 풀고 있었는지 이야기했다. 책상 위에 있던 물건과 그림은 '원과 넓이가 같은 정사각형 작도하기'라는 오래된 문제를 풀려던 노력의 결과였다. 연필과 컴퍼스, 자를 이용해 링컨은 유클리드의 원리로부터 해답을 끌어내려고 했다. 헌던은 링컨이 유클리드의 책 몇 권을 읽었고,

순회 재판 중에도 말 안장 가방에 넣고 다니며 촛불에 의지해 공부한다는 것을 알고 있었다. 링컨은 법원 여관에서 자는 룸메이트 변호사들이 시끄럽게 코 고는 소리 속에서 새벽까지 공부하면서도 어떻게 해서인지 집중력을 유지할 수 있었다고 한다. 하지만 그 정도로는 충분하지 않았다. 헌던은 "그 뒤로 거의 이틀 내내 링컨은 입증이 불가능할 정도로 어려워 보이는 그 명제에 몰두한 채 앉아 있었고, 내가 보기에는 거의 탈진할 정도로 애를 썼다"라고 회상했다. 오랜 시간 동안 그리고 측정하는 일을 반복한 끝에 링컨은 결국 패배를 인정했다.

두 도형의 넓이가 같아지게 해보려다가 실패한 링컨의 좌절은 이후 그보다 훨씬 더 큰 다른 문제로 이어진다. 비록 독립선언문이 모든 인간은 평등하다는 '자명한' 진리로 시작하지만, 미국에 존재하는 노예는 그런 평등 개념과 어울리지 않았다. 유클리드가 건국의 아버지들이 작성한 글에 영향을 끼쳤듯이 링컨은 수학적 논리를 이용해 노예제에 반론을 펼쳤다. "만약 얼마나 확실하든 A가 B를 노예로 삼을 권리가 있음을 증명한다면, B가 똑같이 주장하며 B 역시 동등하게 A를 노예로 삼을 수 있음을 증명하지 못할 이유가 있을까?" 링컨은 1854년에 쓴 비공개 에세이에 이런 생각을 적었다. 노예를 소유할 수 있는 권리를 피부색 또는 지성, 재력을 이용해 정의한다고 해도 똑같은 논리에 따라 노예 소유주는 언제든 더 우월한 존재에 의해 노예가 될 수 있었다.

그것은 귀류법의 교과서적 사례였다. 링컨은 유클리드가 『원론』에서 여러 차례 귀류법을 사용하는 것을 보았다. 먼저 우리가 참임을 증명하고 싶은 명제를 정한다. 이 명제를 간단히 P라고 하자. 그리고 만약 P가 거짓이라면 서로 모순인 결론으로 이어진다는 사실을 보인다. 따라서 논리 구조는 다음과 같다. 만약 P가 거짓이라고 가정할 때 또 다른 명제 Q가 참이면서 Q의 역이 참이라는 결과가 나온다면, P는 참임에 틀림없다.

『원론』의 앞부분에서 유클리드는 이 방법을 이용해 한 삼각형의 두 각 크기가 같다면 두 각의 대변의 길이 역시 같다는 사실을 증명했다. 먼저 유클리드는 이 명제가 거짓이라고, 즉 한 변이 다른 변보다 길다고 가정했다. 그리고 이 가상의 삼각형에서 두 변의 길이가 똑같아지도록 남는 부분을 잘라낸다. 그러면 잘라내고 남은 작은 삼각형은 원래 삼각형의 거울상이 되며, 크기가 똑같아야 한다. 이는 "전체는 부분보다 크다"라는 공리와 모순이다. 따라서 원래 삼각형의 두 변의 길이는 반드시 같아야 한다.

링컨의 증명도 똑같은 구조를 따랐다. A가 합법적으로 B를 노예로 삼을 수 있음을 보여주기 위해 링컨은 먼저 A가 B를 노예로 삼을 수 있다고 가정했다. 이는 노예를 만들 수 있는 적법한 논거가 있음을 함축했다. 그러므로 B는 똑같은 논거를 이용해 A를 노예로 삼을 수 있었다.

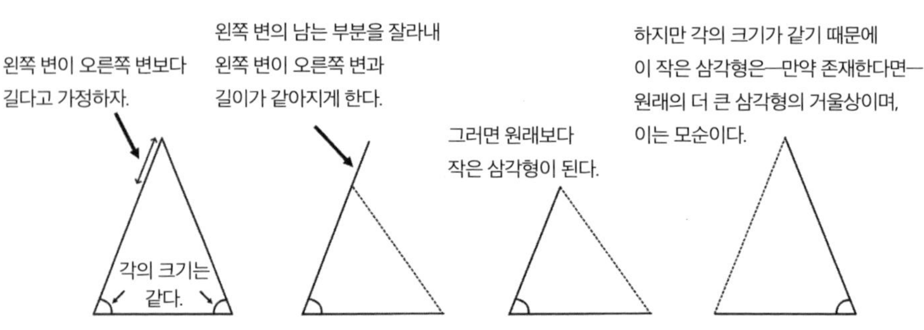

『원론』에 실린 6번 명제를 유클리드가 귀류법으로 증명한 방법

이는 A가 B를 노예로 삼는다는 원래의 가정과 모순이었다. 링컨은 만약 어떤 사람이 다른 사람을 노예로 삼을 수 있는 권리가 있다면, A라는 사람은 노예를 소유하면서 동시에 노예가 될 수 있다는 결론을 내렸다. 따라서 사람은 다른 사람을 노예로 삼을 권리가 없었다.

점점 힘들어지는 수학 계산과 달리 귀류법은 확실하고 멋진 결론을 제공한다. 불합리함과 마주하는 순간, 완전한 증명이 손아귀에 들어오는 것이다. 그래서 수학자 G. H. 하디Hardy는 귀류법을 "수학자의 훌륭한 무기 중 하나"라고 불렀다.[20] "그것은 체스의 어떤 전략보다 훨씬 더 세련된 전략이다. 체스 플레이어는 폰이나 다른 기물 하나를 희생하곤 하지만, 수학자는 게임 전체를 내놓는다." 그리고 귀류법은 마침내 링컨이 역사적으로 대단히 중요한 한 논쟁에서 펼친 기법이 됐다.

링컨의 정치적 여정은 출발이 순탄치 않았다. 1846년, 링컨은 일리노이주의 7구역을 대표하는 하원 의원으로 뽑혔다. 하지만 당시 진행 중이던 멕시코와의 전쟁을 공개적으로 비판한 일이 빌미가 되어 링컨의 정적들은 링컨이 전투에 나간 병사의 사기를 떨어뜨리고 있다고 주장했다. 한 기자는 "링컨은 투표로 자신이 사는 주의 용감한 군인에게 오명을 씌웠다"라고 썼다.[21] 앞서 2년 임기 동안만 일하겠다고 이야기했음에도 링컨은 잠시 재선을 고려했지만, 대중의 반응 때문에 포기했다. "링컨은 내게 의회에서 보여준 자신의 행보로 인해 정치적으로 자멸한 기분이 들었다고 말했다." 헌던은 훗날 이렇게 회고했다.[22]

이후 링컨은 새로운 사고방식을 갖추고 초원의 변호사로 돌아왔다. 헌던은 이렇게 기록했다. "이때부터 나는 변호사로서 링컨의 행보가 달라졌음을 알아챘다. 그는 특정 능력이 부족하다고, 사고 훈련과 기술이 필요하다고 깨닫기 시작했다." 밤늦게까지 유클리드의 명제를 공부했던 일도 이러한 단점을 고치기 위한 노력의 일환이었다. 링컨은 사고하고 증명하며, 연필뿐만 아니라 논리력까지 날카롭게 연마했다. 1850년대 중반이 되자 다시 정계로 돌아갈 준비가 됐다. 이번에는 다를 터였다.

이 시기 일리노이주 정계에서 링컨의 주요 경쟁자는 민주당 상원 의원이자 전직 판사인 스티븐 더글러스Stephen Douglas였다. 이 둘은 극명하게 달랐다. 링컨은 더글러스보다 키가 30센티미터는 더 컸고, 링컨의 목소리는 날카로운 반면에 더글러스는 우렁찬 목소리로 연설했다. 두 사람은 삶에 대한 관점도 달랐다. 링컨이 보통 혼자서 기차를 타고 여행하며 걸리버 목사 같은 사람과 대화를 나누었던 반면, 더글러스는 위스키와 각종 다과를 갖춘 개인용 객차를 갖고 있었다.[23] 더글러스는 노예제에 관한 링컨의 견해에도 반대했다. 1857년 더글러스는 건국의 아버지들이 평등에 관해 한 말은 모든 인간을 대상으로 한 게 아니라고 주장했다. "이 땅(미국)에 살고 있는 영국 국민이 영국에서 태어나 살고 있는 영국 국민과 평등하다는 이야기였다."[24] 이후 링컨은 연설에서 더글러스의 말을 인용하며 그 논리를 따라가면 불합리한 결론이 나온다며 반격했다. 링컨은 만약 독립선언문이 영국 국민만을 이야기하는 것이라면, "프랑스인과 독일인, 다른 나라의 백인 모두 판사가 말한 '열등한 민족'으로 전락하게 된다"라고 주장했다.

1858년 미국 상원 의원 자리를 놓고 경쟁 중이던 링컨과 더글러스는 매번 수천 명이 지켜보는 가운데 일곱 차례의 논쟁을 벌였다. 이번에도 링컨은 유클리드를 활용해 논거를 구축했다. 더글러스가 상원 의원 라이먼 트럼불Lyman Trumbull을 부정직하다면서 그의 법적 견해를 비판하자, 링컨은 인신공격으로는 논리적인 주장을 반박할 수 없다고 말했다. "기하학을 공부해본 적이 있다면 유클리드가 일련의 추론을 통해 삼각형의 모든 각을 합하면 직각 두 개와 같다는 사실을 증명한 사실을 기억할 겁니다. 유클리드는 어떻게 하면 되는지 보여주었습니다. 이제 당신이 그 명제를 반박하려 한다면, 오류를 보이려고 한다면, 유클리드를 거짓말쟁이라고 부른다고 해서 증명이 되겠습니까?"[25]

링컨이 인용한 명제는 『원론』에 서른두 번째로 등장하는 명제였다. 독립적인 증명이었던 이전의 명제와 달리 이 명제는 앞에 나온 세 가지 명제에서 증명된 결과를 바탕으로 하고 있었다.[26] 이 세 명제 역시 『원론』에서 앞서 나온 네 가지 증명에 바탕을 두고 있었고, 이들 증명 역시 앞선 결과에 바탕을 두고 있었다. 링컨의 논거는 한 개념 위에 다른 개념을 쌓아 올리는 식으로 점진적으로 발전했다. 그러나 이런 방식은 공리에서 출발해 위로 쌓아가는 논거의 기반이 탄탄할 때만 효과가 있었다.

링컨과 더글러스의 논쟁은 주로 미국의 노예제와 그 미래를 누가 결정해야 하는지가 핵심 주제였다. 더글러스는 노예제가 주권이며, 각 주의 주민이 결정해야 한다고 주장했다. 링컨은 국민주권이라는 개념에 노예제가 포함되어서는 안 된다며 동의하지 않았다. 다음 해 링컨은 더글러스에게 주장을 뒷받침할 수 있는, 논리적으로 합당한 논거를 대보라고 요청했다. "만약 더글러스 판사가 한 사람이 다른 사람을 아무 권리도 없는 노예로 만들 권리가 있고, 아무도 반대할 수 없는 게 국민주권이라는 것을 유클리드가 명제를 증명했던 것처럼 입증해낼 수 있다면, 난 반대하지 않는다."

노예 소유주는 캔자스주나 네브래스카주처럼 노예제가 금지된 지역에 노예를 데리고 갈 수 있다고 더글러스가 주장하자 링컨은 더글러스를 모순에 빠뜨렸다. "처음에는 미국 헌법에 따른 영토로 노예를 합법적으로 데려갈 수 있다고 인정했으면서도 합법적으로 쫓겨날 수도 있다고 주장했다. 그게 명제라면, 내가 말한 불합리함에 해당한다." 1859년 링컨은 이렇게 말했다. 더글러스의 목표는 노예제를 찬성하는 남부와 노예제의 확장을 막고 싶은 북부의 지지를 모두 얻어내는 것이었다. 하지만 링컨은 양쪽 모두의 화를 북돋우는 논리적 결론으로 더글러스를 끌어냈다. 1858년 더글러스는 상원 의원 재선에 성공했지만, 유클리드로부터 영감을 얻은 링컨의 함정은 1860년 대통령 선거에 도전하는 더글러스에게 타격을 입혔다. 반대로 링컨 자신의 선거 운동에는 유리하게 작용했다.[27]

뉴욕에 질퍽한 눈이 내리던 날 저녁, 링컨은 전국에 보도될 연설에서 자신의 논지를 전개했다. 1860년 2월이었고, 링컨은 앞선 해 가을에 더글러스가 오하이오에서 한 말을 인용하며 연설을 시작했다. 노예제에 관해 더글러스는 이렇게 말했다. "지금 우리 정부를 만들었던 우리 선조들은 이 문제를 지금 우리 못지않게, 그보다 훨씬 더 잘 이해하고 있었다."[28]

링컨은 "논의를 위한 정확하고 서로 동의할 수 있는 출발점을 제공한다"라는 이유로 서두에 그 말을 인용했다고 말했다. 변호사, 어쩌면 수학자답게 링컨은 방금 인용한 용어를 정의하며 시작했다. '정부의 틀'(미국 헌법)과 '선조들'의 신원(헌법에 서명한 39명), '이해해야 할 문제'(연방 정부가 영토 내에서 노예제를 통제할 수 있는지) 등을 신중하게 서술했다.

현대인의 눈으로 언뜻 보면, 건국의 아버지들이 노예제의 확산을 압도적으로 지지했다는 결론을 내릴 수도 있다. 어쨌거나 토머스 제퍼슨은 노예를 보유했으며, 장인에게서 물려받은 노예 중 한 명과 여섯 딸을 두기도 했다. 하지만 그 39명의 역사적 행동을 면밀히 살펴본 링컨은 정부가 생겨난 뒤로 대다수가 노예제의 확대를 막는 데 투표했다는 점에 주목했다. 건국의 아버지들이 노예제를 통제하기 위해 실제로 행동했다는 점을 고려할 때, 그들이 노예제를 통제해야 한다고 생각하지 않았다고 주장하는 것은 불합리하다는 게 링컨의 말이었다. 헌법에서도 '노예'라는 개념이 눈에 띄게 빠져 있었다. 링컨은 사람이 재산이 될 수 있음을 인정하지 않기 위해서 고의로 누락했다고 주장했다.[29]

얼마 지나지 않아 링컨은 뉴헤이븐에서 한 연설에서 메시지를 더욱 가다듬었다. 기차에서 걸리버 목사를 만나기 며칠 전의 일이었다. 링컨은 "지금 우리 정부를 만든 '아버지들'이 노예제를 잘못된 것으로 보았으며, 정부와 그와 관련된 모든 것을 노예제가 잘못됐다는 개념과 부합하도록 만들었다는 것은 쉽게 입증할 수 있습니다"라고 말했다.[30]

건국의 아버지들이 자연권을 위해 군주제를 포기한 반면, 유럽의 몇몇 군주는 계몽주의 철학을 포용함으로써 권력을 더욱 단단히 움켜쥐려 했다. 스페인에서 오스트리아에 이르기까지 절대 권력을 지닌 지배자들은 훗날 '계몽절대주의'라 불리게 되는 혼종 사상을 설파했다.

이런 모순적인 개념은 때때로 혼돈으로 이어졌다. 프로이센의 프리드리히 대왕Frederick the Great의 경우, 잉어 연못 세 곳을 둘러싼 논쟁이 발단이 됐다. 1762년 이래 크리스티안과 로지네 아르놀트는 오늘날의 폴란드 서부에 있는 마을 포메르치히에서 곡물 방앗간을 소유하고 있었다. 그런데 1778년 임대료를 제때 내지 못하면서 자신의 땅에서 쫓겨났다. 아르놀트 부부에 따르면, 상류에 있는 땅을 소유하고 있는 한 귀족 때문에 부부의 사업이 어려워졌다. 귀족이 잉어 연못에 물을 채우려고 8년 전부터 물길을 돌려왔고, 그와 함께 아르놀트의 방앗간을 돌리는 데 필요한 동력도 사라졌던 것이다.

쫓겨나기 몇 년 전부터 아르놀트 소유의 방앗간 이야기는 널리 퍼져나갔고, 부부의 곤란한 처지는 마침내 프리드리히 대왕의 귀에도 들어갔다. 왕은 왕립위원회를 만들고, 지역 판사가 몇 차례나 아르놀트 부부에게 불리한 판결을 내렸다는 사실을 알아냈다. 그 판사들이 불공정함을 조장했다고 확신한 프리드리히 대왕은 판사들을 베를린으로 소환해 꾸짖으며 판결을 뒤집겠다고 밝혔다. 왕은 국민이 자신을 방어할 수 있는 희망을 가질 수 없다는 이유로 불공정한 판결을 내리는 법정은 도둑보다 위험하다고 말했다. "그런 자들은 세상에서 가장 나쁜 악당으로 두 배로 처벌받아야 마땅하다."[31]

대법관이 왕의 간섭에 항의하자 프리드리히 대왕은 그쪽으로도 화살을 돌렸다.[32] "나가라!" 왕은 선언했다. "네 자리는 이미 다른 사람에게 넘겼다!" 대법관은 자리를 잃었을 뿐만 아니라 베를린의 스판다우 요새에서 그 판사들 및 몇몇 지역 관료와 함께 1년 동안 옥살이까지 해야 했다. 이들의 옥살이가 그렇게 외로웠던 것은 아니다. 왕의 개입에

못마땅해하던 베를린의 많은 인사와 지지자가 술과 생필품을 가지고 꾸준히 감옥을 찾았다.

즉흥적으로 판결을 뒤집고 판사들을 투옥하는 게 계몽주의의 가치를 보여주는 좋은 사례는 아니었다. 프리드리히 대왕이 후속 조치로 가장 야심 찬 개혁을 마침내 실행에 옮기기로 결정한 데는 이런 이유가 있었을지도 모른다. 수십 년 전부터 프리드리히 대왕은 '프로이센 법전'을 개발해 파편적인 법체계에 엄밀함을 도입하는 가능성에 관해 고심하고 있었다. "순전히 이성과 각 지방의 헌법에만 기반한" 법률을 만들자는 생각이었다.[33]

이 시기 프리드리히 대왕의 사상은 볼테르의 영향을 받았다. 볼테르는 프랑스에서 인망을 잃으며 점점 자주 프로이센을 방문하다가 1750년에는 아예 그곳으로 이주했다.[34] 훗날 두 사람의 우정은 희미해졌지만, 시작은 강렬했다. 1740년 첫 만남에 앞서 볼테르는 이렇게 기록했다. "즐거워서 기절할 지경이었다." 프리드리히 대왕은 이렇게 대꾸했다. "좋아서 죽을 것 같다."[35] 볼테르가 동의하지 않았던 고문은 폐지될 것이고, 소수 종교도 관용을 얻을 터였다. 그다음은 프리드리히 대왕의 웅대한 계획을 실행할 차례였다.

프로이센 법전의 목적은 가능한 모든 법적 상황을 다룰 수 있는 상세한 논리 구조를 만드는 것이었다. 1794년에 시행한 최종 판본은 1만 7,000개 이상의 조문이 담겨 있었다. 8년 전에 세상을 떠난 프리드리히 대왕은 자신의 야망이 시험대에 오르는 모습, 그리고 이후에 실패하고 마는 모습을 끝내 보지 못했다. 유클리드가 『원론』을 시작하면서 필수적인 개념을 정의했던 것과 달리 프로이센 법전의 전문용어는 미정의 상태였다. 새로운 법전을 이해하기 위해 과거 로마법을 참고해야 하는 일도 종종 있었다.[36] 법전이 답을 제공하지 못하는 상황 역시 많았다. 판사들이 과거의 판례를 참고할 수 없게 되어 있었기 때문에 각자 알아서 해석해야 했다. 단순한 강제력만으로는 법적 불확실성을 제거할 수 없어 보였다.[37]

1799년 프랑스에서 권력을 잡은 나폴레옹은 처음에 프로이센과 정반대인 접근법을 만지작거렸다. 수학처럼 법의 원칙을 몇 가지의 간단하고 정해진 규칙으로 압축하자는 생각이었다.[38] 이상적인 결과는 유클리드의 『원론』처럼 몇 가지의 기본 원칙으로 광범위한 문제를 다루는 것일 터였다. 그러나 관리들과 기존 법률을 검토한 뒤 나폴레옹은 그 시도를 포기했다. 완성된 나폴레옹 법전에는 2,281개의 조문이 담겨 있었고, 이조차도 과거의 몇몇 법체계에 의존해야 하는 결과를 낳았다.[39]

19세기에 들어서면서 다른 곳에서도 계속해서 법에 대한 더욱 과학적인 접근법을 찾았다. 영국의 법학자 존 오스틴John Austin은 까다로운 법 개념을 더 단순한 개념으로 환원할 수 있으며, 궁극적으로는 모든 법체계에 공통적인 근본적인 공리의 집합을 추출할 수 있다고 생각했다.[40] 프랑스와 프로이센 법전의 '명백한 결함'과 몇몇 저자의 '심각한 무지'를 비판하긴 했지만, 그럼에도 오스틴은 두 법전이 이들 국가의 법체계를 전보다 나아지게 했다고 주장했다.[41]

법을 '수학화'하려는 노력은 유클리드로부터 영감을 얻은 것이지만, 조건이 하나 있었다. 유클리드의 논리는 모두가 동의하는 공통의 공리라는 개념에 의존했다. 미국에서는 이런 점이 에이브러햄 링컨에게 딜레마를 안겨주었다. 1854년 10월, 피오리아에서 연설하던 링컨은 일리노이주가 건립 때 자유 주州가 아니었다는 스티븐 더글러스의 견해에 실망했다. "이런 것을 부정하는 건 우리의 국가적 공리를 부정하는 것과 같다"라고 링컨은 말했다. 링컨이 보기에 그러면 논쟁이 무의미했다. "만약 어떤 사람이 2 더하기 2는 4가 아니라고 주장하고, 또 주장하고, 계속 주장하고 나선다면 아무리 논쟁해도 막을 방법이 없다."[42]

1850년대가 끝날 무렵, 노예제는 미국을 둘로 나누었다. 제퍼슨의 생일을 기념하는 행사에 참석할 수 없게 된 링컨은 주최 측에 편지를 보내 자신의 나라에 제퍼슨의 유산을 무시하고 노예제를 인정하는 사람이 많다는 데 한탄했다. "유클리드의 간단한 명제가 참이라는 점에 관해서는 누구라도 평범한 어린아이를 설득할 수 있다고 자신할 겁니다. 그렇지만 정의와 공리를 부정하는 사람을 설득하는 데는 철저하게 실패할 겁니다. 제퍼슨의 원칙은 자유 사회의 정의이자 공리입니다. 하지만 사람들은 그걸 부정하고 회피하며, 상당히 성공적으로 그렇게 합니다."[43]

1858년의 상원 의원 선거에서는 더글러스에게 패배했지만, 2년 뒤 링컨은 대통령 선거에서 다시 맞붙어 승리했다. 결정적인 순간이었다. 몇 달이 채 지나지 않아 남부의 몇몇 주가 연방에서 탈퇴했다. 곧 건국의 공리로 분열된 미국은 내전에 돌입하게 된다. 유클리드의 『원론』은 오랫동안 사상가들의 길잡이가 되며, 과학의 진보와 민주주의의 발달에 기반을 제공했다. 그러나 이제 그런 기반에 뚜렷한 균열이 생겨났고, 그 결과는 정치뿐만 아니라 과학까지도 흔들어놓았다.

2장

논리가
수학적 괴물을 만들다

유클리드가 『원론』을 쓰기 100년쯤 전 엘레아의 제논Zenon은 이탈리아 남부의 도시 엘레아를 지배했던 폭군 네아르코스Nearchos를 몰아내려다 실패했다. 체포되어 공모자의 이름을 대라며 고문당하던 철학자 제논은 네아르코스의 친구들 이름을 읊으며 도발했다. 모진 고문이 이어졌지만, 제논은 굴복하지 않았다. 오히려 이로 혀를 잘라내 상대에게 뱉었다는 전설이 있다.[1]

플라톤, 소크라테스와 동시대인이었던 제논은 후손에게 좌절을 선사했다. 네아르코스의 손에 운명을 다하기 전에 이후 오랜 세월에 걸쳐 학자와 학생들을 혼란스럽게 할 논리 수수께끼를 여럿 만들었던 것이다. 이 수수께끼 중 가장 유명한 것은 '아킬레우스와 거북'이다. 아킬레우스와 거북은 나란히 서서 경주를 시작한다. 공평하게 겨루기 위해 거북이 좀 더 앞에서 출발한다. 이 둘이 고대 그리스의 문 두 개 뒤에 각각서 있다고 상상해보자. 거북은 아킬레우스보다 1킬로미터 앞에 있다. 문이 열리면 아킬레우스가 빠르게 1킬로미터를 달려 거북이 출발한 문에 도착한다. 그동안 거북은 앞으로, 한 1미터 정도는 움직인다. 아킬레우스는 순식간에 여기까지 도달한다. 하지만 이번에도 거북은 조금 더 앞으로 움직였다.

제논은 이것이 역설로 이어진다고 주장했다. 아킬레우스가 거북의 이전 위치에 도착할 때마다 거북은 앞으로 나가 있으며, 이는 아킬레우스가 절대 거북을 따라잡을 수 없다는 뜻이다. 거리는 점점 줄어들겠지만, 그 일을 무한히 반복해야 한다. 제논은 "유한한 시간에 무한히 많은 구간을 지나가는 것은 불가능하다"라는 게 자명하다고 주장했다. 그러므로 제논에 따르면, 아킬레우스는 경주에서 이길 수 없다.

제논의 수수께끼는 수학 이론에 따른 물체의 운동과 현실의 운동 사이의 충돌을 드러냈다. 이와 관련된 역설에서는 심지어 운동 자체가 착시라고 주장하기도 했다. 아킬레우스가 거북을 따라잡기 위해 점점 작아지는 구간을 무한히 많이 지나가야 했듯이, 우리는 어떤 여정이라도 그와 비슷하게 무한히 나눌 수 있다. 움직임이 일어나려면 물체의 위치가 변해야 한다. 하지만 제논의 논리에 따르면, 우리는 현재 위치와 목적지 사이에 있는 무한한 구간을 건너갈 수 없다. 즉 우리는 이동할 수 없다. 제논의 논리가 모두를 설득한 것은 아니었다. 전해지는 이야기에 따르면, 제논의 동료 철학자인 시노페의 디오게네스Diogenes는 이 수수께끼를 듣자마자 일어서서 걸어가 보임으로써 간단하게 자신의 의견을 밝혔다.

디오게네스의 '걷기 증명'은 실질적인 사례를 이용해 제논의 결론이 현실에 부합하지 않는다는 사실을 보였다. 하지만 왜 그런 불일치가 생겼는지, 그것을 어떻게 해결해야 하는지는 설명하지 못했다. 그렇게 때때로 모순이 생긴다면, 논리 원칙의 집합을 신뢰할 수 있을까? 이 문제는 오랜 세월 동안 풀리지 않고 있다가 마침내 서구의 과학과 정치의 핵심을 위협하는 위기를 초래했다. 그리고 많은 사람이 그 위기에서 벗어나려—결국 실패했지만—했다.

카를 바이어슈트라스Karl Weierstrass는 핼러윈에 태어난 사람답게 괴물을 만들어냈다. 그 괴물은 창조주와 마찬가지로 하늘에서 뚝 떨어진 것 같았다. 본대학교에서 4년 동안 술을 마시고 펜싱을 즐기며 시간을 보낸 바이어슈트라스는 시험도 치르지 않고 빈손으로 학교를 떠났다. 이후 친구의 권유로 교사 양성 과정에 등록했으며, 1840년대와 1850년대의 대부분을 프로이센의 작은 마을인 브라운스베르크에서 학교 교사로 보냈다.[2]

바이어슈트라스는 교사 생활이 따분하고 지루했다. 수업이 비는 시간에 틈틈이 푸는 수학 문제만이 유일한 위안이었다. 하지만 외로운 생활이었다. 수학에 관한 대화를 나눌 상대도 없었고, 전문 서적을 구할 수 있는 도서관도 없었다. 바이어슈트라스의 아이디어는 브라운스베르크에서 벗어나지 못했다. 대학교의 연구자라면 학술지에 결과를 발표했겠지만, 바이어슈트라스는 학교 안내서에 모호한 방정식을 실어 잠재적인 학생과 학부모를 당황하게 만들었다.

결국 바이어슈트라스는 명망 있는 학술지 『크렐레Crelle』에 논문 한 편을 보냈다. 앞선 논문들은 아무런 파문을 일으키지 못했지만, 이 논문에는 엄청난 관심이 쏟아졌다. 바이어슈트라스는 다차원에서 요동 칠 수 있는 난해한 방정식을 다루는 새로운 방법을 발견했다. 논문에 는 방법론만 간략하게 담겨 있었지만, 수학계가 특별한 재능을 마주하 고 있다는 것을 깨닫기에는 충분했다. 1년도 채 지나지 않아 쾨니히스 베르크대학교는 바이어슈트라스에게 명예박사 학위를 수여했고, 얼마 뒤 바이어슈트라스는 베를린대학교 교수가 됐다.

한때 브라운스베르크를 벗어나지 못했던 바이어슈트라스의 아이 디어는 이제 베를린을 벗어나지 못하게 됐다. 바이어슈트라스는 심한 현기증을 앓았고, 학생에게 판서를 맡긴 채 의자에 앉아 강의해야 했 다. 건강은 연구 결과를 정식 논문으로 작성하는 데도 영향을 끼쳤다. 그 결과 이 시기에 바이어슈트라스가 얻어낸 혁신적인 수학 개념의 일 부는 교과서나 학술지에 실리지 못했다. 결국 바깥세상에는 알려지지 않은 채 그의 수업을 들은 학생들의 강의 필기 속에만 남게 됐다.

바이어슈트라스가 거의 관심을 보이지 않았던 것은 학술지 출판 과정만이 아니었다. 그는 다른 수학자의 연구에서 자신이 발견한 결함 을 제거하는 데도 주저하지 않았다. 학계의 몇몇 거물을 적으로 돌리게 된다고 해도 어쩔 수 없었다.

미적분은 시작부터 논쟁을 불러일으켰다. 갈등의 뿌리는 런던이 흑사병과 대화재로 타격을 받았던 해인 1666년 영국에 있었다. 아이작 뉴턴Isaac Newton은 재난을 피해 케임브리지에서 100킬로미터쯤 북쪽 에 있는 고향에 머물면서, 세상이 변하는 여러 가지 방식과 그 변화를 연구하는 데 필요한 수학적 도구에 관해 생각했다. 뉴턴의 아이디어는 행성의 궤도, 진자의 흔들림, 떨어지는 과일 같은 물리적 세계에 관한 직관에서 나왔다. 그 결과 탄생한 방법론은 훗날 공학과 역학에서 음악과 기상학에 이르는 다양한 분야에서 핵심적인 역할을 했다.

뉴턴은 특히 어느 한 순간에 어떤 양—크기나 위치, 온도 등—이 변하는 정도를 측정하는 방법에 관심이 많았다. 바로 '도함수'라고 불리는 측정법이었다. 도함수의 가장 간단한 사례는 물체의 위치가 변하는 정도를 나타내는 속도다. 하지만 현실에서 이 값을 어떻게 계산할 수 있을까?

가령 높은 건물에서 사과를 떨어뜨릴 때 사과의 속도가 초속 몇 미터인지 계산한다고 하자. 일단 사과의 현재 위치를 측정하고, 몇 초 뒤에 위치를 다시 측정한 뒤 1초에 얼마나 움직였는지 계산할 수 있다. 문제는 사과가 가속하기 때문에 이 몇 초 동안에도 사과는 속도가 계속 변했다는 점이다.

어쩌면 더 짧은 시간을 이용할 수 있지 않을까? 예를 들어 1초 전의 위치, 혹은 10분의 1초 전의 위치, 100분의 1초 전의 위치 같은? 뉴턴은 정확하게 계산하려면 거리가 사실상 0이 될 때까지 현재 위치에 계속해서 가까이 다가가야 한다는 사실을 깨달았다. 이 기법은 무한히 작은 거리를 다루는 데 필요하기 때문에 '무한소 미적분'(미적분을 뜻하는 'calculus'는 라틴어로 수를 세는 데 사용한 조약돌을 가리킨다)이라는 이름으로 불렸다. 하지만 미적분이라는 이름을 붙인 건 뉴턴이 아니라 고트프리트 라이프니츠Gottfried Leibniz라는 독일 수학자였다. 뉴턴이 케임브리지에서 변화율을 연구하고 있을 때 라이프니츠 역시 도함수를 구하는 방법을 개발했다. 뉴턴과 마찬가지로 미적분에 관한 라이프니츠의 연구도 기하학으로부터 유도한 것이며, 눈에 보이는 현상에서 영감을 얻은 방정식을 이용했다.

라이프니츠가 자신의 발견을 발표하자 뉴턴과 뉴턴의 추종자들은 우연이라고 볼 수 없다며 라이프니츠를 표절로 고발했다.[3] 비록 라이프니츠가 1684년에 먼저 '뛰어난 유형의 미적분법'이라는 문구가 들어간 제목으로 논문을 발표했지만, 뉴턴은 자신이 1666년에 이미 연구를 시작했다고 주장했다. 혹시 라이프니츠가 뉴턴의 초기 연구를 손에 넣었던 것일까? 라이프니츠는 그 점을 부인했으며, 라이프니츠의 친구 한 명은 뉴턴을 가리켜 "공정하지도 정직하지도 않은 사람"이라고 말하기도 했다.[4]

오늘날 역사가들은 뉴턴과 라이프니츠가 독립적으로 같은 결과를 얻었다고 결론지었으며, 미적분 발명의 공로는 두 사람에게 공평하게 돌아갔다. 하지만 양측이 화해하기까지는 오랜 시간이 걸렸다. 뉴턴과 라이프니츠가 죽은 뒤에도 이 논쟁은 영국의 수학자와 대륙의 수학자를 갈라놓았다. 그 결과 뉴턴의 추종자들은 미적분 이야기에서 밀려날 수밖에 없었고, 이후 이야기에서도 영국인 수학자는 거의 나오지 않는다.

뉴턴이 "내가 더 멀리 볼 수 있었다면, 그것은 거인들의 어깨 위에서 있었기 때문이다"라고 말했다는 이야기는 유명하다. 이후 여러 학자가 뉴턴, 그리고 좀 더 보편적으로는 라이프니츠의 어깨 위에 올라탔다. 이들은 점점 더 높이 올라가며 새로운 결과와 새로운 정리를 얻어 냈다. 미적분은 변화의 과학이었고, 그와 함께 과학에도 변화가 찾아왔다. 컴퓨터와 양자역학, 미국의 초기 핵무기 계획 등 다방면에서 연구한 20세기의 선구적인 물리학자 요한 폰 노이만Johann von Neumann은 미적분을 가리켜 "정확한 사고에서 가장 위대한 기술적 발전"이라고 불렀다. 미적분은 논리와 가능성이라는 새로운 시대의 시작을 알렸다. 노이만의 표현을 빌리면, "미적분은 현대 수학의 첫 번째 성취로, 그 중요성을 과소평가하기는 어렵다."

하지만 그런 극적인 변화를 이루는 과정은 간단하지 않았다. 17세기의 초기 도약 이후로 미적분의 발전은 더뎠다. 필수적인 개념을 정의하는 문제가 하나의 이유였다. '무한히 작은' 양이라는 것은 정확히 무슨 뜻일까? 두 점이 서로 '가깝다'는 기준은 무엇인가? 19세기 초, 오귀스탱 루이 코시Augustin-Louis Cauchy는 사실상의 미적분학 사전을 만들어 이런 개념에 의미를 부여하고자 했다. 그 결과 코시는 이후 과학과 공학에 필수가 된 몇 가지 정리를 증명할 수 있었다.

그러나 코시의 사전을 손에 넣어 읽어본 바이어슈트라스는 장황하고 모호하다는 느낌을 받았다. 대략적인 설명이 너무 많고 상세한 내용은 부족했다. 수학을 모호함 없는 엄밀한 정의 위에 세우고 싶었던 바이어슈트라스는 코시의 작업을 해체하는 일을 시작했다. 그 과정에서 점차 괴물을 만들어내고 있었다.

유클리드에서 뉴턴에 이르기까지 수학자들은 자연에서 상당한 영감을 얻었다. 이런 사고는 수학적 구조와 증명에 대한 기하학적 직관으로 이어졌다. 물리적인 대상과 똑같은 방식으로 이해할 수 있어야 한다는 것이다. 그 결과 많은 수학자가 '연속' 함수에 집중했다. 간단히 설명하자면, 종이에서 펜을 떼지 않고 그릴 수 있는 함수다. 시간에 따라 사과가 떨어지는 속도를 그래프로 그리면 끊어지거나 갑자기 튀는 곳 없이 쭉 이어진 선이 된다. 이런 연속 함수는 자연스러운 것으로 여겨졌다.

당시의 통념에 따르면, 임의의 연속적인 곡선에 대해서 유한한 수의 점을 제외한 모든 점에서 기울기를 계산하는 것이 가능했다. 이는 직관적으로도 옳은 듯 보였다. 곡선에 몇몇 비뚤비뚤한 구간이 있다고 해도, '매끄러운' 구간은 반드시 존재한다는 것이다. 1806년 프랑스의 물리학자이자 수학자였던 앙드레 마리 앙페르André-Marie Ampère——훗날 앙페르의 이름은 기호가 되어 플러그와 전구를 장식하게 된다——는 이 주장을 증명한 논문을 발표하기도 했다. 앙페르의 주장은 연속적인 곡선에는 반드시 증가하거나 감소하거나 평평한 구간이 존재해야 한다는 '직관적으로 명백한' 사실에 바탕을 두고 있었다. 그것은 이런 구간에서는 기울기를 계산할 수 있어야 한다는 뜻이었다. 앙페르는 그 구간이 무한히 작아지면 어떻게 될지를 상정하지 않았지만, 그럴 필요가 없다고 주장했다. 앙페르의 접근법은 충분히 일반적이어서 '무한소'를 고려할 필요가 없었다. 수학자는 대부분 앙페르의 논리에 만족했고, 19세기 중반쯤이면 거의 모든 미적분 교과서가 앙페르의 증명을 인용했다.

안타깝게도, 앙페르의 증명에는 흠이 있었다. 그 문제의 근원은 바이어슈트라스가 못 미더워했던 코시의 미적분학 사전까지 거슬러 올라간다. 코시는 어떤 값이 임의의 점에 점점 더 가까워질 때 무슨 일이 일어나는지를 확실히 하지 않고서는 변화율을 조사하는 게 어렵다는 사실을 깨달았다. 상황을 명확하게 나타내려고 코시는 수학적 '극한'의 정의를 만들었다.

어떤 변수가 순차적으로 갖게 되는 값이 한 고정된 값에 무한히 가까워지면서 가능한 한 가장 작은 차이만 남게 될 때 그 마지막 값을 다른 모든 값의 극한이라고 부른다.

직관적으로는 이해가 되지만, 표현은 모호하다. 고정된 값에 '가까워진다'는 것은 무슨 의미일까? 코시는 이 과정이 '마지막' 값에서 끝난다고 이야기했지만, 그게 무슨 뜻일까? 이 시기 베를린에 있던 바이어슈트라스는 코시의 여러 가지 정의를 개정하며 모호하지만 읽기 쉬운 산문체 서술을 수학 난제로 바꾸기 시작했다.

바이어슈트라스는 문학적인 우아함을 잃었지만, 그 이상으로 기술적인 발전을 이루었다. 코시는 마치 물리적인 세계에서 이동하듯이, 수학적 극한을 디딤돌이 쭉 늘어선 것처럼 이해했다. 사실 미적분calculus이라는 단어가 수를 세기 위한 조약돌에서 유래했다는 점을 떠올려보자. 바이어슈트라스 덕분에 수학자들은 이제 이런 제약에서 벗어날 수 있게 됐다. 코시의 부실한 사전을 대체함으로써 바이어슈트라스는 수학의 가장 기초적인 구성단위를 재정의했다.

바이어슈트라스의 연구는 제논의 역설 또한 해결했다. 아킬레우스는 작은 걸음을 무한히 많이 걸어야 할 필요가 없다. 실제 달리기 경주에서라면 말이 되지 않는 소리다. 그 대신 아킬레우스는 거북을 향해 점점 더 짧은 거리를 통과해 지나간다. 바이어슈트라스 덕분에 우리는 결국 이런 짧은 거리를 지나가는 데는 시간이 거의 걸리지 않는다는 사실을 증명할 수 있다. 이 시점에서 아킬레우스는 거북에 가깝지만 뒤처져 있던 상태에서 거북과 같은 위치로 오게 되고, 곧 거북을 지나 앞서 나가게 된다.

바이어슈트라스의 정의는 언어가 아니라 수식으로 쓰여 있어 다양한 값이나 함수를 쉽게 대입할 수 있었다. 수학자들은 추상적 개념을 다루는 대신 방정식을 재배열할 수 있었다. 바이어슈트라스는 다른 개념도 똑같이 엄밀하게 다루었다. 엄밀한 방법론과 확고한 논거를 갖추는 게 목적이었다. 이런 새로운 접근법 덕분에 바이어슈트라스와 그 동료들은 링컨이 시도했던 '원과 넓이가 똑같은 정사각형 작도가 가능한가?'와 같은 유클리드 기하학의 고전 문제에 손을 댈 수 있었다.[5]

바이어슈트라스의 기법이 등장했을 당시 일부 수학자는 기존의 미적분 이론을 의심하기 시작했다. 그중 하나는 연속 함수에는 반드시 '매끄러운 구간'이 있어야 한다는 앙페르의 주장이었다. 1860년대에 앙페르가 증명했다고 생각했던 정리와 모순되는 기묘한 함수가 있다는 소문이 돌기 시작했다. 독일에서는 수학자 베른하르트 리만Bernhard Riemann이 학생들에게 매끄러운 구간이 전혀 없어 어느 점에서도 도함수를 계산하는 게 불가능한 함수를 하나 알고 있다고 말했지만, 증명을 발표하지 않았다. 제네바대학교의 샤를 셀레리에Charles Cellérier 역시 "아주 중요하고 새롭다고 생각하는" 어떤 것을 발견했다고 기록했지만 연구 내용을 서류철에 처박아두었고, 그 내용은 수십 년 뒤 사후에야 공개됐다.

그러나 이런 주장이 사실이라면, 그것은 미적분의 근본을 위협하는 괴물이 태어나고 있다는 뜻이었다. 이 괴물은 수학 이론과 그 이론이 기반한 물리적인 관측 사이의 조화로운 관계를 무너뜨리겠다고 위협하고 있었다. 미적분은 언제나 행성과 별의 언어였지만, 미적분의 핵심 개념을 부정하는 수학 함수가 있다면 자연이 어떻게 믿을 수 있는 영감의 원천이 될 수 있을까?

마침내 괴물은 태어났다. 1872년 바이어슈트라스는 연속적이지만 어떤 점에서도 매끄럽지 않은 함수를 발견했다고 발표했다.

$$f(x) = \sum_{n=0}^{\infty} b^n \cos(a^n x \pi)$$

함수치고는 못생기고 어정쩡해 보였다. 그래프로 그리면 어떤 모양이 될지 감도 잡히지 않았다. 하지만 그것은 바이어슈트라스에게 문제가 되지 않았다. 그 증명은 도형이 아니라 방정식으로 이루어져 있었으므로, 바이어슈트라스의 발표 내용은 매우 탄탄했다. 바이어슈트라스는 단순히 괴물을 만들어낸 것이 아니라 굳건한 논리적 기반 위에서 빚어냈다. 그것은 예제를 통한 증명의 한 사례였다. 바이어슈트라스는 도함수를 새롭고 엄밀하게 정의한 뒤, 이 새 함수에 대한 도함수를 계산하는 것이 불가능하다는 사실을 보여주었다.

이 결과는 수학계에 충격을 안겨주었다. 프랑스 수학자 에밀 피카르Émile Picard는 뉴턴이 그런 함수에 관해 알고 있었다면 절대 미적분을 만들지 않았을 거라고 말했다. 자연에서 찾을 수 있는 물리학적 개념을 이용하는 대신 엄격한 수학적 장애물을 넘어가는 일에 매달렸을 거라는 이야기였다.

그 괴물은 이전의 연구도 무너뜨리기 시작했다. 일부 결과는 살려낼 수 있다고 '증명'됐지만, 다른 것들은 무너지기 시작했다. 앞서 앙페르는 코시의 모호한 정의를 이용해 자신의 매끄러운 정리를 증명했다.

이제 그 주장은 붕괴하기 시작했다. 과거의 모호한 개념은 바이어슈트라스의 괴물 앞에서 무력했다. 설상가상으로 수학적 증명을 구성하는 게 무엇인지도 더 이상 분명하지 않았다. 지난 2세기 동안 사용했던 기하학 바탕의 직관적인 논거는 불필요해 보였다. 수학에서 몰아내려고 했어도 이 괴물은 굳건히 서 있었다. 기괴한 방정식 하나로 바이어슈트라스는 물리적인 직관이 수학 이론을 구축하는 믿을 수 있는 기반이 되지 못한다는 사실을 입증했다.

기성 수학자들은 불편하고 불필요하다고 주장하며 이 결과를 외면하려 했다. 까다롭거나 말썽을 일으키는 자들이 자신들의 사랑하는 학문을 가로채고 있다며 두려워했다. 소르본대학교의 수학자 샤를 에르미트Charles Hermite는 한 동료에게 이렇게 말했다. "두려움과 공포로 인해 도함수를 갖지 않는 함수라는 통탄할 만한 응징으로부터 고개를 돌린다." 그런 함수를 처음으로 '괴물'이라고 불렀던 앙리 푸앵카레Henri Poincaré는 바이어슈트라스의 연구를 "상식에 반하는 폭거"라고 매도했다.

여러 보수적인 수학자는 논리적으로는 맞지만 바이어슈트라스의 괴물을 수학의 황야에 내버려두고 싶어 했다. 아무도 자신이 상대하는 괴물의 형태를 시각화할 수 없다는 사실은 쓸모가 없음을 의미했다. 손으로 함수의 그래프를 그리는 게 불가능했기 때문이다. 형태가 숨겨져 있어서 수학계에서는 그런 함수가 어떻게 존재하는지 이해하기 어려웠다. 바이어슈트라스의 증명 방식 역시 많은 수학자에게 낯설었다. 수십 개의 논리적 단계로 이루어진 주장은 몇 페이지에 걸쳐 이어졌다. 그 과정은 난해하며 전문성을 요했다. 도움이 될 만한 실생활 비유도

전혀 없었다. 외면하고 싶은 게 당연했다.

안타깝게도, 괴물 한 마리로 끝나는 문제가 아니었다. 베른하르트 리만의 학생들 사이에서는 리만이 바이어슈트라스보다 앞서 또 다른 괴물을 발견했다는 소문이 퍼져 있었는데, 이는 단순한 소문이 아니었다. 게다가 리만의 공책 속에 도사리고 있는 유령은 그뿐만이 아니었다. 1854년 링컨이 상대가 "우리의 국가적 공리를 부정하고 있다"라며 비난하는 연설을 하기 몇 달 전, 리만은 괴팅겐에서 열린 강의에서 유클리드 기하학의 근본적인 사고방식에 도전했다.[6]

독일어로 '하빌리타티온스포르트라크Habilitathions-vortrag'라고 부르는 행사에서 리만은 강의를 통해 자신이 대학교수가 되기에 충분하다는 사실을 증명하기 위한 평가를 받았다. 리만이 제출한 강의 주제는 세 가지였는데, 통상적으로 앞의 두 가지 주제 중 하나로 정해졌기 때문에 그 두 주제를 철저하게 준비했다. 그런데 그런 관례를 알고 있던 지도교수 카를 가우스Carl Gauss는 리만이 제출한 세 번째 주제, '기하학의 기초가 되는 가설에 관하여'를 선택했다. 이는 따분하고 케케묵은 주제로 보였다. 1,000년 묵은 연구에 관해 뭔가 새로운 이야기를 할 수 있는 수학자는 드물 터였다. 그런 까닭에 가우스는 제자에게 도전적인 일이 될 거라고 생각했다.

사람들 앞에서 이야기하는 것을 두려워했던 리만이지만, 그날의 강의는 평소 차분했던 가우스가 흥분해서 칭찬을 연발하게 할 정도였다.[7] 리만은 기존의 고대 그리스 기하학을 단순히 반복하지 않고 새로운 세계를 보여주었다. 오래된 같은 법칙이 더 이상 같은 결론으로 이어지지 않는 세계였다. 특히 도형이 바뀔 때 거리 개념이 어떻게 되는

지를 깊이 파고들었다. 가령 우리가 종이 위에 선을 하나 긋는다고 해
보자. 그리고 선의 양 끝이 서로 닿게 종이를 말아 원통으로 만든다. 종
이 위의 선과 원통 표면 위의 선은 길이가 같다. 반대로 원통 위에 선을
긋고 펼쳐도 마찬가지다. 이번에는 종이 한 장을 구부려 남는 부분 없
이 구의 표면을 완전히 덮는다고 생각해보자. 이는 종이를 어떻게든 늘
이거나 찌부러뜨리기 전에는 불가능하다. 그 결과 구의 표면 위에서 잰
거리는 평평하게 편 종이 위의 거리와 반드시 같을 수는 없다. 이것은
세계지도를 만들 때 생기는 문제다. 지구를 종이 위에 어떤 방식으로
투영하더라도 일부 국가는 다른 국가보다 상대적으로 더 왜곡될 수밖
에 없다.

『원론』에서는 아무런 문제가 없었던 유클리드의 정리 일부가 구의
표면 위에서는 무너져내렸다. 이 문제를 이해하려면, 북극점에서 적도
까지 지어지는 선과 적도와 만나는 점에서 적도를 따라 지구를 4분의 1
바퀴 도는 선, 그리고 마지막으로 그곳에서 다시 북극점까지 이어지는
선을 머릿속에서 그려보자. 선이 서로 만나는 점에 생기는 각은 모두
직각이다. 이는 삼각형의 내각의 합은 180도라는 유클리드의 정리와
모순되는 결과다.[8]

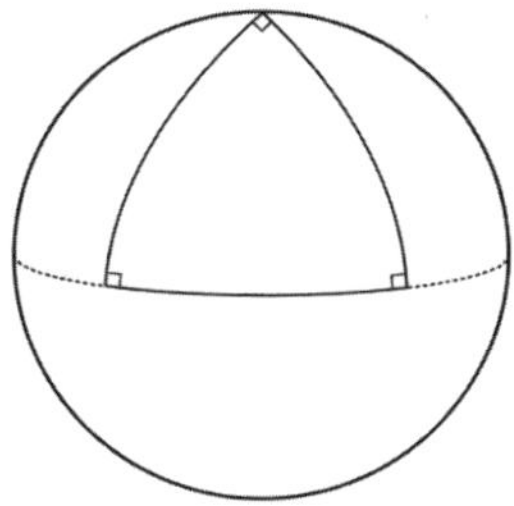

여기서 더 기묘해질 수도 있다. 삼각형의 위쪽 꼭짓점은 그 자리에

둔 채 적도 위의 두 꼭짓점이 점점 북극점에 가까워지도록 삼각형의 크기를 줄인다고 해보자. 결국 우리는 한 각(북극점에 있는)은 직각이고, 다른 두 각은 45도인 삼각형을 얻게 된다. 다시 말해, 우리는 다시 유클리드의 세계로 돌아온다.

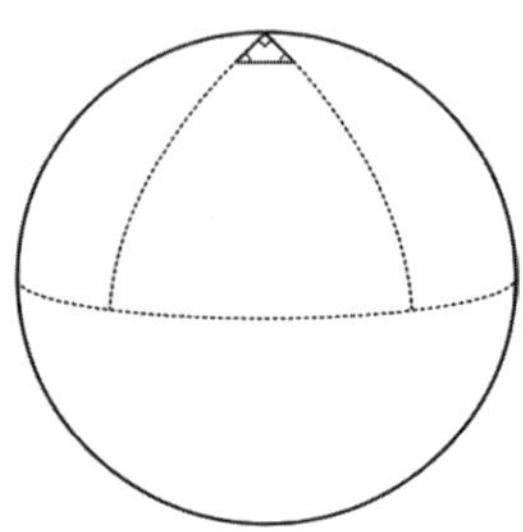

리만은 구의 표면이 다시 3차원 도형의 껍데기가 아니라 그 자체로 나름의 규칙을 지닌 2차원 공간이라는 사실을 보여주었다. 이전에 가우스는 한 동료에게 "나는 때때로 농담 삼아 유클리드 기하학이 옳지 않으면 좋겠다는 소망을 표현한 적이 있다"라고 인정한 적이 있었다.[9] 이런 반골 성향 때문에 가우스는 리만의 강의를 아주 흥미롭게 들었다. 이렇게 구부러진 세계는 '비유클리드 기하학'이라는 클럽을 만들게 된다. 클럽의 가입 조건은 한 가지 특징으로 이야기할 수 있다. '『원론』의 공리가 더 이상 참이 아니다.' 문제는 바이어슈트라스와 리만에서 끝나지 않았다. 기하학은 다른 곳에서도 공격받고 있었다. 그와 함께 변화의 예측 가능성에 관한 일부 근본적인 개념까지도 위협받고 있었다.

"움직임은 모호하지만 확실하다." 1827년 6월, 식물학자 로버트 브라운Robert Brown은 현미경을 통해 관찰한 꽃가루 입자가 무작위로 움직이고 있다는 사실을 알아챘다. 그는 일지에 관찰 내용을 기록한 뒤, 그런 움직임을 설명할 이론을 탐구하기 시작했다. 다음 해, 브라운은 연구 결과를 논문으로 발표했다. "계속해서 반복 관찰한 끝에 나는 이런 움직임이 유체의 흐름이나 증발로 생긴 게 아니라 입자 자체의 성질이라고 확신했다."[10]

처음에는 그런 움직임에 생물학적인 원인이 있다고 추측했지만, 광물이나 금속에서도 똑같은 패턴을 발견했다. 대영박물관 식물 부문의 수장으로서 브라운은 다소 평범하지 않은 표본을 가지고도 실험했다. 바로 스핑크스의 조각이었다. 그래도 매번 똑같은 움직임이 보였다.

오래전 로마의 시인 루크레티우스Lucretius는 햇살 속에서 끊임없이 춤을 추는 먼지 입자에 관한 글을 쓴 적이 있다. "마치 무리 지어 영원한 전투를 치르는 듯하다. 끊임없이 나뉘었다가 다시 무리를 짓는다."[11] 루크레티우스는 그것이 "원자 수준에서 시작되는 움직임"으로, 보이지 않는 충돌이 눈에 보이는 입자의 움직임을 만들어낸다고 주장했다. 이와 비슷하게 브라운은 꽃가루가 물과 접촉하면 나오는 '활성 분자'라는 존재를 제안했다.[12]

브라운의 관찰은 곧 영국에 널리 퍼진다. 조지 엘리엇George Eliot의 소설 『미들마치』에서는 한 방문객이 이 논문을 교환의 대가로 내놓는다. "난 로버트 브라운의 새 논문을 내놓겠습니다. '식물 꽃가루의 현미경 관찰'입니다. 설마 이미 갖고 있는 건 아니겠지요." 하지만 미시 세계에 관한 브라운의 결론은 코시의 미적분 사전과 마찬가지로 모호하고 애매했다. 브라운은 자신의 연구가 지닌 한계를 깨달았다. "이 분자에 관해 간절하게 확인하고 싶은 세 가지 중요한 점이 있다." 브라운은 논문을 이렇게 결론지었다. "바로 형태와 크기의 균일함 여부, 그리고 절대적 크기다. 그러나 나는 이 중 어느 것에 관해서도 만족스러운 결론을 내릴 수 없다."

연구를 발표한 직후 브라운은 몇 가지 가설에 관해 생각을 바꾸었다. 처음에는 분자의 크기가 모두 같은 것이라고 생각했지만, 이제는 그렇게 확신할 수 없었다. 더 큰 입자가 모두 이런 작은 분자로 이루어져 있다는 주장에 관해서도 후회했다. 마지막으로 브라운은 그런 움직임의 원인이 불확실하다는 점을 다시 강조하며, "내가 설명할 수 없는 움직임"이라고만 불렀다. 이후 그 현상은 '브라운 운동'이라는 이름으로 불리게 된다.

이 움직임은 거의 역설적으로 보였다. 입자들은 끊임없이 앞뒤, 위아래로 흔들리며 광대한 거리를 이동하는 것처럼 보이면서도 동시에 거의 같은 장소에 머물렀다. 전통적인 미적분은 떨어지는 사과나 행성의 궤도처럼 예측 가능한 운동에 초점을 맞추었다. 하지만 여기 완전히 예측 불가능한 자연의 운동이 있었다. 마치 새로운 세계가 브라운의 손이 닿는 곳 바로 너머에 있는 것 같았다. 그 세계는 뉴턴의 책에 실린 어떤 그림과도 다른 모습이었다.

리만의 발견 이후 점점 더 많은 수학자가 크기와 형태에 관한 유클리드의 '자명한 진리'에 관해 의문을 제기하기 시작했다. "전체는 부분보다 크다"라는 공리를 생각해보자. 현실 세계의 직관에 따르면 이 명제는 항상 참이지만, 1870년대 중반 게오르크 칸토어 Georg Cantor 는 무한집합에 적용할 때는 그렇지 않다는 사실을 보였다.[13] 이유를 이해하려면 그런 집합을 다룰 때 '크기'란 무엇인지를 먼저 정의해야 한다. 커다란 사과 더미와 구슬 더미가 눈앞에 있다고 상상해보자. 두 더미에 사과와 구슬이 몇 개씩 있는지 어떻게 판단할 수 있을까?

한 가지 방법은 사과와 구슬을 센 뒤 결과가 똑같은지를 확인하는 것이다. 하지만 더미가 매우 커지면 이 방법은 효율이 떨어지고, 수가 무한히 많아지면 불가능해진다. 그 대안으로 먼저 하나씩 따로따로 수를 세는 대신 두 더미를 직접 비교해보는 방법이 있다. 만약 두 더미에 있는 사과와 구슬의 수가 같다면, 사과 하나에 구슬 하나씩 짝을 지을 수 있다. 이렇게 양방향으로 짝을 지을 수 있는 것을 수학에서는 '전단사bijection 함수'라고 부른다.

칸토어는 똑같은 방법을 이용해 무한집합을 비교했다. 양의 정수의 집합(1, 2, 3, 4, ……)과 짝수만 있는 부분집합(2, 4, 6, ……)이 있다고 하자. 만약 양의 정수 중 아무거나 하나를 고른다면, 그 수의 두 배인 짝수와 짝을 지을 수 있다. 만약 짝수가 걸린다면, 2로 나누어 다시 정수와 짝을 지을 수 있다. 즉 우리는 전단사 함수를 얻을 수 있다. 칸토어에 따르면, 이 두 집합은 크기가 같다. 양의 정수와 양의 짝수는 수가 같다는 것이다. 다시 말해, 전체가 반드시 부분보다 크지는 않다.

무한의 크기가 서로 다를 수 있다는 사실을 칸토어가 밝히면서 상황은 점점 더 이상해졌다. 앞서 우리는 아무 양의 정수를 가지고 짝수로 바꿀(그리고 다시 되돌릴) 수 있다는 사실을 확인했다. 하지만 칸토어는 양의 정수를 이용해 끊어지지 않는 연속적인 직선을 그리는 것이 가능하지 않다는 점을 밝혔다. 수와 직선 사이에서 우리는 전단사 함수를 찾을 수 없다. 수를 아무리 잘게 나누어 직선 위에 올려놓는다고 해도 반드시 무한한 수의 틈이 생긴다. 따라서 직선을 이루는 점의 집합은 양의 정수의 집합보다 '더 크다'.

'집합론'에 대한 칸토어의 연구는 현대 기술의 근본적인 요소가 됐다. 누군가 구조화 질의어SQL를 이용해 데이터를 분석하고 있다면, 칸토어와 같은 논리를 사용해 여러 값의 집합을 묶거나 분할하고 있는 것이다. 신호 처리에서 정보 압축에 이르기까지 집합과 크기에 관한 칸토어의 아이디어는 우리가 오늘날 지식을 조직하고 공유하는 방식에 영향을 끼쳤다.

그러나 익숙한 기하학적 형태가 추상적인 점의 집합으로 바뀌면 직관적으로 이해하기는 어려울 수 있다. "나는 볼 수 있지만, 믿을 수는 없다." 칸토어는 자신의 분석 결과, 정사각형의 한 변이 정사각형 자체와 크기가 똑같을 수 있다는 결론이 나오자 한 친구에게 이렇게 말했다. 순수한 논리로만 이루어진 수학이 동등함이나 크기 같은 기초적인 개념에 관해서도 합의할 수 없다면, 다른 학문 분야에는 무슨 희망이 있겠는가?

바이어슈트라스 때와 마찬가지로 칸토어의 새로운 개념을 모두가 인정한 것은 아니었다. 한 저명한 독일 수학자는 칸토어를 "과학의 협잡꾼", "젊은이를 타락시키는 자"라고 공개적으로 비난했다. 리만이 유클리드 기하학을 무너뜨리는 모습을 만족스럽게 지켜본 가우스조차도 무한에 크기가 있다는 개념에는 "수학에서 절대 있을 수 없는 일"이라며 반대했다.[14] 그러나 비록 수학적인 이유는 아니었지만, 칸토어는 굽히지 않았다. 계몽주의 사상가들이 유클리드의 논리를 이용해 종교가 아닌 이성에 바탕을 둔 '자연권'을 유도하려고 한 반면, 칸토어는 자신의 연구가 신의 계시라고 믿었다. "내 이론은 바위처럼 단단하다. 바위로 날아오는 모든 화살은 궁수에게 되돌아갈 것이다." 1888년 칸토어는 이렇게 썼다.[15] "그걸 내가 어떻게 아느냐고? 오랫동안 모든 측면을 조사했기 때문이다. 무한한 수에 대한 모든 반론을 검토했으며, 무엇보다 나는 그 뿌리를 좇아, 이른바 모든 피조물의 첫 번째 확실한 원인까지 찾아갔기 때문이다."

칸토어는 자기 연구의 한계를 논할 때도 신에게 기원했다. 1883년 존재하는 모든 수를 한 집합에 몰아넣으면 어떻게 될지를 분석하려고 애쓸 때도 장애물이 신에 기인한다고 결론지었다. "신에게 속한 진정한 무한, 혹은 절대적인 현상은 결정을 허용하지 않는다."

미적분이 '무한소' 거리에 의존하고 있음에도 수학자들은 이 개념의 심원한 기묘함을 마주하기를 꺼려왔다. 손으로 만질 수 있고 직관적인 현실 세계에 머무는 편이 더 편안했다. 수학자 버트런드 러셀Bertrand Russell은 1903년 다음과 같이 썼다. "무한소 미적분은 무한을 완전히 무시할 수 없지만 가능한 한 적게 다루며, 세상에 드러나지 않도록 숨기려고 한다. 칸토어는 이런 겁쟁이 같은 태도를 버리고, 숨겨왔던 비밀을 폭로했다."[16] 칸토어는 미적분이 자신이 의존하던 바로 그 개념을 마주하도록 만들었다.

괴물은 또 다른 괴물을 낳는다. 1924년에 그중 가장 기이한 괴물이 나타났다. 수학자 스테판 바나흐Stefan Banach와 알프레트 타르스키Alfred Tarski는 부분이 때로는 전체보다 클 수도 있다는 사실을 보여줌으로써 유클리드의 『원론』에 다시 한번 타격을 가했다. 오늘날 바나흐-타르스키 역설로 불리는 두 사람의 정리에 따르면, 3차원 공을 여러 조각으로 나눈 뒤 조각을 다시 조립해 원래와 똑같은 공 두 개를 만들 수 있었다. 기괴함은 여기서 끝이 아니었다. 이 정리의 다른 형태를 이용하면, 훨씬 더 작은 공의 조각을 가지고 아주 큰 공을 만들 수도 있었다. 이 논리대로라면 완두콩만 한 공을 나누었다가 재조립해 태양만 한 공을 만드는 것도 이론적으로는 가능했다.[17]

바나흐-타르스키 역설은 우리가 증명에 대한 새로운 접근법에 편안해지고 있는 와중에도 뜻밖의 현상이 나타나 그 편안함을 산산조각 낼 수 있다는 사실을 보여준다. 학생 시절 처음 이 역설을 접했을 때 나는 칸토어와 같은 반응을 보였다. 볼 수는 있었지만, 믿을 수는 없었다. 완두콩이 태양만 해지다니. 적은 양의 음식을 나누어 수천 명을 먹인다는 기적처럼 느껴졌다. 나는 선생님이 다음 주제로 넘어가며 공간을 만들기 위해 칠판을 돌려버리기 전에 얼른 방정식을 받아 적었다. 하지만 내가 받아 적는 사이에, 그것은 이해해서라기보다는 외우기 위해 한 줄씩 기계적으로 적어 내려가는 증명이 되고 말았다. 내가 다른 사람에게 설명할 수 있을 정도로 그 역설을 잘 알게 되기까지는 한참 걸렸다.

칸토어를 돌이켜 생각해보는 건 도움이 된다. 적어도 내게는 그랬다. 수직선 위에 놓인 무한히 많은 사과를 상상해보자. 이제 짝수에 있는 사과를 분리해 사과를 두 줄로 만든다. 하나는 짝수고, 하나는 홀수다. 그다음에 짝수에 있는 사과를 옮겨 사과 #2는 사과 #1이 있던 곳에, 사과 #4는 사과 #2가 있던 곳에 오도록 한다. 이와 같은 방식으로 사과를 옮긴다. 사과의 수는 무한하므로 모든 수에 사과가 놓일 때까지 무한히 이 일을 계속할 수 있다. 그러면 우리는 원래와 똑같은 사과의 선을 얻는다.

무한한 사과의 수직선 두 개를 만드는 법

홀수 번호 사과에 대해서도 똑같이 위치를 이동해 원래의 선과 똑같은 선을 얻을 수 있다. 이제 우리는 무한한 사과의 집합 하나로부터 똑같은 집합 두 개를 얻었다. 이 두 집합은 서로 크기가 같을 뿐만 아니라 원래의 집합과도 크기가 같다. 손에 쥘 수 있는 실제 물체가 아니라 무한한 점의 집합을 가지고 바나흐와 타르스키의 공을 생각한다면, 똑같은 논리가 성립한다.

바이어슈트라스와 칸토어, 그리고 그 추종자들 덕분에 괴물은 수학계 전반으로 퍼져나가며 일부 선배 수학자들을 점점 더 불안하게 만들었다. 푸앵카레는 칸토어와 같은 수학자의 연구를 고대 그리스 신화에 등장하는 머리가 많은 히드라에 비유했다. 누군가 히드라의 머리를 하나 베어내면, 곧 더 많은 머리가 자라났다. 푸앵카레는 헤라클레스가 머리가 아홉 개인 히드라는 물리칠 수 있었지만 "이 경우에는 영국과 독일, 이탈리아, 프랑스 등 너무 많은 곳에 괴물이 있어 과업을 완수할 수 없었을 것"이라고 탄식했다. 푸앵카레는 이런 짐승 같은 개념이 오만한 잡상으로 수학에 도움이 되지 않는다고 생각하며 이렇게 말했다. "우리 선조들의 추론이 틀렸다고 이야기하기 위한 목적으로 만든 개념일 뿐이며, 우리는 거기서 아무것도 얻어내지 못할 것이다."[18] 그러나 괴물은 어떻게든 다시 돌아오곤 한다.

유클리드가『원론』을 쓰던 무렵 중국의 수학자들은 오랫동안 쌓인 지식을 정리해『구장산술九章算術』이라는 책으로 엮었다. 유클리드가 기하학적 증명에 초점을 맞추고 있다면,『구장산술』은 다양한 실용적 문제를 다룬다. 여기에는 음수가 있을 수 없다고 생각했던 유럽에서는 오랫동안 기피했던 개념인 재산과 빚에 관한 논의도 담겨 있었다.[19]

주로 기하학을 다루었던 고대 그리스인은 음수 개념을 필요로 하지 않았다. 눈으로 보고 손으로 만질 수 있는 대상을 다룰 때는 크기가 음수라는 개념이 터무니없어 보였다. 처음으로 'x' 같은 기호를 이용해 미지수를 나타냈던 수학자 디오판토스Diophantos도 음수 해가 나오는 방정식을 가리켜 '불합리'하다고 일컬었다.

중세 유럽의 수학자들은 그리스 수학의 방법론뿐만 아니라 편견까지 물려받았다. 갈릴레오는 상승했다가 떨어지는 투사체가 그리는 호를 계산하며 문제를 올라가는 단계와 내려가는 단계의 두 부분으로 나누었다.[20] 그렇게 함으로써 투사체의 속도가 양수(상승)에서 음수(하강)로 바뀌어서 계산에 음수를 넣어야 하는 일을 피할 수 있었다. 심지어 1758년에도 한 영국 수학자는 음수가 "방정식 이론 전체를 흐릿하게 만들며, 본래 너무나도 명백하고 단순했던 대상을 모호하게 만든다"라고 주장했다.[21]

유클리드가 많은 계몽주의 사상가에게 영감을 주었지만, 수학자에게는 유클리드의 연구가 고대 아시아에서는 피해갔던 위험을 담고 있는 트로이의 목마가 됐다. 1700년대 후반에 들어서서야 마침내 음수를 회피하려던 노력이 너무 많은 걸림돌이 되고 있다는 사실을 깨달은 유럽의 수학자들은 마지못해 음수를 받아들였다. 오늘날에도 이 괴물의 그림자는 간간이, 예를 들어 아이가 음수 두 개를 곱하면 왜 양수가 되냐고 물을 때 모습을 드러낸다. 하지만 이 괴물은 이제 대체로 길이 들어서 다시 쫓아내야 한다고 생각할 사람은 더 이상 없을 것이다.

마찬가지로 바이어슈트라스의 괴물도 점차 인정받기 시작했다. 20세기 초 알베르트 아인슈타인Albert Einstein은 원자의 존재를 증명하기 위해 입자가 서로 충돌할 때 일어날 일을 설명하는 이론을 만든 뒤 검증 가능한 예측을 전개했다. "나는 원자론에 따르면 부유하는 미세 입자들이 관측에 열려 있는 운동을 하고 있어야 한다는 사실을 알아냈다." 아인슈타인은 훗날 이렇게 회고했다.[22]

이것은 수십 년 전에 로버트 브라운이 관찰한 것과 똑같은 운동이었다. '분자 운동'이라는 브라운의 모호한 논의와 달리 아인슈타인의 이론은 유체 분자가 끊임없이 충돌하고 다니므로 액체 안의 입자가 무작위한 경로를 따른다고 설명했다. 충돌이 너무 빈번하기(초당 200조 번 이상)[23] 때문에 아무리 좋은 현미경으로 자세히 관찰한다고 해도 매끄러운 궤적을 볼 수 없다. 자연히 패턴은 어수선하고 예측 불가능했다. 실질적인 용어로 나타내자면, 도함수를 찾는 일은 가능하지 않았다.

원자와 분자의 충돌을 분석하고자 한다면, 바이어슈트라스의 괴물을 마주해야 했다. 그것이 바로 아인슈타인이 한 일이었다. 액체 속에 있는 입자 한 개의 경로를 분석하는 대신 많은 입자의 평균적인 행동을 조사했다. 얼마나 널리 이동할 가능성이 있는가? 언제 특정 지점에 도달할까? 이런 접근 방식 덕분에 아인슈타인은 마침내 서로 다른 조건에서 서로 다른 원자의 크기를 추정할 수 있었다.[24] 아인슈타인이 길들인 괴물은 이것만이 아니었다. 분자의 충돌에 관한 연구 이후에 아인슈타인은 비유클리드 기하학을 이용해 일반 상대성 이론을 개발했다.

브라운 운동과 같은 패턴은 수학자가 미적분이라는 기초 도구에 관한 생각을 바꾸어야 한다는 사실을 의미했다. 그때까지 변화율은 언제나 거리를 바탕으로 정의했고, 곡선의 넓이는 기하학적으로 측정했다. 하지만 함수가 매끄럽지 않고 경로가 예측 불가능할 때 이런 개념은 의미가 없었다. 아인슈타인처럼 수학자들도 확률적인 사건을 바탕으로 생각해야 했다.

문제는 확률을 다루는 수학 분야가 아직 초기 단계에 있다는 점이었다. 또 어떤 괴물이 도사리고 있을지 누가 알겠는가? 1930년대 말 도쿄대학교의 이토 기요시伊藤清는 사람들이 사용하던 용어를 확실히 정리하기 시작했다. "당시 확률론에 관한 논문과 연구는 19세기의 미적분처럼 직관적인 설명을 사용했다." 훗날 이토는 이렇게 회고했다.[25] 미적분에서 벌어진 혼란이 보여주었듯이 믿을 만한 기반이 없으면 증명도 무너질 수 있다.

바이어슈트라스처럼 이토도 아웃사이더였다. "당시 일본에는 확률론이 전문인 수학자가 없었다. 나는 고립되어 있다고 느꼈다. 게다가 확률론이 정통 수학 분야인지 아닌지도 의심스러웠다." 그래도 이토는 프랑스어와 러시아어 교재에서 읽었던 개념을 활용하며 확률론을 연구했다. "수학이라는 언어는 보편적이기 때문에 오랫동안 언어 공부를 하지 않고도 그렇게 할 수 있었다."

서서히 이토는 엄밀한 용어와 함께 확률론이라는 분야를 단단한 기반 위에 올려놓을 수 있었다. 함수를 무작위한 과정처럼 취급했으며, 바이어슈트라스의 정의를 새로운 확률 기반의 언어로 번역했다. 다행히 집합에 관한 칸토어의 연구는 가능하고 있음직한 사건의 무제한적인 집합을 조직하는 데 필요한 구조를 제공했다. 그 과정에서 이토는 브라운 운동 같은 변동하는 무작위한 과정과 좀 더 익숙하고 예측 가능한 법칙 모두에 의존하는 수학 함수를 다루는 방법을 개척했다. 이 새로운 방법을 이용해 시간의 흐름에 따른 함수의 변화를 계산할 수 있는 '이토 보조 정리Ito's Lemma'를 유도했다. 이를 이용하면 그 과정의 예측 가능한 요소와 무작위한 요소를 모두 설명할 수 있다.

1970년대에 이르면 이토의 연구는 '확률 미적분stochastic calculus'이라는 수학의 새로운 분야로 발전하게 된다. (어떤 과정이 브라운 운동처럼 수학적으로 기술할 수 있는 무작위한 사건의 영향을 받는다면 '확률적'이라고 부른다) 미적분 때처럼 이 신생 분야와 함께 새로운 도구와 정리가 따라왔다. 이 분야는 오늘날 뇌에 있는 뉴런의 발화에서 전염병의 확산에 이르는 온갖 현상을 연구하는 데 쓰인다.

확률 미적분은 은행이 미래의 사건에 따라 상품 가격의 변동을 예측할 수 있게 해주는 금융 수학의 핵심 개념이기도 하다. 이 방법으로 오르내리는 주가를 설명할 수 있어 미래의 특정 시점에 사거나 팔 수 있는 옵션의 가치가 시간에 따라 어떻게 변하는지를 알 수 있다. 여기서 유래해 옵션의 가격을 추정하는 데 쓰이는 방정식은 이토의 연구를 바탕으로 이를 만든 두 수학자의 이름을 따 '블랙-숄즈 방정식'이라고 불리며, 오늘날 전 세계의 금융계에서 쓰이고 있다. 그러나 이토는 금융업계로부터 찬사를 받고서는 당혹스러워했다. 자신은 한 번도 주식을 사본 적이 없었고, 평범한 은행 계좌에 돈을 예금해두었기 때문이었다. 순수 수학자로서 이토는 자신의 연구가 경제 분야에서 유명해지리라고는 예상하지 못했다.

형태와 크기에 관한 유클리드의 개념을 무너뜨렸음에도 바이어슈트라스의 괴물은 다시 기하학의 세계로 돌아왔다. 19세기 말, 스웨덴 수학자 헬게 본 코크Helge von Koch는 매끄럽지 않은 함수라는 개념에 흥미를 느꼈으며, 이를 시각화하고자 했다. 방정식을 특정하지 않은 채 코크는 어디서도 매끄럽지 않은 형태를 만드는 일에 착수했다. 그 과정에서 대수학과 기하학 양쪽에 똑같은 괴물이 도사리고 있다는 사실을 보여주게 된다. 코크는 바이어슈트라스의 함수를 그릴 수는 없었지만, 비슷하게 그릴 수 있는 사촌이 있는 게 분명하다고 추론했다. 이곳저곳에서 임시 교수직을 전전하며 연구하던 코크는 1904년 마침내 자신의 괴물을 발견했다.

코크는 정삼각형의 각 변에 더 작은 삼각형을 덧붙이는 과정을 계속해서 무한히 반복함으로써 자신의 괴물을 만들었다. 그 결과는 연속적이지만 도함수가 없는 기하학적 형태였다. 그게 전부가 아니었다. 매번 삼각형을 더할 때마다 도형의 둘레는 증가했지만, 전체 넓이에는 한계가 있었다. 삼각형을 더할수록 둘레는 무한히 길어지지만, 넓이는 원래 넓이에서 60퍼센트만 증가하는 데서 그치고 만다. 이런 반직관적인 창조물은 독특한 외형으로 인해 곧 '코크 눈송이'라고 불리게 된다.

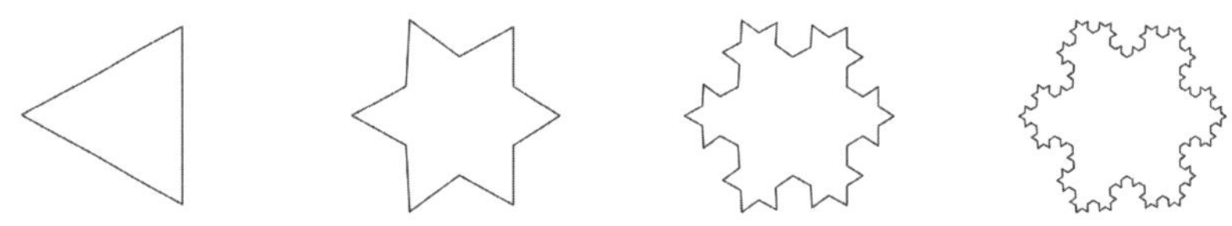

코크 눈송이의 성장[26]

코크는 바이어슈트라스의 개념을 방정식과 함수의 세계에서 해방하는 데 성공했다. 하지만 그 눈송이 안에는 또 다른 것이 도사리고 있었다. 자세히 들여다보면, 그곳에는 흥미로운 자기 유사성이 있었다. 눈송이의 한 특정 구역을 확대하면 멀리서 본 전체 형태와 비슷하게 보인다. 오랜 시간이 지나 마침내 컴퓨터로 바이어슈트라스의 함수를 그릴 수 있게 되자 수학자들은 이 함수 역시 자기 유사성이라는 성질을 공유하고 있으며, 뾰족한 봉우리와 계곡 사이에서 대칭성도 엿보인다는 사실을 깨달았다.

시간이 지나자 사람들은 다른 곳에서도 이 자기 유사성을 찾아내기 시작했다. 1980년대 브누아 망델브로Benoît Mandelbrot의 기념비적인 연구는 점점 더 작은 규모에서도 똑같은 모양이 반복되는 구조를 갖는 '프랙털' 도형이라는 개념을 대중화했다. 해안선에서 구름, 식물과 혈관에 이르기까지 프랙털은 자연 어디에나 있다는 사실을 수학자들이 깨

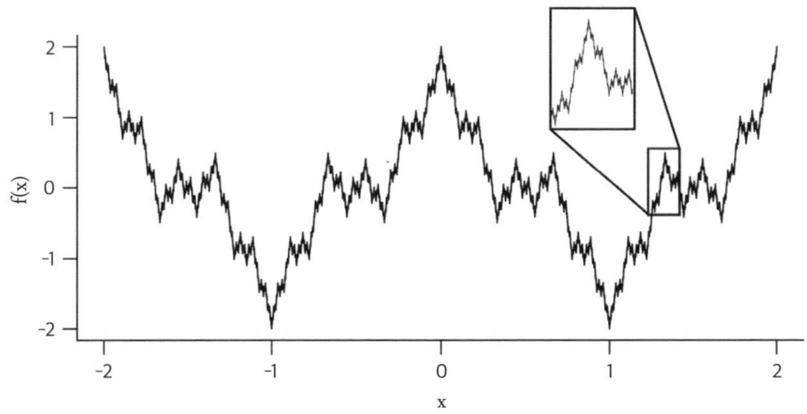

시각화한 바이어슈트라스의 함수. 확대한 영역에서 자기 유사성이 보인다.

달았다.[27] 코크의 눈송이와 마찬가지로 어떤 것도 매끄럽지 않았다. 어떻게 그럴 수 있을까? 만약 도형에 매끄러운 구간이 있다면, 충분히 확대할 때 그 패턴은 사라지고 있다. 코크가 발견했듯이 매끄럽지 않은 형태를 얻는 가장 단순한 방법은 프랙털이었다. 바이어슈트라스의 괴물과 함께 프랙털은 수학자들을 복잡하고 아름다운 구조의 세계로 이끌며, 이들에게 다양한 자기 유사성 패턴을 보여주었다.

이런 변화는 여러 가지 면에서 동시대의 예술가들이 겪던 변화를 반영했다. 자연을 정확하게 모방하는 대신 모더니즘 예술가들은 자신이 관찰한 현실이라는 제약에서 벗어나고 있었다.[28] 그 결과 훨씬 더 심오하고 풍요로운 창작이 가능해졌다. 파블로 피카소Pablo Picasso는 추상 예술이 세계를 정확하게 재현하지 않는다는 점을 인정했지만, 이런 자유 덕분에 세상을 묘사하기만 하던 예술가가 세상을 이해할 수 있게 됐다고 말했다. 정신을 산만하게 하는 세부 사항을 걷어내고 보면, 때때로 그 안에 놓인 생명의 특징이 더욱 선명해졌다. "우리는 모두 예술이 진리가 아니라는 것을 알고 있다. 예술은 우리로 하여금 진리를 깨닫게 해주는 거짓말이다." 피카소는 이렇게 말한 바 있다.[29]

바이어슈트라스의 괴물은 현대의 증명에서도 찾아볼 수 있다. 액체나 기체의 운동을 기술하는 나비에-스토크스 방정식은 바이어슈트라스의 함수보다 수십 년 정도 앞서 나왔지만, 유체역학의 특정 측면은 여전히 물리학자를 곤란하게 만들고 있다. 특히 유체가 난류를 형성할 때 무슨 일이 일어나는지는 분명히 밝혀지지 않았다. 소용돌이치는 물이나 엔진에서 쏟아져 나오는 배기가스 안에서는 실제로 무슨 일이 벌

어지고 있을까? 내가 박사 학위 과정을 밟는 중일 때 케임브리지대학
교의 응용수학과와 이론물리학과의 몇몇 동료들은 지하 실험실에서
시간을 보내며 이론과 현실을 조화시키려고 노력했다.

문제를 어렵게 만드는 한 가지 이유는 기체와 액체의 운동이 보이
는 복잡성이다. 인접한 두 흐름도 서로 완전히 다른 경로를 따라갈 수
있다. 1926년 기상학자 루이스 프라이 리처드슨Lewis Fry Richardson은 이
렇게 묻기까지 했다. "바람에는 속도란 게 있는 것인가?" 리처드슨은
주 기류를 거스르며 흐르는 소용돌이인 '맴돌이'의 영향을 연구하고 있
었는데, 공기 입자 한 개의 경로는 방향이 이리저리 뒤바뀌기 때문에
실질적으로 예측이 거의 불가능하다고 주장했다. 그렇게 보면 바이어
슈트라스의 괴물과 사촌 관계라고 해야 할지도 모른다. 리처드슨은 그
것이 "처음에는 어리석어 보이지만 알고 보면 나아지는" 개념이라고
지적했다.[30]

이 사촌들 사이에는 유사한 점이 더 있었다. 몇몇 연구자는 서로 다
른 크기에서 보아도 난기류가 비슷해 보인다고 지적했다. 바이어슈트
라스의 함수와 코크의 눈송이처럼 유체에는 프랙털과 같은 성질이 있
다. 그럼에도 과학자들은 아직 난류를 제대로 이해하지 못하고 있다.
유체역학 연구는 대부분 컴퓨터 시뮬레이션을 활용한다. 연필과 종이
로 분석하기에는 방정식이 너무 어렵기 때문이다. 유체역학 연구자들
과 같은 학과에 있었을 때 나는 그들이 고성능 컴퓨터 자원을 너무 많
이 잡아먹어서 괴로워하곤 했다.

시뮬레이션을 이용해 나비에-스토크스 방정식이 어떤 패턴을 그
리는지는 알 수 있지만, 좀 더 근본적인 질문에는 여전히 답할 수 없다.

대부분의 수학자는 나비에-스토크스 방정식이 유체의 운동을 정확하게 나타낸다고 생각한다. 하지만 유체가 3차원 공간에서 움직이고 있을 때도 그 방정식의 해가 항상 존재하는지, 그 해가 항상 매끄러우며 무한한 값으로 '폭발'하지— 따라서 물리적으로 불가능해지지—않는지는 아직 모른다.

2000년, 클레이 수학연구소는 나비에-스토크스 방정식이 항상 매끄러운 해를 갖는다는 사실을 증명하는—혹은 반례를 찾는—사람에게 상금 100만 달러를 약속했다. 이 문제는 수학에서 매우 중요한 여섯 가지 난제 중 하나로 꼽힌다. 나비에-스토크스 방정식이 널리 쓰이고 있음에도 불구하고 수학자들은 그 방정식이 항상 현실적인 결과를 제공하는지 모르기 때문이다. 아직 100만 달러를 받을 사람은 나타나지 않았다. 어떤 의미에서 보면 그 상금은 수학자들이 골칫거리 괴물을 사냥하도록 자극하는 현상금과 같다.

비록 나비에-스토크스 문제는 아직 미해결로 남아 있지만, 2022년 수학자 토머스 허우Thomas Hou와 지아지에 첸Jiajie Chen은 유체가 저항 없이 흐르는 상황을 다루는 좀 더 단순한 형태에 대한 해를 발표했다.[31] 앞서 허우는 한 동료와 함께 컴퓨터 시뮬레이션을 이용해 있을 수 없는 '폭발하는 해'를 찾으려 한 적이 있었다. 두 사람이 위쪽 절반과 아래쪽 절반이 반대 방향으로 회전하는 원통을 시뮬레이션하자 내부에 있는 가상의 유체는 점점 불안정해지는 것처럼 보였다. 폭발에 가까워 보였지만, 컴퓨터가 진짜 무한한 값을 출력할 수 없었기에 증명을 끝낼 수는 없었다.

돌파구는 허우와 첸이 유체의 운동이 자기 유사성을 보인다는 사실을 알아챘을 때 열렸다. 두 사람은 이 유사성을 이용해 앞으로 폭발이 어떻게 전개될지 근사치를 계산할 수 있었고, 이 근사 형태를 무한까지 몰고 갔다. 이번에도 괴물이 길을 보여준 것이다. 177쪽에 걸쳐 허우와 첸은 이 괴물이 불가피한 존재임을 증명했다. 폭발의 근삿값은 실제 방정식의 비현실적인 행동을 반영했다.

유체역학에서 금융에 이르기까지 바이어슈트라스의 함수와 같은 괴물들은 증명과 자연 세계의 관계에 관한 우리의 생각에 도전했다. 바이어슈트라스와 동시대의 수학자들은 그의 함수를 외따로 있는 괴물 한 마리로 치부했다. 수학적 창조물의 방대한 동물원 속에서 이는 누구도 굳이 신경 쓸 필요 없는 흥밋거리였다. 하지만 프랙털과 유체의 기묘함은 그것이 틀렸음을 보여주었다.

혼란스럽고, 화려하며, 복잡한 현실 세계에는 곳곳에 괴물이 있다는 사실이 드러났다. 객관적이고 보편적인 아름다움을 논하던 이마누엘 칸트는 이런 우아한 진리를 담고 있는 '자연의 초감각적인 기저'가 존재한다고 제안했다.[32] 바이어슈트라스는 겉보기에 흉측한 함수를 가지고 이 기저를 건드렸던 것이다. 물리학자 프리먼 다이슨Freeman Dyson은 만델브로의 연구를 접한 뒤 이렇게 표현했다.[33] "자연이 수학자를 가지고 놀았다."

바이어슈트라스조차 이 장난의 피해자가 됐다. 바이어슈트라스는 수학자가 물리적인 관찰에만 의존할 필요가 없다고 주장하기 위해 함수를 만들었다. 바이어슈트라스의 추종자들은 유클리드와 뉴턴이 현실적인 직관의 제약을 받았으며, 그런 한계에서 자유로워지기만 하면 우아한 새 이론을 수도 없이 발견할 수 있다고 믿었다. 이제 수학자에게는 자연이 필요 없어졌다고 생각했던 것이다. 그러나 바이어슈트라스의 괴물은 정반대의 사실을 드러냈다. 자연과 수학의 관계는 어느 누가 상상했던 것보다 더 깊었다.

수학자들이 자연 속에 숨어 있는 기묘함을 완전히 이해하는 데 시간이 걸렸듯이 계몽주의 공리의 단순함 역시 정치적 현실과 충돌했다. 프로이센과 나폴레옹 법전의 모호함과 모순을 떠올려보라. 포괄적인 법체계를 만들려는 시도는 놀라울 정도로 큰 허점을 남겼다. 규칙을 간소화하려는 시도는 언제나 더 많은 규칙을 만들어내기만 하는 것 같았다. 법전이 모든 상황을 다룰 수 있을 정도로 완전하면서 동시에 어떤 규칙도 충돌하지 않도록 무모순적일 수는 없는 듯했다. 그리고 미국의 '국가적 공리' 부정에 관한 이야기가 나왔던 링컨-더글러스 논쟁이 있었다. 이들 국가가 직면한 도전을 제대로 이해하는 데는 몇십 년이 더 걸리게 된다. 그때도 결정적인 통찰은 바이어슈트라스의 괴물이 드리우는 그림자 속에서 나타난다.

20세기 초, 몇몇 수학자는 모든 수학 명제를 유도할 수 있는 일정한 공리의 집합을 만들어 점점 많아지는 역설을 해결하려고 했다. 유클리드가 시도했다가 실패했던 곳에서 출발해 더 크고 단단한, 괴물로부터 자유로운 체계를 만들려는 것이었다. 핵심적으로, 그 공리 집합은 어떤 참인 명제도 증명할 수 있도록 완전해야 했을 뿐 아니라 모순이 없어 서로 상충하는 두 명제를 증명할 수 없어야 했다.[34] 괴팅겐대학교의 다비트 힐베르트David Hilbert가 이 노력을 이끌었으며, 이 연구는 이후 '힐베르트의 프로그램'으로 불렸다. 목표는 수학자가 어떤 것을 '자명하다'고 받아들일 수 없는 상황에서 정리를 증명해야 할 때 마주하는 논리적 구렁을 회피하면서 직관에 바탕을 둔—바이어슈트라스와 몇몇 수학자가 믿을 수 없다는 사실을 보인—수학에서 벗어나는 것이었다.

힐베르트 프로그램에 기여할 수 있기를 원했던 한 사람은 빈대학교의 박사 과정 학생이었던 쿠르트 괴델Kurt Gödel이었다.[35] 안타깝게도, 괴델은 곧 눈앞에 있는 게 훨씬 더 큰 문제임을 암시하는 몇 가지 역설을 발견했다. 산술을 이용해 증명할 수 없는 참인 명제가 산술 체계에 존재하는 것 같았다. 다음 해 괴델은 자신의 발견을 두 가지 '불완전성 정리'로 발표했다. 이 정리에 관한 소식은 그것이 힐베르트 프로그램에 관해 갖는 함의와 함께 빠르게 퍼져나갔다. 괴델은 수학 공리가 아무리 상세하다고 해도 다룰 수 없는 상황이 반드시 존재함을 보였던 것이다.

괴델은 자기 언급 명제에 초점을 맞춰 증명에 도달했다. 가장 유명한 자기 언급 명제는 '거짓말쟁이 역설'이다. 누군가 이렇게 말한다고 상상해보자. "나는 거짓말쟁이야." 만약 그게 참이라면, 말한 사람이 거짓말쟁이이므로 그 말은 거짓이 되어 모순이다. 반대로 그게 거짓말이라면, 말한 사람은 거짓말쟁이가 아니므로 그 말은 참이 되어 역시 모순이다. 괴델은 이와 비슷하게 '이 명제는 증명할 수 없다'와 같은 수학 명제를 이용했다. 만약 이 명제를 증명할 수 있다면, 그 명제는 거짓이고, 모순이 발생한다. 반대로 증명할 수 없다면, 우리의 논리 체계는 완전하지 못한 것이다. 증명할 수 없는 참 명제가 포함되어 있기 때문이다.

무한집합에 관한 칸토어의 '젊은이를 타락시키는' 연구 덕분에 괴델은 자신의 증명을 확장해 산술 전반을 다룰 수 있었으며, 그 과정에서 공리계의 한계를 입증했다. 수학은 완전하면서 동시에 무모순적일 수 없었다. 공리만으로는 충분하지 않았다.

괴델의 정리는 프리드리히와 나폴레옹이 법전을 개발하다가 문제에 봉착한 이유를 설명한다. 또한 현대의 몇몇 관료제가 그렇게 한심한 이유와 소프트웨어 공학자가 제대로 된 의사결정 알고리즘을 개발하는 데 어려움을 겪곤 하는 이유를 보여준다. 괴델이 발견했듯이 불완전하거나 모순적인 규칙의 집합을 생각해내는 것은 놀라울 정도로 쉽다. 그런 경우 어떤 규칙에도 해당하지 않거나 우리가 상충하는 두 규칙을 따라야만 하는 상황이 생기게 마련이다.

이후 괴델은 자신의 생각이 어떤 논란을 불러일으킬 수 있는지를 절실하게 깨닫게 된다. 1947년 미국 시민이 되는 과정을 밟고 있던 괴델은 지원서를 작성하고 면접에 참석해야 했다. 보통 면접은 형식적인 절차였지만, 괴델은 진지하게 임했다. 헌법을 상세히 살펴보고 친구인 경제학자 오스카어 모르겐슈테른Oskar Morgenstern에게 문제를 찾아냈다고 말했던 것이다. 모르겐슈테른의 회상에 따르면, "괴델은 몇 가지 내적 모순이 있어서 완벽한 법리로 누군가 독재자가 되어 파시스트 정권을 세우는 게 가능하다는 사실을 발견했다며 괴로워했다."

면접에서 함께 괴델의 증인이 되기로 한 알베르트 아인슈타인과 함께 모르겐슈테른은 괴델에게 괜한 소란을 일으키지 말라고 충고했다.[36] 그럼에도 판사가 미국이 괴델의 모국인 오스트리아처럼 독재국가가 될 수 없다고 이야기하자 괴델은 동의하지 않았다. "아, 될 수 있습니다. 제가 증명할 수 있어요." 괴델은 자세히 설명하고 싶어 안달이 난 모양이었지만, 다행히 판사가 친구가 길을 벗어나지 않게 하려는 모르겐슈테른과 아인슈타인의 노력에 부응해주었다. "이런, 그 이야기는 하지 맙시다." 판사가 대꾸했다. 면접은 신속하게 끝났다. 그 결과 괴델이 헌법에서 어떤 허점을 찾아냈는지는 기록으로 남지 않았다.

법철학자 엔리케 구에라 푸졸Enrique Guerra-Pujol에 따르면, 괴델은 새로운 수정헌법을 가능하게 하는 헌법 제5조에 관해 우려했을 가능성이 있다. 구에라 푸졸은 전기 작가들이 이 시민권 이야기를 다룰 때 괴델의 우려를 말도 안 되는 것으로 치부한 모르겐슈테른과 아인슈타인 쪽에 기우는 경향이 있는 것을 보고 이 문제에 관심을 가졌다. 하지만 그 시기 괴델은 지적으로 최전성기를 구가하며 세계 최고 수준의 논리학자라는 명성을 떨치고 있었다. 구에라 푸졸은 "나는 괴델의 말을 믿어주겠다"라고 말했다.[37]

실제로는 독재국가가 될 수 있을 정도로 헌법을 직접 수정하는 것은 매우 어려운 일이다. 상원과 하원 양쪽, 그리고 대다수 주가 승인해야 하기 때문이다. 그러나 간접적인 방법은 있다. 제5조는 제5조를 수정하는 데 쓰일 수 있다. 어쩌면 이것이 괴델이 포착한 문제일 수도 있다. 무분별한 수정을 방지하기 위해 존재하는 절차 자체가 서서히 무뎌지면서 앞으로는 수정이 더 쉬워진다는 것이다. 어쨌거나 괴델은 그와 비슷한 '하향 수정'의 과정이 1930년대 독일에서 벌어지는 모습을 목격했다.

괴델이 발견한 허점이 자기 수정 가능성인지, 그런 우려가 실질적으로도 타당한지를 떠나서 괴델의 정리는 사회 규칙의 정의에 내재한 모호성을 보여주었다. 괴델과 같은 나라 출신인 인물 중에도 비슷한 우려를 표한 사람이 있었다. 조국인 오스트리아-헝가리를 떠나 미국으로 간 괴델과 달리 철학자 카를 포퍼Karl Popper는 뉴질랜드로 이주했다. 1945년 포퍼는 '관용의 역설'이라는 개념을 간략히 제시했다. 만약 사회가 너무 관용적이어서 극단적으로 관용적이지 못한 행동까지 제지하지 않게 되면, 결국에는 불관용적인 소수가 사회를 장악하게 된다는 주장이었다. 포퍼는 "제한 없이 관용을 베풀면 관용이 사라지게 된다"라고 표현했다.[38] 포퍼가 제시한 해결책은 모순을 포용함으로써 역설을 관리하는 것이었다. "그러므로 우리는 관용의 이름으로 불관용을 묵인하지 않을 권리를 주장해야 한다."

1863년 11월, 링컨은 게티즈버그에서 연설했다. 4개월 전에 남북전쟁에서 가장 치열한 전투가 벌어졌던 곳이었다.[39] 연설의 서두에서 링컨은 "모든 인간이 평등하게 창조됐다는 명제에 헌신하는" 국가를 언급했다. 평등이 자명한 진리—많은 사람이 부정하고 있다는 사실을 링컨은 알고 있었다—라고 이야기하는 대신 그것을 국가가 함께 증명해야 하는 명제로 재구성했다. 링컨의 표현에 따르면, 남북전쟁은 "그런 국가, 혹은 그런 생각을 품고 헌신하는 어떤 국가라도 오래 유지될 수 있는지를 시험하는 무대"였다. 링컨이 보기에는 비록 건국의 아버지들이 당시의 노예제를 용납한 상황이었지만, 평등에 관한 제퍼슨의 명제는 미래의 목표를 제시했던 것이다. 1857년 링컨은 이렇게 말했다. "나는 독립선언문에 모든 인간의 환경을 점진적으로 개선하려는 생각이 담겨 있다고 생각했다."[40]

자명한 공리와 상세한 규정집이 어떤 국가를 시간 속에 고정하려고 하는 반면, 정치와 대중의 감성은 수시로 변한다. 모순과 누락이 생겨날 수밖에 없다. 사회가 존속할 수 있으려면 유연하게 적응해야 한다. 사회에 내재한 충돌을 적극적으로 해결하고, 때로는 포용할 수도 있어야 한다.

결국 미국의 노예제는 새로운 규칙―수정헌법 제13조―을 명시하고서야 폐지할 수 있었다. 건국의 아버지들이 세운 공리는 시간이 흐르며 계속 변화했다. 1896년 미국 대법원은 공공시설의 인종별 '분리 평등 정책'이 헌법을 위배하지 않는다고 판결했다. 그러나 분위기는 서서히 바뀌었다. 그리고 1954년 대법원은 그 결정을 뒤집으며, "분리 교육 시설은 본질적으로 불평등하다"라고 판시했다.[41] 20세기 초 여성의 참정권을 부정했던 일이나 제2차 세계대전 기간에 일본계 미국인을 강제로 억류했던 일 역시―둘 다 당시에는 합헌이었으나 이후 비난을 받았다―평등 개념의 변화를 보여준다.[42]

때때로 변화는 모순과 완전성의 문제를 어색하게 피해가려고 했다. 제1차 세계대전 때 미국은 정부나 군대에 대해 "불충하거나 모독적이거나 상스럽거나 악의적인 언어를 사용하는 것"을 금지하는 선동법을 도입했다. 이 법은 미국 헌법에 담긴 표현의 자유 조항과 어긋났지만, 대법원은 평시의 권리와 별개로 따로 적용할 수 있는 전시 조치로 인정할 수 있다고 보았다. 유클리드의 법칙을 적용할 수 없는 곳에서 리만이 새로운 기하학을 만들었듯이 전쟁은 임시로 헌법을 뒤로하고 2,000명을 철창 뒤에 가두었다. 괴델은 연이은 수정을 걱정했지만, 여기서 나타난 문제는 단순한 우회였다. 그에 따라 1969년 표현의 자유를 제한할 수 있는 기준을 전시라고 해도 훨씬 더 높이는 방향으로 헌법을 수정했다.[43]

이런 수정과 재평가는 국가가 의심의 여지 없는 자명한 진리에 의존할 수 없다는 링컨의 깨달음을 반영했다. 정치와 대중의 감수성이 달라지면서 사회는 유연하게 적응할 수 있어야 했다. 2015년 6월, 백악관 로즈 가든 연설에서 버락 오바마Barack Obama는 그런 유연함의 중요성을 인정했다. 수십 년의 논쟁 끝에 대법원이 동성 결혼은 헌법이 보장하는 권리라고 판결한 직후였다. 오바마는 다음과 같이 말했다. "우리나라는 모두가 평등하게 창조됐다는 공고한 원칙 위에 세워졌습니다. 각 세대의 과제는 그런 건국의 언어가 뜻하는 바와 변하는 시대의 현실을 잇는 것입니다."[44]

링컨은 자명한 공리의 인도 없이는 균열과 싸움이 발생할 수 있다는 사실을 알고 있었다. 최근 들어서도 미국 국회의사당에서 폭동이 일어났고, 대법원은 수십 년 동안 이어진 낙태권을 뒤집는 결정을 내렸다. 광범위하게 분열의 씨앗을 뿌리고 2020년 선거 패배를 인정하지 않았던 전직 대통령이자 유죄 판결을 받은 범죄자가 2025년에 다시 백악관으로 돌아온 일은 말할 것도 없다. 많은 사람은 평등을 향한 진보가 너무 더디거나 심지어는 거꾸로 돌아가고 있다고 본다. 하지만 링컨은 궁극적인 결과가 달라지기를 희망했다. 링컨이 평등이라는 개념—그런 개념이 아무리 논쟁적이고 모호하다고 해도—위에 세워진 국가가 존속하며 공통의 이상을 향해 다가갈 수 있음을 가장 입증하고 싶었던 것은 분명하다.[45] 링컨은 미국의 건국이 그 증명이 되기를 바랐다.

3장

죄인 100명 vs 무고한 한 명, 정의의 거울은 어디로 기우는가?

월리엄 암스트롱에게는 유죄 판결 외에 다른 미래가 없어 보였다. 법정은 검사 측 증인이 지난여름 어느 날 밤 보름달 빛 아래에서 암스트롱이 한 남성을 죽이는 장면을 목격했다고 말했다. 찰스 앨런이라는 이 남성 증인은 이미 암스트롱의 공범으로 추정되는 남성에 대해서도 증언했으며, 그 결과 그 사람은 살인으로 유죄 판결을 받았다.[1]

암스트롱의 변호사는 에이브러햄 링컨으로, 스티븐 더글러스와의 토론을 앞두고 암스트롱 가족의 친구로서 무료 변론을 맡고 있었다. 링컨은 일리노이주 법정에서 고개를 뒤로 젖힌 채 앉아서 천장을 바라보고 있었다. 겉으로만 보면 증언에는 관심도 없이 지루해하는 듯했다. 그렇게 무표정한 얼굴로 가만히 있던 링컨은 자기 차례가 되자 앨런에게 질문을 던졌다. "실제로 싸움을 목격했습니까?" 링컨이 묻자 앨런이 대답했다. "네."

링컨은 시각, 거리, 무기 등을 자세히 캐물었다. 앨런은 오후 11시에 약 135미터 거리에서 암스트롱이 묵직한 물체가 달린 밧줄을 휘둘러 피해자의 얼굴을 때리는 모습을 보았다고 말했다. 링컨은 달에 관해서도 물었다. "정말 보름달이었습니까?" 앨런이 말했다. "네, 보름달이었습니다. 아침 10시의 해처럼 높이 떠 있었습니다."

링컨은 당시 법정에서 거의 볼 수 없었던 전략을 펼쳤다. 판사에게 증인이 아니라 기상 연감을 제출할 수 있도록 해달라고 요청했다. 판사는 동의했고, 링컨은 결정적인 부분을 큰 소리로 읽었다. 연감에는 살인이 있었던 날 밤에 뜬 달은 보름달이 전혀 아니었다고 기록되어 있었다. 오후 11시에는 거의 보이지 않을 정도로 달이 낮게 떠 있었다. 어둠 속에서, 게다가 그 정도 거리에서 앨런이 살인자를 알아볼 가능성은 없었다.

링컨의 이 이례적인 전략은 '주지의 사실judicial notice'이라고 불린다. 신뢰할 수도 있고 또는 그렇지 못할 수도 있는 증인과 달리 판사는 링컨이 제출한 연감을 논쟁의 여지가 없는 사실로 인정했다. 뒤따른 논리는 유클리드의 세계에서 곧바로 날아온 듯했다. 앨런은 보름달이었다고 말했다. 하지만 보름달은 아니었다. 따라서 앨런은 거짓말을 하고 있었다. 이윽고 변론이 끝났고, 그날 저녁 배심원은 암스트롱이 무죄라는 평결을 내렸다.

정의를 실현하고자 하는 사람은 두 가지 주요 과제에 직면한다. 첫째, 무엇이 옳고 무엇이 그른지를 정의해야 한다. 우리는 앞서 '자연권'과 단순한 논리 원칙에서 도출한 정의를 이용해 법체계의 기초를 세울 수 있다는 존 로크의 주장이 현실 세계의 복잡함 속에서 비틀거리는 모습을 살펴보았다. 미국 헌법 전문은 헌법의 목적이 "정의를 확립하는 것"이라고 명시하고 있지만, 남북전쟁과 스무 번 이상의 개헌을 막지 못했다. 법적인 허점과 모순의 불가피성은 법과 해석이 시간에 따라 달라져야 한다는 사실을 뜻했다.

여기서 두 번째 과제로 이어진다. 한 국가가 시민들이 할 수 있는 일과 할 수 없는 일에 합의했다고 해도 그 규칙을 어긴 사람들을 어떻게 처리해야 할 것인가? 링컨의 연감 전략은 명확한 사실을 이용했지만, 암스트롱의 무죄 방면은 비교적 모호한 개념에 의존했다. 보름달이 뜨지 않은 것은 확실했지만, 그렇다고 해서 배심원이 암스트롱의 결백이 확실하다는 데 동의할 필요까지는 없었다. 그저 유죄 여부에 대한 합리적인 의심만 가질 수 있어도 충분했다.

암스트롱의 유죄 판결에 필요한 증거의 수준은 링컨이 뉴헤이븐에서 출발한 기차에서 걸리버 목사와 이야기했던 유클리드식의 '확실한 증명'이 아니었다. 의심과 확률, 관찰이라는 관점에서 이루어진 결정이었다. 수학과 정치에서 논리적 완벽함을 추구하다가 모순과 타협이라는 위기에 부딪히는 모습을 우리는 이미 살펴보았다. 실제로 증명은 공리와 명제, 논증의 순수성만으로 해낼 수 있는 게 아니다. 따라서 우리는 더욱 폭넓은 시야로 진리를 찾아야 한다. 수학적 확실성이라는 안락함 너머로 가는 여정에서 우리는 오류의 불가피성과 마주할 수밖에 없다.

워싱턴 D.C.에 있는 미국 대법원 입구에는 작은 여성 조각상을 들고 있는 한 여성의 조각상이 있다. 작은 조각상은 눈가리개를 하고 있으며, 칼과 양팔 저울을 하나씩 들고 있다. 이 조각상 전체는 '정의에 관한 사색'이라는 이름으로 불리며, 미국 초대 대통령인 조지 워싱턴 George Washington까지 거슬러 올라가는 감성을 상징한다. 워싱턴은 "정의의 집행은 좋은 정부를 떠받치는 가장 단단한 기둥이다"라고 지적한 바 있다.[2]

저울과 칼을 든 '정의의 여신'은 런던 올드 베일리 재판소 꼭대기의 청동상에서 리가 타운홀에 있는 연한 색상의 석상에 이르기까지 세계 곳곳에서 다양한 형태로 볼 수 있다. 원래 이집트와 그리스, 로마 여신의 이미지에서 유래한 이 여신의 역사는 자신이 상징하는 개념의 복잡성을 보여준다. 먼저 눈가리개를 보자. 15세기의 만화에서 처음 등장한 눈가리개는 광대가 판단을 방해하기 위해 눈을 가린 천으로, 풍자의 의도였다.[3] 만화에 적힌 문구는 '우둔함, 무분별, 오류, 어리석음'을 경고하는 내용이었다. 눈가리개가 공정성의 상징으로 재탄생한 것은 시간이 지나고 나서였다. 1935년에 세워진 미국 대법원 건물 밖에 있는 작은 조각상은 눈가리개를 쓰고 있지만, 좀 더 오래된 올드 베일리의 여신은 눈가리개를 쓰고 있지 않다.

그다음으로 저울은 고대 이집트의 여신 마아트Ma'at까지 거슬러 올라간다. 사후에 마아트와 동료 신들은 죽은 자의 심장과 진리를 상징하는 깃털의 무게를 저울질했다. 살아생전에 죄를 지어 무거워진 심장 쪽으로 저울이 기울어지면 영원한 형벌을 받아야 했다.[4] 신성했던 과거의 저울은 현대에 이르러 증거에 대한 합리적인 고찰의 상징으로 바뀌었다. 저울 옆의 칼은 정의를 집행하기—오늘날에는 비유적이지만—위해 기다리고 있다.[5]

하지만 저울에 무엇을 올려놓아야 할 것이며, 만약 저울이 잘못된 방향으로 기울어진다면 어떻게 해야 할까? 법적인 오류는 사회에(죄인이 부당하게 풀려나는 경우) 해악이 되거나 개개인에게(무고한 사람이 억울하게 유죄 판결을 받는 경우) 해를 끼칠 수 있다. 1760년대에 영국의 법학자 윌리엄 블랙스톤William Blackstone은 후자를 특히 방지해야 한다고 주장했다. 그는 이러한 생각을 "한 명의 무고한 사람이 고통받느니 열 명의 죄인이 빠져나가는 편이 낫다"라는 말로 표현했다. 이 10대 1의 교환비는 이후 '블랙스톤 비Blackstone ratio'로 불리게 된다. 한편, 유럽 대륙의 볼테르는 억울하게 처벌받는 사람 한 명당 풀려나는 죄인은 두 명이 되어야 한다고 가치를 다르게 매겼다.[6] 미국 독립선언문의 초안 작성을 돕고 9년이 지난 뒤 벤저민 프랭클린은 "무고한 사람 한 명이 고통받느니 죄인 100명이 빠져나가는 편이 낫다"라고 주장했다.[7]

이후 미국의 몇몇 주에서 이 비를 정량화하려는 시도가 있었다. 플로리다와 루이지애나, 몬태나와 같은 몇몇 주는 볼테르보다도 더 엄격해 법원에서 무고하게 갇힌 사람과 죄를 짓고도 풀려난 사람의 비가 1대 1일 때 최적이라고 주장했다. 반면 조지아, 미시간, 노스캐롤라이나, 유타는 블랙스톤의 10 대 1과 일치하는 견해를 발표했다. 한편, 프랭클린만큼 신중했던 오클라호마 법원은 100 대 1이라는 비를 제시했다.

때때로 이 균형은 완전히 뒤집히기도 했다. 1930년대 중국 장시성에서 반란이 일어났을 때 지배 세력이었던 공산당은 "죄인 한 명을 놓아주느니 무고한 100명을 죽이는 게 낫다"라고 생각했다. 1950년대 베트남에서 전쟁이 벌어졌을 때 베트콩 사이에서 주문처럼 돌던 말은 "적한 명을 탈출하게 할 바에는 무고한 사람 열 명을 죽이는 것이 낫다"였다.[8] 체 게바라와 그의 추종자들도 그와 비슷하게 균형 잡힌 결과보다

포괄적인 처벌을 선호하는 징벌적인 입장을 취했다.[9]

바람직한—블랙스톤의 10 대 1이든 프랭클린의 100 대 1이든—비율을 정하는 것은 할 수 있다고 해도 그것을 실질적으로 적용하는 것은 어떻게 해야 할까? 잘못된 유죄 판결을 줄이려면 증거에 대한 기준을 높여야 한다. 그러나 죄를 짓고 빠져나가는 사람을 최소화하려면 기준을 높이는 게 문제가 될 수 있다. 블랙스톤과 프랭클린이 각각 영국과 미국에서 적절한 비를 놓고 고심하던 시기에 혁명기의 프랑스 수학자 콩도르세Condorcet 후작은 확률을 연구하고 있었다. 콩도르세는 임의의 한 주 동안 잘못된 유죄 판결을 내릴 확률이 누군가 무작위로 치명적인 사고를 당할 위험보다 커서는 안 된다고 주장했다. 사망률 데이터를 분석한 콩도르세는 무고한 사람이 유죄 판결을 받을 수 있는 확률을 14만 4,768분의 1까지 용인할 수 있다는 결과에 도달했다.[10]

콩도르세는 의사결정 문제에도 주목해 '배심원 정리'를 만들었다. 콩도르세의 계산에 따르면, 각 배심원이 올바른 결론을 내릴 확률이 50퍼센트 이상이고 독립적으로 투표한다면, 배심원이 많을수록 다수결로 올바른 결론에 도달할 확률이 커진다. 반대로 배심원의 판단력이 좋지 않아 잘못된 결론을 내릴 때가 더 많다면, 배심원이 많을수록 올바른 평결이 나올 가능성이 줄어든다.

콩도르세는 잘못된 유죄 판결이 나올 가능성이 자신이 용인할 수 있는 확률보다 작아지는 배심원의 수도 계산했다. 만약 각 배심원이 올바른 결정을 내릴 가능성이 90퍼센트라면, 배심원의 수는 30명 이상이 되어야 한다. 그리고 '유죄' 찬성표가 최소 23표는 나와야 유죄로 선고할 수 있다.

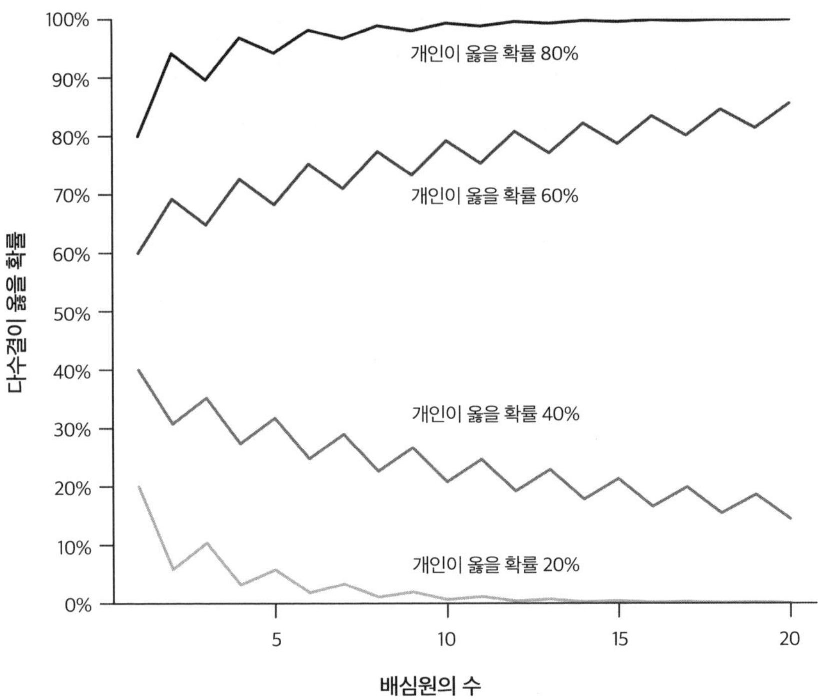

콩도르세의 '배심원 정리'. 만약 배심원 한 명이 옳을 확률이 50퍼센트 이상이라면, 다수결이 옳을 확률은 배심원이 많을수록 증가한다. 반대의 경우에는 감소한다. 선이 들쭉날쭉한 이유는 배심원이 짝수일 때 다수결로 결정하기 더 어렵기 때문이다.

현실 세계가 이렇게 깔끔한 수학적 시나리오대로 굴러가는 것은 아니다. 콩도르세 자신도 1793년 막시밀리앙 로베스피에르Maximilien Robespierre의 헌법 초안을 비판했다가 배신자로 낙인찍혔다. 몇 달 동안 숨어 다니던 콩도르세는 결국 감옥에서 중독으로 보이는 증상으로 사망했다. 단두대 처형을 앞둔 사람이 자살하는 일은 흔했다. 콩도르세와 함께 있던 피고인 여섯 명도 권총 세 자루, 칼 두 자루, 검 하나로 운명을 결정지었다.[11]

그럼에도 사법 판단에서 확률 개념이 등장하는 상황은 여전히 있다. 영국의 민사 분쟁에서는 '개연성의 균형'에 관한 증명이 입증의 정도에 반영된다. 미국에서는 증거의 우월성이라고 불리며, 법정은 어떤 사건이 더 일어날 확률이 큰지를 판단해야 한다. 확률적 관점에서 보면, 일어날 확률이 50퍼센트 이상인 모든 사건이 이 비교적 낮은 기준을 충족한다.

윌리엄 암스트롱 사건처럼 가장 기준이 엄격한 형사 사건에서 채택하는 표준 법적 증거는 보통 '합리적인 의심을 넘어서는 증명'이다. 배심원에게는 "유죄 이외의 모든 합리적인 가설을 배제하며 다른 모든 합리적 결론과 일치하지 않는 증거"라고 설명한다.[12] 현대의 합리성 개념과 달리 '합리적 의심'이라는 생각은 중세 영국의 종교적인 우려에서 비롯했다. 당시 기독교 배심원은 잘못된 결론을 내렸다가 영원히 신의 노여움을 살까 봐 두려워했다. 한 책자에는 "다른 사람을 유죄로 판단하는 배심원은 이 세상에 이어 내세까지 가족과 일과 몸과 영혼에 신의 복수가 깃들 수 있다"라고 쓰여 있었다.[13] 따라서 '합리적 의심을 넘어서는'이라는 문구는 배심원이 마음속에 합리적이지는 않지만 미약한 의구심이 아직 남아 있을 때도 유죄 평결을 내릴 수 있게 해주었다.

이 개념은 도덕적인 우려를 누그러뜨려 유죄 평결을 쉽게 해주기 위해 생긴 것이었지만, 곧 사람들은 합리적 의심을 넘어서는 증거가 잘못된 유죄 판결 위험을 줄여주는 유용한 방법이라는 사실을 깨달았다.[14] 18세기 말이 되면 영국의 판사들은 합리적 의심이 완전히 사라지지 않는다면 유죄 평결을 내리지 말라고 배심원에게 분명히 지시했다. 그러나 '합리적 의심을 넘어서는 증명'을 정확한 유죄 확률로 환산하는 데는 대체로 저항이 있었다. 법학자들은 잘못된 유죄 판결 확률이 낮아야 한다며 흔히 90~95퍼센트를 이야기한다.[15] 아쉽게도, 배심원이 올바른 유죄 평결을 내리는—그리고 잘못된 판단을 피하는—일을 얼마나 중요하게 여기는지를 연구해보면 그 결과는 그보다 훨씬 낮은 확률을 암시한다. 몇몇 연구는 '합리적 의심을 넘어서는 증명'에 관한 배심원의 인식이 확률로는 50퍼센트 정도로 낮은 수준이라고 주장하기도 했다.[16]

미국과 영국이 공통으로 채택한 '보통법' 체계는 새로운 판결이 앞선 판례의 영향을 받는다. 미국의 경우 이런 판결은 연방과 주의 성문 헌법에도 따라야 한다. 센트럴플로리다대학교의 엔리케 구에라 푸졸은 다음과 같이 말했다. "내가 영미법계의 보통법 전통이 정교하다고 생각하는 이유는 그것이 본래 확률적이기 때문이다. '증거의 우월성'이든 '합리적 의심을 넘어서는 증명'이든 이런 모든 입증 기준이 결코 확실할 수 없다는 생각은 뿌리 깊게 박혀 있다."

이와 달리 유럽 대륙의 국가는 상세한 법전이 정의하는 규칙을 따르는 '민법'을 사용한다. 나폴레옹 법전도 그중 하나로 많은 수정이 이루어지긴 했지만, 여전히 프랑스에서 쓰이고 있다. 민법 체계에서 판사는 주장을 검토하고 증거를 평가해 판결하는 데 더 큰 역할을 한다. 어떤 상황에서든 입증책임에는 차이가 없다. 민사와 형사 사건 모두에서 판사는 '완전한 확신'을 갖거나 '완전히 수긍한' 뒤에야 판결을 내릴 수 있다.[17]

민법 체계는 단순한 성질 때문에 다루어야 하는 상황의 복잡성을 충분히 다루지 못하게 될 위험이 있다. 코넬대학교 로스쿨의 케빈 클러몬트Kevin Clermont는 "'완전한 확신'에 관한 논의가 분명히 이 문제에 관한 지적인 논의를 가로막는다"라고 말했다.[18] 클러몬트는 입증책임의 차이가 국가 간 판결의 커다란 차이로 이어질 수 있다고 지적했다. 1995년 형사 재판에서 전처와 전처의 친구를 살해한 혐의를 벗은 사건으로 유명한 O. J. 심슨Simpson의 사례를 보자. 그가 혐의를 벗을 수 있었던 이유는 미국 배심원단이 합리적 의심을 넘어서 그의 범행을 확신하지 못했기 때문이었다. 그러나 1997년 민사 재판에서 심슨은 증거의 우월성에 따라 전처의 죽음에 책임이 있다는 판결을 받았다. 만약 심슨이 민법 체계만 사용하는 국가에서 기소당했다면, 아마 두 번째 재판은 없었을 것이다. 형사와 민사 모두 입증책임이 똑같은데 이미 형사에서 '무죄' 선고를 받았기 때문이다.[19]

콩도르세를 비롯한 유럽 대륙 학자들의 계몽주의적 사상을 생각할 때 유럽 국가에서 확률 개념으로부터 자유로운 법체계가 자리 잡은 것은 어쩌면 놀라운 일이다. 클러몬트는 "유럽은 확률론 발전의 진정한 선구자였지만, 법조계에서는 그 뒤로 아무 진전이 없었다"라고 말했다. 민법의 발달은 대체로 중세의 복잡했던 '부분 증명' 체계에 대한 반작용이었다. 이 방식은 여러 증인과 다양한—직접 경험에서부터 풍문에 이르는—증언을 조합해 수치화했다. 볼테르는 프랑스에서 쓰이던 '4분의 1 증명', '8분의 1 증명'과 그에 따르는 엉터리 산술에 개탄하기도 했다. 그는 "사실상 근거 없는 소문의 메아리나 다를 게 없는 풍문 여덟 개가 모이면 완전한 증거가 된다"라고 불평했다.[20]

1790년대 프랑스 혁명가들은 이런 미심쩍은 산술을 치워버리고 '증거의 자유 평가'라고 부른 체계로 대체했다. 중요한 것은 프랑스 판사나 배심원의 '내적 확신', 유죄라는 내면의 느낌이었다.[21] 다른 곳의 보통법 체계는 확률 이론 발전의 수혜를 입었지만, 민법에서는 증명이라는 개념이 제자리에 머물렀다.

민법 체계가 변하지는 않았어도 일부 지역에서는 희미해졌다. 원래는 프랑스 식민지였던 퀘벡에서는 19세기 말부터 영미법 체계의 요소가 스며들었다. 그 결과 오늘날 퀘벡의 민사 사건은 캐나다의 다른 지역처럼 확률의 균형에 의존한다.[22] 중세의 부분 증명에서 현대의 확률에 이르기까지 증명을 정량화하고자 하는 욕구에는 저항하기 어려울 수 있다.

2022년 11월, 뉴저지 뉴어크에서 두 남성과 한 여성이 가게에서 절도죄로 체포당했다. 두 남성은 나중에 법정에 출두하라는 통고를 받고 석방된 반면 여성은 구치소에 갇혔다. 4개월 전 뉴멕시코에서는 한 남성이 두 명을 죽인 혐의로 기소당했다. 그 남성은 곧 풀려나 재판을 기다리고 있었다. 그보다 조금 앞서서는 캘리포니아에서 두 남성이 75만 달러어치의 펜타닐을 소지한 혐의로 체포됐다. 두 남성 모두 풀려나 재판을 기다리고 있었다.[23]

이 모든 사건에서 누구를 석방하고 누구를 구금할지 정한 것은 컴퓨터 알고리즘이었다. '공공 안전 평가PSA'라고 불리는 이 방법은 최근 미국에서 점점 더 널리 쓰이고 있다. 피의자를 체포한 뒤 풀어주면 법원에 출두하지 않거나 다시 범죄를 저지를 가능성이 있다. 따라서 누구를 구금하고 누구를 풀어줄지, 그리고 보석금으로 얼마를 책정할지는 예측에 관한 문제가 됐다. 누군가의 자유가 저지른 범죄가 아니라 앞으로 저지를지도 모르는 범죄에 달려 있는 것이다. "이것은 아주 디스토피아적입니다." 버지니아대학교에서 형사 사법을 연구하는 메건 스티븐슨Megan Stevenson은 이렇게 말했다. "동시에 형사 사법 분야에서 가장 강력한 판결 이유이기도 합니다."[24]

재범 가능성에 관한 우려는 앞서 언급한 PSA의 결과에 대한 반응에서 볼 수 있듯이 공통적이다. 두 명을 죽인 혐의로 기소된 사람이 풀려나자 부지방검사는 "우리는 재판 중인 상태에서 그자가 풀려나서는 절대 안 된다고 생각한다"라고 말했다. "또 다른 폭력 사태가 벌어지지 않을 것이라고 어떻게 알 수 있는가?" 이에 대해 펜타닐 소지자 두 명이 풀려났을 때 한 지방 보안관은 이렇게 말했다. "알 수 없다."

범죄 위험을 평가하는 일에 관해서는 켄터키주가 특히 선구적인 모습을 보이고 있다. 비록 1976년 이래 켄터키주 판사들은 조악한 위험 평가 방법을 사용했지만, 2011년에는 그런 평가가 의무화됐다. 그리고 2년 뒤에는 PSA를 주요 평가 방법으로 채택했다. 이어서 다른 많은 주가 뒤를 따랐다.[25]

법원의 알고리즘 사용은 다양한 면에서 논쟁의 불을 지폈다. 앞서 언급했듯이 일부는 알고리즘이 너무 관대하다고 비판했다. 한편, 어떤 사람들은 너무 징벌적이라고 주장했다. 언론과 학계 역시 투명성과 공정성, 정확성에 관해 심각한 우려를 표했다. 알고리즘이 애초에 올바른 질문에 답하고 있는지를 문제 삼은 사람도 있었다.

사법 알고리즘을 둘러싼 공적 논쟁이 활발해진 데는 2016년 비영리 인터넷 언론 「프로퍼블리카」의 조사가 일조했다. 널리 읽힌 이 기사에는 COMPAS(대체 제재를 위한 교정 범죄자 관리 프로파일링)라는 위험 평가 시스템이 알고리즘에 인종을 전혀 반영하지 않음에도 불구하고, 흑인 피고인을 더 위험하게 평가하는 경향을 보인다는 내용이 담겨 있었다.[26] COMPAS 개발사는 그 결론에 반박했지만, 위험 평가에 쓰이는 계산의 세부 내용을 공개하지는 않았다. 하지만 내부적으로도 이 방법에 무게가 실리는 데 대한 우려가 있었던 것으로 보인다. "나 자신도 COMPAS가 판단의 단독 근거로 쓰인다는 게 내키지 않습니다." 알고리즘의 개발자도 2013년 이렇게 발언했다.

「프로퍼블리카」의 기사는 알고리즘을 이용한 위험 평가의 광범위한 사용에 주목하게 했을 뿐만 아니라 사람들이 편견이라는 문제에 관해 더 생각해보게 했다. 어떻게 해야 알고리즘이 명시적으로, 혹은 암묵적으로 무고한 개인과 지역사회에 불리하게 작용하지 않게 할 수 있을까? 불행히도, 연구자들은 '공정한' 알고리즘을 만드는 일이 이론적으로도 전혀 단순하지 않다는 사실을 곧 깨달았다.

미래의 재범 위험을 예측할 때 예측이 '공정'하다는 말의 의미를 정의하는 방법에는 몇 가지가 있다. COMPAS 논쟁 이후 하버드대학교와 코넬대학교 연구진은 공정한 위험 평가에 관한 세 가지 정의를 제안했다. 첫째, 예측은 '충분한 보정'을 거쳐야 한다. 다시 말해, 현실과 컴퓨터가 내놓은 결과가 일치해야 한다는 것이다. 만약 알고리즘이 특정 집단에서 10퍼센트가 재범을 저지른다고 예측하면, 현실에서도 이 집단의 10퍼센트가 그렇게 해야 한다. 만약 현실에서 10퍼센트 이하가 재범을 저지른다면, 알고리즘은 너무 비관적이다. 반대로 현실에서 10퍼센트 이상이라면, 알고리즘은 너무 낙관적인 것이다.[27]

연구진은 알고리즘을 정밀하게 조정해야 할 뿐 아니라 석방해야 할 사람을 판단하는 데도 균형이 잡혀 있어야 한다고 주장했다. 예를 들어 '저위험군'으로 판단한 흑인 피고인은 '저위험군'으로 판단한 백인과 위험 평가 점수가 똑같아야 한다. 마지막으로, 구금 상태에 놓일 사람을 판단할 때도 마찬가지로 균형이 잡혀 있어야 한다. 감옥에서 재판을 기다리는 '고위험군' 흑인 피고인은 '고위험군' 백인보다 위험 평가 점수가 낮아서는 안 된다.

바로 이 지점에서 연구진은 문제에 봉착했다. 이 공정성 기준 중 하나를 충족하는 것은 쉬울 수 있어도 세 가지를 모두 충족하기란 매우 어렵다는 사실을 알아낸 것이다. 사실 불가능에 가까웠다. 연구진은 "연구 결과, 아주 제한적인 특수한 경우를 제외하면 이 세 가지 조건을 동시에 만족하는 것은 가능하지 않다"라고 밝혔다.

다양한 사회경제적인 이유로 소수 집단이 다른 집단보다 일정하게 더 높은 비율로 다시 체포되는 상황을 생각해보자. 균형을 맞추기 위해 알고리즘에서 '고위험군'으로 분류될 확률을 양쪽 집단 모두 동일하게 만들어둔 상태에서 시작한다. 집단 사이의 체포율 차이는 우리 예측이 현실과 얼마나 잘 맞아떨어지는지에 영향을 끼치게 된다. 소수 집단의 '고위험군' 인물이 다른 집단의 '고위험군' 인물보다 체포당할 확률이 더 높을 수밖에 없다(소수 집단 사람들이 일정하게 더 높은 비율로 다시 체포된다는 사실을 우리가 알기 때문이다). 즉 우리는 균형은 잡혔지만 보정이 되지 않은 위험 평가 시스템을 갖게 된다.

이런 공정성의 모순은 다른 방향으로도 일어날 수 있다. 예를 들어 COMPAS 데이터에서 위험 평가 점수 7점을 받은 백인 피의자는 60퍼센트가 재범을 저질렀고, 흑인 피의자는 61퍼센트가 재범을 저질렀다.

이것은 인종과 무관하게 점수의 의미가 똑같다는 사실을 시사한다. 그러나 백인 피고인의 22퍼센트가 '고위험군'에 속한 반면 흑인 피고인은 42퍼센트가 '고위험군'이었다.[28]

공정의 정의에 관한 논문의 공동 저자인 하버드대학교의 매니시 라가반Manish Raghavan은 현실 세계에 모종의 편견이 있다면 예측 알고리즘에도 필연적으로 스며들 수밖에 없다고 지적한다. 그는 "우리가 갖고 있을지도 모르는 직관이 형식화됐다고 할 수 있습니다. 즉 수학적인 기교를 가지고는 불균형을 없앨 수 없습니다"라고 말했다.[29] "결국 우리가 이 세상에서 볼 수 있는 사회적 불균형이 있다면, 다양한 각도에서 시스템을 바라볼 때 나타나게 됩니다. 어디선가 드러날 수밖에 없지요."

메건 스티븐슨은 「프로퍼블리카」의 기사를 보고 처음으로 위험 평가 방법에 관심을 가졌다. 경제학을 전공한 스티븐슨은 단순히 알고리즘만 연구하는 대신 법원이 알고리즘을 도입한 뒤에 어떤 일이 생겼는지를 조사해볼 가치가 있다고 생각했다. 스티븐슨은 당시를 이렇게 회고했다. "흥미로운 일이 많이 벌어지고 있는데, 너무 낮은 수준에서 논의가 이루어지고 있었습니다."[30]

2010년대 이후 형사 사법 알고리즘과 그 예측에 관한 관심이 커지고 있었지만, 위험 평가 방법이 현실에서 실제로 어떤 성과를 내고 있는지에 관해서는 연구가 많지 않았다. 스티븐슨은 이런 상황을 바꾸기로 했다. 연구 대상으로는 2011년에 위험 평가 방법을 조기 도입한 켄터키주를 선택했다. 이곳에는 위험 평가 방법 도입 전후 몇 년간 발생한 100만 건 이상의 형사 사건 데이터가 있었다. 스티븐슨의 분석은 다른 곳에서 벌어질 일에 관한 실마리를 제공할 수도 있었다. 2010년대 캘리포니아에서 제안했던 보석 개혁안은 켄터키주의 '인상적'이고 '매우 효율적'인 시스템을 본보기로 삼은 바 있었다.

가장 먼저 두드러지게 나타난 것은 기존의 알고리즘 분석과 켄터키주 위험 평가의 사용 방법 사이의 차이였다. 연구자들은 보통 알고리즘이 인간보다 예측에 뛰어난지를 묻지만, 켄터키주의 실제 판사들은 위험 평가를 보고 난 뒤에도 여전히 판결을 내리는 데 재량권을 갖고 있었다. "인간 대 기계에 대한 질문은 흥미롭거나 중요한 질문이 아닙니다." 스티븐슨은 이렇게 말했다. 그보다는 인간과 기계의 조합이 인간만 있을 때보다 더 나은지가 중요했다.

하지만 이런 비교는 까다로운 일이다. 판사는 피의자가 재범을 저지를지 분명하게 예측하는 것이 아니기 때문이다. 보통 판사는 피의자가 감옥에 있어야 하는지 아닌지도 결정하지 않는다. 그 대신 보석금을 책정하는데, 보석금의 액수가 이후 진행에 영향을 끼친다. 스티븐슨은 이것이 법원에 출두하지 않을 기본적인 위험에서 피고인이 보석금을 낼 가능성, 보석금이 재판 전 행동에 끼칠 영향에 이르는 여러 가지 불확실한 요인을 판사가 동시에 예측해야 한다는 뜻이라고 지적했다.[31]

스티븐슨은 2011년 법 도입 이후 켄터키주에서 '저위험군'에 속하는 피의자가 보석금을 내지 않고 풀려날 확률이 약 60퍼센트 늘어났다는 사실을 알아냈다. 반면 '고위험군'에 속한 피의자는 전보다 풀려날 확률이 낮아졌다. 그러나 이런 패턴은 지속되지 않았다. 몇 년 뒤, 판사들이 다시 예전 관습으로 돌아가기 시작하면서 피의자가 풀려날 가능성은 법이 바뀌기 전보다 더 낮아졌다.

기존 알고리즘을 이용한 평가에서 인종 차이를 다루었으므로 스티븐슨도 피고인이 흑인인지 백인인지에 따라 판결이 달라졌는지 조사했다. 어쩌면 당연한 일이지만, 법 개정은 백인 피고인에게 더 이익이 되는 것으로 나타났다. 하지만 스티븐슨은 이런 차이가 위험 평가 방법 자체에서 생겨난 것이 아니라는 사실을 알아챘다. 그 대신 판사의 판결 변화에는 지역적 차이가 있었다. 백인이 많은 시골의 판사는 인종이 다양한 도시 지역의 판사와 비교해 보석금을 줄이거나 없애는 확률이 높았다. 이 결과는 우리가 단순히 알고리즘에 초점을 맞춰서는 안 된다는 사실을 시사한다. 그런 알고리즘을 적용하는 인간의 행동에 관한 문제이기도 하다는 뜻이다.

그와 비슷한 의사결정 행위는 캘리포니아에서도 나타난다. 2021년 3월, 주 대법원은 피의자가 부담할 수 없는 수준의 보석금을 책정하는 것은 반헌법적이라는 판결을 내렸다. 그러나 2022년 10월의 한 보도에 따르면, 미국 서부 해안 지역의 판사들은 으레 이런 권고를 무시했다.[32] 그 결과 캘리포니아주의 재판 전 구금 기간의 평균에는 아무런 변화가 없었다. 켄터키주와 마찬가지로 일부 판사는 피의자의 구금을 정당화할 방법을 찾아냈다.

켄터키주가 위험 평가 방법을 도입한 것은 개정된 체계가 재판 전에 불필요하게 감옥에 갇히는 사람을 줄일 수 있다는 기대에서였다. 알고리즘이 재범을 저지를 사람과 풀어줘도 되는 사람을 정확히 예측하기만 하면 되는 일이었다. 스티븐슨은 이 전체 상황에서 가장 큰 문제가 여기에 있다고 본다. "알고리즘이나 예측 이론에 문제가 있는 게 아닙니다. 그걸 이용하는 사람에게 문제가 있는 것도 아닙니다. 문제는 앞으로 할지도 모를 일을 근거로 사람을 가두어야 한다는 기본 법칙이지요. 저는 이것이 형사 사법 체계에서 위험 평가의 가장 논쟁적인 측면이라고 생각합니다."

통계학자 시라 미첼Shira Mitchell은 두 가지 형태의 편향, 사회적 편향과 통계적 편향이 알고리즘의 결정을 바꾸어놓을 수 있다고 지적한다. 우리가 더 나은 사회 구조와 사법 체계를 갖춘 바람직한 세상을 상정한다면, 사회적 편향은 우리에게 세상을 있는 그대로 보여준다. 그러나 우리는 이 세상과 그 안의 불완전함을 제대로 관찰할 수 없다. 우리는 측정할 수 있는 데이터를 통해서만 세상을 관찰할 수 있다. 여기서 통계적 편향이 끼어든다. 그는 이렇게 말했다. "우리는 사람들이 무슨 일에 혼란스러워하는지 확인해야 합니다. 그게 통계적 편향인지 사회적 편향인지, 아니면 둘 사이의 상호작용인지는 언제나 분명하지 않지요."[33]

보석과 가석방을 다룰 때 예측은 사람들이 재범의 원인과 데이터 분석이 피의자의 미래 행동 개선에 어떻게 쓰일 수 있는지를 이해하려 하기보다 일어날지도 모를 일에 과도하게 집착하게 됨을 의미할 수 있다. 2017년 법률 체계의 데이터와 기술을 연구하는 레베카 웩슬러 Rebecca Wexler는 COMPAS가 '고위험군'으로 분류하는 바람에 가석방을 거부당한 글렌 로드리게스Glenn Rodríguez라는 수감자의 이야기를 전했다.[34] 로드리게스는 위험 평가 과정에서 오류를 포착했다며 웩슬러에게 연락했다. 위험 평가 조사 과정에서 누군가가 질문 하나에 대한 답을 '아니요'가 아니라 '그렇다'로 잘못 표기했다는 소리였다. 하지만 답변 하나가 얼마나 큰 차이로 이어지는지는 로드리게스도, 가석방 위원회도 확실히 알 수 없었다.

하지만 다른 수감자들의 자료와 비교해본 로드리게스는 자신의 잘못된 답변 하나의 비중이 컸다는 사실을 깨달았다. 한 동료 수감자는 답변 하나를 '그렇다'에서 나중에 '아니요'로 바꾸었는데 위험 점수가 7/10에서 1/10로 떨어졌다. 하지만 로드리게스는 자신의 점수를 재평가받을 기회도 얻지 못했다. 결국 가석방될 수 있긴 했는데, 인간으로 이루어진 위원회가 위험 평가를 무시하기로 결정했기 때문이었다.

이런 문제에도 불구하고 예측 알고리즘은 오늘날 형사 사법계에서 널리 쓰이고 있다. 사전 심리와 가석방 심의뿐만 아니라 경찰을 보내 순찰할 지역을 선정하거나 무심한 부모로부터 자녀를 분리해야 할지 결정을 내리는 데도 쓰인다.[35] 이와 비슷한 알고리즘 활용법은 신용 점수에서 채용 결정에 이르는 생활 속 다른 분야에서도 볼 수 있다.[36] 범죄 예측 알고리즘과 마찬가지로 이런 방법은 '블랙박스'처럼 불투명해 개인의 특성 같은 입력값을 넣으면 그에 따른 결과가 나올 뿐이다.

글렌 로드리게스가 가석방 점수를 보고 깨달았듯이 블랙박스가 내린 결정을 바꾸는 방법을 알아내는 것은 어려울 수 있다. 운이 좋다면, 로드리게스처럼 결정 과정을 역설계해 점수에 과도한 영향을 끼치는 요인을 확인할 수 있을 것이다. 하지만 이런 불투명성에 갇혀 예측된 미래를 개선할 방법을 찾지 못하는 경우가 많다.

오늘날 위험 알고리즘의 불투명한 성질을 둘러싸고 논란이 있지만, 꿰뚫어볼 수 없는 의사결정 과정이라는 개념은 새로운 문제가 아니다. 마침 많은 사법 체계의 핵심에는 또 다른 블랙박스가 있기 때문이다. 이 블랙박스는 바람직하다고 여겨질 뿐 아니라 필수적이기도 하다.

그리고 수 세기 전부터 있었다.

불길 속에서 벌겋게 달아오른 쇳조각이 사제의 축복을 받고 피고인의 손을 지진다. 이후 상처가 감염된다면 그것은 유죄라는 신의 계시였다. 중세 영국의 사법 체계는 이와 같은 '시련'의 형태를 취할 때가 많았다. 뜨거운 쇠의 시련뿐만 아니라 피고인을 축복받은 물웅덩이 속에 담그는 물의 시련도 있었다. 물 위로 떠오르면 유죄였고, 가라앉으면 무죄였다.[37] 죽어서 무죄를 입증하거나 살아나서 사형을 당하거나 둘 중 하나였다.

13세기 들어 사제가 재판 절차에서 축복을 내리거나 결과를 해석하는 일을 교회가 금지하면서 시련은 마침내 서서히 사라졌다. 종교학자들이 로마법과 교회법, 성경을 폭넓게 살펴보았지만, 시련을 정당화하는 권위 있는 문헌을 찾지 못했다. 게다가 인간이 전지전능한 신의 뜻대로 정의가 실현되기만을 기대하는 상황에 대한 우려도 있었다. 이런 무분별한 요청은 신뢰할 수 없는 결론으로 이어질 공산이 컸다.

당시 시련에 대한 표준 대안은 고소인과 피고인이 싸움을 벌이고 신이 승자를 결정하는 결투 재판이었다. 이렇게 진실을 향해 가는 길 역시 시간이 흐름에 따라 매력을 잃었다. 싸움에 익숙한 범죄자는 익사나 화형의 위험을 무릅쓰기보다 고소인과 싸우는 쪽을 선호하곤 했다. 신이 무고한 자를 승리로 이끌어 진실을 드러내야 마땅했지만, 사람들은 신이 거의 언제나 덩치가 더 크고 힘이 센 사람의 손을 들어준다는 사실을 알아챘다.

뜨거운 쇠와 물, 결투가 믿을 만하지 않다는 사실이 드러나면서 영국은 정의를 실현할 더 나은 방법이 필요해졌다. 그래서 결국 등장한 것이 배심원 제도였다. 초기의 배심원 제도는 지금 우리에게 익숙한 형태와는 달랐다. 초기의 형사 배심원 제도에서는 배심원이 스스로 증거를 제공했다. 사건에 관해 이미 알고 있는 지역사회 출신이 배심원이 됐던 것이다. 초기 용의자 이외의 대상으로까지 조사를 확장하기도 했다. 13세기의 배심원들이 용의자를 석방한 뒤 지역사회의 다른 사람을 범인으로 지목한 사례도 많다.

시간이 지나면서 배심원의 구성과 사건에 관한 지식도 변해갔다. 13세기 초에는 표준 배심원단의 수가 32명이었다. 20명은 이웃 마을에서, 12명은 좀 더 먼 곳에서 선발했다. 이후 마을 주민 20명이 빠지고, 12명만 남게 됐다. 시간이 흐르며 현지에서 배심원을 구하기 어려워지자 점점 먼 곳에서 찾게 됐고, 배심원도 점점 제공받는 외부 증거에 의존했다.

증거를 해석하다 보면 때때로 배심원과 판사 사이에 의견 충돌이 발생했다. 이런 의견의 차이는 매우 흔해서 17세기 말까지는 판사가 평결이 증거의 균형에 어긋난다고 판단하면 배심원에게 벌금을 부과할 수 있었다. 배심원의 평결이 간섭으로부터 자유로워진 것은 검사와 변호인이 맞붙는 현대적인 법정의 형태가 나타나면서부터였다. 훗날 윌리엄 블랙스톤은—블랙스톤 비의 블랙스톤이다—배심원제를 '영국법의 영광'이라고 불렀다.[38]

배심원제는 유럽의 민법 체계, 특히 중범죄 사건에서도 쓰였다. 그러나 길고 잘 알려진 역사에도 불구하고 최근 들어 일부 정치가는 많은 자원이 들어가는 배심원 재판이 그럴 만한 가치가 있는지 의문을 품기 시작했다. 2023년 프랑스는 법률 제도를 개혁하면서 매우 중대한 범죄 재판을 제외한 나머지를 판사 세 명과 배심원 여섯 명으로 이루어진 순회재판소에서 판사 다섯 명으로 이루어진 법정으로 옮겼다. 이 변화는 프랑스 안팎의 판사와 법학자들로부터 거센 비판을 불러일으켰다.[39] 이를 두고 『르 몽드』의 한 기사는 다음과 같이 표현했다. "1789년 혁명의 유산이자 참여형 민주주의의 빛나는 상징인 순회재판소의 국민배심원제가 사멸의 길에 접어들었다."

민주주의에서 비밀 선거가 보장되듯이 배심원단의 평의도 기밀이 유지된다. 이 때문에 배심원단은 사실상 블랙박스가 된다. 한쪽으로 증거가 들어가면, 반대쪽에서 평결이 나온다. 이렇게 기밀을 유지하는 한 가지 이유는 배심원 사이의 솔직한 논의를 위해서다. 끔찍한 살인으로 기소된 피의자를 석방해야 할지, 유명한 인물을 유죄로 판단해야 할지 논의하는 배심원이 있다고 하자. 대화가 공개된다는 사실을 알고 있다면 이런 문제에 관해 터놓고 이야기할 수 있을까? 캐나다의 판사 루이즈 아버Louise Arbour는 "만장일치를 추구하는 과정에서 배심원은 대중의 조롱이나 분노, 경멸, 증오에 노출될 걱정 없이 모든 논리적 수단을 자유롭게 탐구해야 한다"라고 밝혔다.[40]

배심원 보호뿐만 아니라 과정 자체를 보호하는 문제도 있다. "배심원단 평결의 적법성에 대한 대중의 확신은 형사 사법 체계의 근간이다." 영국의 판사 요한 스테인Johan Steyn은 이렇게 말했다.[41] 특히 사법 체계는 항소 과정이 끝나면 나오는 최종 평결에 의존한다. 누군가 유죄 판결을 받거나 그러지 않거나 둘 중 하나다. 하지만 만약 배심원단의 평의가 공개된다면, 평결이 아직 끝나지 않은 논쟁으로 보일 것이라고 우려하는 사람도 있다.

그러나 배심원단 평결의 기밀성이 의심받는 상황도 있다. 1994년 3월 영국 호브에서 한 보험 중개인이 두 건의 살인으로 유죄 판결을 받았다. 처음에 배심원단은 만장일치 평결에 이르지 못했고, 근처 호텔에서 하룻밤을 보내게 됐다.[42] 밤에 술을 마시던 배심장과 다른 세 배심원은 살인을 최초로 목격한 두 사람에게 답을 구하기로 했다. 그 두 사람은 바로 피해자였다. 호텔 방으로 돌아온 세 사람은 즉석에서 알파벳 26자와 '그렇다', '아니다'가 적힌 종이 28조각으로 위자 보드Ouija Board(영혼을 불러내 대화하는 서양의 강령술―옮긴이)를 만들고, 강령회를 열었다. 이들이 "누구 있습니까?"라고 묻자 뒤집힌 유리컵이 글자 사이를 움직여 다니더니 피해자 중 한 명의 이름과 자세한 살해 방법을 썼다. 그러고는 마침내 해야 할 일을 알려주었다. "내일 유죄에 투표하라."

이후 강령회가 들통나면서 평결은 뒤집히고 말았다. 배심원은 법정에서 제시된 증거만을 근거로 평결을 내리겠다고 선서했으므로 위자 보드를 이용한 탐구는 외부 증거에 해당했으며 재판을 훼손한 셈이었다. 1994년 12월, 이번에는 위자 보드를 쓰지 않은 새로운 배심원단과 함께 재판이 다시 열렸고, 똑같은 유죄 평결이 나왔다.

위자 보드 사건은 배심원단이 올바른 결론에 도달하는 것만으로는 충분하지 않다는 사실을 보여준다. 그 결론은 증거에 근거를 두어야 했다. 그렇다면 우리는 블랙박스 안에서 일이 제대로 돌아가고 있는지 어떻게 확신할 수 있을까?

콩도르세가 '배심원 정리'를 발표하고 50년이 지난 뒤 또 다른 프랑스인이 법원의 결정이 얼마나 정확한지에 대해 호기심을 느꼈다. 시메옹 푸아송Siméon Poisson은 확률 게임과 아주 비슷한 방법으로 정의의 저울을 분석할 수 있다고 주장했다. "확률론은 도덕적이든 물리적이든 모든 사안에 똑같이 적용할 수 있다." 그러나 콩도르세는 정의가 근본적으로 단순한 계산이라기보다는 추정의 문제임을 인식했으며,[43] 1837년에 다음과 같은 말을 남겼다. "우리는 결코 피고인이 유죄인지 수학적으로 알아낼 수 없을 것이다. 심지어 자백조차도 거의 확실한 확률이라고 할 수 없다."

따라서 푸아송은 배심원단의 유죄 평결처럼 무작위적인 요소가 있지만 여전히 어느 정도 꾸준히 일어나는 사건의 패턴을 분석할 방법이 필요했다. 이 혁신적인 방법은 훗날 '푸아송 과정'으로 불리게 되며, 오늘날 연구자들은 이를 방사성 붕괴에서 사회적 상호작용에 이르는 온갖 분야에 적용하고 있다. 방법을 마련한 푸아송은 1825~1830년 프랑스에서 열린 재판과 유죄 판결 데이터를 대조해보았다. 그리고 각 재판의 배심원단에서 다수 의견을 낸 사람의 수를 바탕으로 배심원 네 명 중 한 명꼴로 잘못된 평결에 표를 던졌다고 추정했다.

그는 프랑스의 지역별 유죄 판결 비율도 비교해보았다. 푸아송은 파리의 법정에서 피고인이 유죄 판결을 받을 확률이 더 크다는 사실을 알아냈다. 이것은 우연일 뿐일 수도 있었다. 하지만 푸아송의 분석으로는 그렇지 않았다. 푸아송은 만약 프랑스 전역의 유죄 판결 비율이 파리와 같다면 같은 기간 동안 유죄 판결이 나오는 재판이 적어도 63퍼센트일 확률이 99.5퍼센트라고 추정했다. 하지만 실제로 파리 외의 다른 지역에서 유죄 판결이 나오는 재판의 비율은 고작 61퍼센트였다. 푸아송에 따르면, 파리의 유죄 판결률이 다른 지역과 똑같을 가능성은 "확실히 낮았다." 무엇인가 이 차이를 만든 것은 분명했다. 푸아송은 파리의 높은 범죄율이 배심원을 더 가혹하게 만들었을지도 모른다고 추측했다.

푸아송 덕분에 사법 체계는 확률론에 새로운 아이디어를 제공했다. 그런 아이디어가 다시 법정으로 되돌아오는 데는 오랜 시간이 걸리지 않았다. 미국의 법정에서 확률이 증거로 등장한 초창기 사례 중하나는 1865년에 매사추세츠에서 실비아 하울랜드Sylvia Howland라는 여성의 사망 이후에 벌어진 사건이었다.[44] 하울랜드는 유언장에 유산 200만 달러(오늘날의 가치로 환산하면 3,600만 달러) 중 절반은 조카인 헤티 로빈슨Hetty Robinson에게, 나머지 절반은 다른 여러 사람에게 나누어주라고 적었다. 로빈슨은 몇 달 전에 세상을 떠난 부친으로부터 700만 달러를 물려받아 이미 부유했지만, 거기서 만족하지 못하고 하울랜드의 유산을 독차지하고 싶었다. 정당성을 입증하기 위해 로빈슨은 하울랜드가 마지막 유언장을 작성하기 1년 전인 1862년에 만든 유언장을 제출했다. 이 앞선 유언장에는 유산을 모두 로빈슨에게 남긴다고 되어 있었다. 게다가 다음 장에는 이 이후의 유언장은 모두 무효라고 분명히 적혀 있었다.

하울랜드의 유언 집행을 맡은 변호사는 그대로 넘어가지 않았다. 두 번째 장에 있는 서명 두 개가 지나치게 비슷해 보였다. 마치 하나를 보고 그대로 따라서 그린 듯했다. 이에 대해 로빈슨은 변호사를 고소했다. 서명이 위조임을 보이기 위해 변호인 측은 벤저민 퍼스Benjamin Peirce라는 이름의 수학자를 포함한 여러 전문가를 동원했다. 서명이 위조인지 판단하기 위해 퍼스는 먼저 하울랜드가 작성한 문서에서 42개의 서명을 수집했다. 그에 따라 861가지의 비교 쌍이 생겼다. 각각의 서명에는 30개의 세로획이 들어 있었으므로 모두 2만 5,830번의 비교 작업을 할 수 있었다. 퍼스는 마찬가지로 수학자였던 아들 찰스 퍼스 Charles Peirce에게 각각의 비교 쌍에서 세로획이 얼마나 많이 일치하는지 세어보게 했다.

보통 하울랜드의 기존 서명에서는 대여섯 개의 세로획이 일치했다. 이와 달리 헤티 로빈슨이 제출한 서명에서는 30개의 세로획이 모두 똑같았다. 벤저민은 그런 우연이 일어날 확률을 9,000억분의 1로 계산

원래의 서명(위)과 1862년 하울랜드의 유언장. 두 번째 장에 있던 의심스러운 서명(가운데와 아래). © 1870 미국 법학회보(Open JSTOR 컬렉션)

했다. "이런 수치는 인간의 경험을 초월하는 수준입니다." 벤저민은 법정에서 이렇게 증언했다. "매우 낮은 확률은 사실상 불가능을 의미합니다. 이렇게 극도로 낮은 확률은 실제 현실에서는 일어날 수 없습니다."

퍼스의 계산은 비교적 단순했다. 같은 날에 쓴 서명이 서로 다른 날에 쓴 서명보다 비슷할 가능성을 고려하지 않았다. 하지만 다른 증거와 함께 법정이 로빈슨에게 패소 판결을 내리게 하기에는 충분했다. 논란이 된 이 두 가지 서명 사건으로 확률의 과학은 법정 증거의 위치를 차지했고, 그 뒤로도 계속해서 유죄를 확정하기도 하고 논란을 초래하기도 했다.

무작위 데이터가 필요했던 통계학자 칼 피어슨Karl Pearson은 동전을 자동으로 던지는 기계를 제작하려고 했다. 그 노력은 원하던 성과를 내지 못했다. 훗날 피어슨은 그 프로젝트가 "영국 인치의 변동성에 대한 영국 목수의 생각 때문에" 실패했다고 투덜거렸다. 그 대신 1892년 여름 내내 손수 실링 동전을 2만 5,000번이나 던져야 했다.[45]

그 뒤로 몇 년 동안 피어슨은 동료에게 주사위를 굴리게 하거나 몬테카를로 카지노의 룰렛 회전을 조사하는 등 계속해서 데이터를 수집했다. 특히 진짜 무작위한 사건일 경우 관찰 데이터가 예상과 다른지 여부에 관심이 있었다. 1900년 피어슨은 분석 결과를 요약해 발표했다. 첫 번째 사례 연구에서는 주사위를 31만 6,000번 굴린 결과, 5와 6이 기댓값보다 약간 더 많이 나온다는 결과가 나왔다. 이럴 가능성이 얼마나 될까? 피어슨은 알파벳 P를 이용해 순전히 운으로 그런 극단적인 결과가 나올 확률을 나타냈다. 주사위 데이터의 경우 P값은 0.0016퍼센트였다. 피어슨은 "이 정도 확률이라면 더 높은 수가 많이 나오도록 주사위가 편향되어 있다고 보는 게 합리적이다"라고 결론지었다.[46] 숫자가 큰 면일수록 움푹 파인 홈의 수가 많으므로 더 가벼워서 더 자주 나오는 듯했다.

20세기 들어 'p값'이 널리 쓰이면서 과학자들은 점차 결과가 이례적인지 아닌지를 판단하는 기준으로 5퍼센트라는 값을 받아들이기 시작했다. 만약 확률이 이보다 낮다면 뭔가 있다는 '유의미한' 증거로 판단했다. 다음 장에서 살펴보겠지만, p값과 '유의미한' 결과라는 개념이 널리 쓰이게 된 데는 그다지 과학적이지 않은 이유도 있었다. 그래도 이런 관행은 다른 분야로 퍼져나갔고, 그중에는 사법 재판에서 다루는 증거도 있었다. 미국에서 몇몇 법정은 차별 관련 논쟁에서 편향을 다룰 때 p값이 5퍼센트 이하여야 사건을 진행할 수 있다고 지적했다.[47]

그러나 확률 분석이 동전 던지기만큼 단순한 경우는 드물다. 2016년 이탈리아의 간호사 다니엘라 포기알리Daniela Poggiali는 살인으로 무기징역을 선고받았다. 최대 40명의 환자를 살해한 혐의로 기소됐는데, 재판은 2014년에 78세로 죽은 로사 칼데로니Rosa Calderoni의 사건을 중점적으로 다루었다. 재판 전부터 언론은 포기알리를 '죽음의 천사'라고 불렀다. 수사 기관은 포기알리의 전화기에서 102세에 사망한 환자의 시신과 함께 찍은 사진을 발견했다. 사망률 데이터를 분석한 결과, 포기알리가 근무한 병동에서 환자가 사망할 확률은 다른 병동의 2.5배였다.[48]

적어도 처음에는 그런 패턴이 보였다. 통계학자 리처드 길Richard Gill과 줄리아 모테라Julia Mortera에 따르면, 그 분석은 하루 중 시간대,

입원율, 환자의 나이와 같은 요소를 고려하지 않았다. 두 사람이 이런 요소를 반영해 데이터를 다시 분석하자 사망자 수의 증가는 포기알리의 존재와 연관성이 없다는 결론이 나왔다. 오히려 포기알리가 있으면 사망률이 내려가는 경향을 보였다. 모테라는 "우리는 포기알리가 환자를 더 많이 볼수록 사망 확률이 낮아졌다는 정반대의 결론을 내렸습니다"라고 밝혔다.[49]

이 발견은 초기 단계에서 원래의 재판에 큰 영향을 끼치지 못했다. 활용 가능한 데이터가 부족하다는 문제도 있었다. 모테라는 이렇게 말했다. "재판정에 서서 증언하기 열흘 전에야 데이터를 주었지요. 그래서 정말 서둘러서 데이터를 분석했습니다." 모테라와 길이 병원 사망률에 대한 검찰 측 해석에 우려를 표했지만, 판사는 "아직 이론적인 문제"로 치부했다.

여러 차례의 항소와 재심 끝에 포기알리는 2019년 마침내 무죄 판결을 받았다. 그리고 다음 해 2014년에 95세였던 마시모 몬타나리 Massimo Montanari를 살해한 혐의로 유죄 판결을 받았다. 그러나 2021년 줄리아 모테라가 더욱 자세한 통계 분석 결과를 제출한 뒤 다시 무죄로 석방됐다. 2023년 초 검찰은 다시 판결을 뒤집으려 했지만, 고등법원이 최종적으로 이를 기각했다. 포기알리의 범죄 혐의에 대한 법원의 결정은 다음과 같았다. "그런 사실은 존재하지 않는다."[50]

리처드 길에게 이 사건은 10여 년 전 간호사 뤼시아 더 베르크 Lucia de Berk의 악명 높은 재판에서 일어난 유사한 통계학적 논쟁을 떠올리게 했다. 2003년 더 베르크는 네덜란드에서 일곱 건의 살인과 세 건의 살인미수로 유죄 판결을 받았다. 포기알리와 마찬가지로 언론은 더 베르크를 '죽음의 천사'라고 불렀다. 통계학은 이 판결에 중요한 역할을 했다. 재판 과정에서 법원은 간호사 한 명이 그렇게 많은 원인 불명의 죽음을 겪을 확률이 3억 4,200만분의 1이라는 증언을 들었다. 따라서 더 베르크가 무고할 확률은 극히 낮았다.[51]

정말이었을까? 특정 간호사 한 명이 근무 중일 때 그렇게 많은 사람이 사망할 가능성은 대단히 낮았지만, 네덜란드에는 교대 근무를 여러 번 하는 간호사도 많았다. 길과 동료들이 다시 계산하자 적어도 한 명의 무고한 간호사가 같은 수의 사망 사건을 겪을 확률은 7분의 1까지도 나올 수 있었다. 2010년 더 베르크의 유죄 판결은 결국 뒤집혔다.[52]

다수의 비극이 발생했을 때 피고인이 근무 중이었던 사실 같은 특정 관찰 기준을 충족할 확률과 무고할 확률을 법원이 혼동하는 것을 두고 '검사의 오류'라고 부른다. 무고할 확률을 구할 때는 유죄 이유가 무죄 이유보다 더 가능성이 큰지 아닌지를 따지는 것이 중요하다. 여러 사망 사건이 일어난 상황에서 간호사가 연쇄살인범일 확률이 높을까, 아니면 지독한 우연의 피해자일 확률이 높을까? 만약 유언장의 서명이 서로 기이할 정도로 유사하다면, 올바른 필적이라기보다 고의적인 위조일 확률이 더 높을까? 케빈 클러몬트는 "법적인 사실을 판단하는 사람은 '진실'에 무지한 채로 판결해야 한다"라고 말한 바 있다.[53]

이유를 비교한다는 것은 범죄일 확률과 우연일 확률을 따진다는 뜻이다. 그리고 이 지점에서 법적 증명이라는 개념이 난관에 부닥칠 수 있다. '파란 버스 역설'로 불리는 오래된 퍼즐의 예를 들어보자.[54] 보행자 한 명이 버스에 치여 부상을 당하지만, 날이 어두워서 자신을 친 버스의 색을 확실히 보지 못했다. 그렇지만 그 보행자는 파란 버스 회사를 고소한다. 그 회사가 도시에 있는 버스의 75퍼센트를 소유하고 있으므로 그중 한 버스일 확률이 높기 때문이다. 이 경우 개연성의 균형에 근거해 보행자가 승소해야 할까?

75퍼센트가 50퍼센트보다 크기 때문에 파란 버스 회사에 책임이 있다고 판단하고 싶을 수 있다. 하지만 이제 알 수 없는 버스에 의해 똑같은 사고가 반복적으로 일어난다고 상상해보자. 각각의 경우 우리는 똑같은 주장을 할 수 있다. 그것은 회사가 버스의 75퍼센트만 소유하고 있음에도 소송에서 100퍼센트 진다는 뜻이 된다. 이 역설은 특정 사건에 광범위한 확률적 논증을 사용하는 일의 위험성을 보여준다. 실제 법정에서는 세부 사항을 살펴야 한다. 버스가 특정 도로에서 운행했는가? 다른 차량이 있었는가? 다른 증거가 있는가?

법학자 로런스 트라이브Laurence Tribe는 개별 사건과 전체 인구 단위의 확률을 구분하지 못하는 문제를 지적했다. 특히 우리는 광범위한—블랙스톤 비와 그 변종 같은—상황을 특정 사건에 적용하는 데 신중해야 한다. 그는 이에 대해 "이런 점에서 각 배심원이 가능한 한 실수를 하지 않으려고 노력했음에도 100명당 한 명꼴로 무고한 사람에게 유죄 평결을 내리는 체계를 받아들이는 것은 배심원에게 유죄 평결의 오류율 목표가 1퍼센트라고(혹은 0.1퍼센트라고 해도) 지시하는 것과 전혀 다른 문제다"라고 표현했다.[55]

그러면 배심원은 어떻게 실수를 최소화할 수 있을까? 어떤 증명과 증거가 유용하며, 어떤 게 그렇지 않을까? 사건에 관해 자신이 알고 있던 내용을 활용했던 초창기의 배심원과 달리 현대의 배심원은 으레 다른 사람의 증언에 의존할 수밖에 없다. 즉 누가 진실을 이야기하고 있는지 알아내야 한다는 뜻이다.

법이 등장한 이래로 사람들은 재판에서 정직함을 요구했다. 가장 오래된 법전인 우르남무 법전은 4,000년 전 메소포타미아 지역에서 쓰였다.[56] 만약 어떤 사람이 다른 사람이 마법을 썼다거나 아내가 간통을 저질렀다고 거짓으로 고발하면, 법에 따라 벌금을 내야 했다. 안타깝게도, 고발을 검증하는 법전의 방법론은 피의자에게 그다지 도움이 되지 못했다. 마법을 쓰거나 간통했다고 고발된 피고인은 물에 의한 시련을 받아야 했다.

다행히 현대의 범죄 피의자는 배심원을 설득할 기회를 얻는다. 배심원은 기소 내용을 들을 뿐만 아니라 현장에 있었던 목격자의 증언도 평가해야 한다. 역사적으로 그런 증거는 법적 증거의 핵심 요소였다. 하지만 목격자의 말이 서로 다를 경우에는 어떻게 될까? 중세 유럽에서는 보통 목격자의 사회적 지위와 종교에 따라 등급을 나누었고, 여성은 대체로 아예 배제했다. 앞서 살펴보았듯이, 그 결과 '훌륭한' 증인 한 명이 신뢰할 수 없는 몇 명과 동등하게 인정받는 '부분 증명'이라는 복잡한 체계가 생겨났다.[57]

현대의 법률 체계는 단순히 증언을 더하고 빼는 데 의존하지 않지만, 여전히 증언에 의존하고 있다. 문제는 일반적으로 증언이 모두 신뢰할 만하지는 않다는 데 있다. 1989년에서 2020년 사이에 미국에서 유죄 판결이 뒤집힌 367건의 사건에 관한 연구에 따르면, 70퍼센트의 경우 목격자의 잘못된 증언이 요인이었다. 이 중 거의 25퍼센트는 목격자의 증언이 유죄 판결의 유일한 증거였다.[58]

이에 따라 미국국립과학원은 범인 식별 절차에서 오류를 줄이기 위한 일련의 변화를 제안했다.[59] 첫째, 목격자는 피고인이 용의자 대열에 있을 수도 없을 수도 있으며, 누구를 지목하든 조사가 달라지지 않는다는 사실을 미리 고지받아야 한다. 둘째, 경찰이 무의식적으로 목격자에게 실마리를 주지 않도록 블라인드 선택 방식을 사용한다. 용의자와 무고한 '보충 인원'을 선택해 대열에 세우는 경찰 팀과 식별 절차가 이루어지는 동안 목격자와 같은 방에 있는 경찰 팀이 다르다는 뜻이다. 마지막으로, 목격자는 사건에 관한 추가 정보를 접하기 전에 자신이 지목한 사람이 범인이라는 데 얼마나 확신이 있는지를 즉시 평가받는다. 목격자의 정확성에 관한 몇몇 연구에 따르면, 이 초기 확신도가 높을수록 나중에 범인 식별이 옳았다고 밝혀질 가능성이 컸다.[60]

흠결이 있는 것은 목격자 증언만이 아니다. 필적 분석은 약 40퍼센트가 부정확한 것으로 보이며, 치흔 분석은 거의 3분의 2가 무고한 다른 사람의 치아와 비슷하다고 나올 수 있다.[61] 문제는 기반이 되는 과학의 불확실성에만 있는 것이 아니다. 특정 법의학 분야의 수요를 창출하기 위한 금전적인 동기도 있을 수 있다. 『미국 법률 리뷰』에 실린 하울랜드의 위조 서명 사건 보고서는 퍼스처럼 한쪽 편에서 비용을 받고 전문가 증인으로 활동하는 과학 전문가의 존재가 점점 늘어나고 있다는 데 주목했다. 보고서는 이들이 "판사처럼 보이기를 원하지만, 한쪽 편을 지지하는 상황이 됐다"라고 기록했다.[62]

1980년대에는 DNA 증거가 법정에서 발생하는 오류를 줄이는 방법으로 등장했다. 필적이나 치흔을 들여다보는 대신 범죄 현장에서 나온 유전자 표본과 피의자의 유전자 표본의 유사도를 수치화할 수 있었다. 이런 증거는 유죄를 입증할 수 있을 뿐 아니라 누명을 벗길 수도 있다. 지난 30년 동안 새로운—원래 재판 당시에는 존재하지 않았던—DNA 증거는 미국에서 억울하게 유죄 판결을 받은 수백 명의 결백을 밝혀주었다.[63] 이런 사건의 43퍼센트는 잘못된 법의학 증거가 유죄 판결이 나오게 된 이유였다.

그러나 첨단 증거 역시 기본적인 오류가 있을 수 있다. 2021~2022년 영국과 웨일스에서는 용의자로부터 채취한 DNA 표본을 1,000개까지 폐기해야 했는데, 경찰이 증거 봉투를 제대로 밀봉하지 않았기 때문이다.[64] 더구나 때로는 증거에 결함이 있어도 피의자가 쉽게 그 결함을 문제 삼기 어렵다. 1980~1990년대 영국은 컴퓨터와 관련된 증거는 해당 컴퓨터 시스템이 올바르게 작동하고 있다는 증거와 함께 제출하게 했다. 이 규정은 증거의 기준을 너무 높일 수 있었고, 법률 위원회는 기소 담당 기관으로부터 피드백을 받았다. 훗날 정보 공개 청구를 통해 드러난 한 응답은 영국 우정국의 형사법 부서 대표의 의견으로, 그는 다음과 같이 주장했다. "기계는 제대로 작동하고 있으며, 만약 변호인이 반박하고 싶다면 반드시 스스로 할 수 있어야 한다. 따라서 나는 현시점에서 증거의 요건이 너무 엄격하며 기소를 방해할 수 있다고 생각한다."

이와 같은 피드백을 반영해 1999년 영국은 디지털 증거에 더 큰 비중을 두도록 법을 변경했다.[65] 법원은 이제 구체적인 증거가 없는 한 컴퓨터 시스템이 제대로 작동한다고 가정할 수 있었다. 같은 해 우정국은 회계 처리를 위한 새로운 컴퓨터 시스템을 도입했다. 이 두 변화는 곧 충돌하며 참사를 일으켰다. 2000~2015년 우정국은 여러 지점에서 발생한 회계 불일치를 이유로 각 지점을 운영하는 우체국장 736명을 기소했다. 기소당한 우체국장들은 새로운 컴퓨터 시스템에 문제가 있다고 의심했다. 하지만 새로운 법에 따르면 오류를 입증할 책임은 자신들에게 있었다. 조사에 필요한 비용을 댈 수 없었던 우체국장들은 알고리즘의 연옥에 빠져버렸다.

마침내 일부 우체국장들은 회계 전문가를 고용했고, 이들은 산발적인 범죄가 아니라 중앙의 오류를 가리켰다. 2019년 우정국은 수백 명의 우체국장에게 사과하며 6,000만 파운드에 달하는 금액을 배상하기로 합의했다.[66] 버그의 증거가 늘어나고 있음에도 컴퓨터 시스템이 올바르게 작동하고 있었다는 우정국의 고집은 과거의 교조주의적인 태도를 연상하게 했다. 2019년 재판에서 판사는 "21세기에 지구가 평평하다고 주장하는 것과 같다"라고 말했다.[67] 2024년 초 TV 드라마의 소재가 되면서 폭넓은 주목을 받은 이 잘못된 기소는 현대 영국 역사에서 사법계 최대의 실패로 불리고 있다.

법정은 과학적 설명과 증거가 오류 및 모호함과 충돌할 수 있는 유일한 장소가 아니다. 우리가 설득하거나 결정을 내려야만 하는 유일한 장소도 아니다. 낡은 과제가 현대의 과학을 만나면서, 개인의 건강에서 국가의 부에 이르기까지, 증명이라는 개념은 변화하고 있다. 따라서 우리는 통찰력을 극대화하고 실수를 최소화하기 위해 훨씬 더 심원한 문제에 도전해야 한다. 그 문제는 흔히 기만적일 정도로 간단한 질문에서 출발한다. 이례적인 일이 벌어졌을 때 책임은 누구에게, 혹은 무엇에 있을까?

4장

차 시음과 맥주 양조, 우연이 낳은 통계의 규칙

앤 불린Anne Boleyn은 오른손 손가락이 여섯 개였다. 적어도 앤의 죽음 이후 적들이 퍼뜨린 이야기는 그랬다. 그 이야기에서 앤은 아버지의 집사, 목사, 프랑스의 왕과 밀통한 이단이었다.[1] 소문에 따르면 앤의 어머니 역시 부정한 여자로, 그 결과 앤이 태어났다고 했다. 그런 비난은 1533년 종교적으로 분열된 영국에서 앤이 왕인 헨리 8세와 결혼하면서 생겨났다. 앤의 대관식 이후 기록 중에는 다음과 같은 내용도 있다. "여기저기 헨리와 앤을 뜻하는 H와 A자 그림이 생겨났지만, 많은 이가 비웃었다. 왕비의 자리는 그 여자의 불행이 됐고, 사마귀가 나 외모가 흉해졌다."

유럽의 민간전승에서 손가락이 여섯 개인 아이는 '바꿔치기된 아이'라고 불리기도 했다. 한밤중에 마녀가 진짜 아이를 자기 아이와 바꿔치기했다고 믿었기 때문이다.[2] 하지만 결국 1536년 닥쳐온 앤 불린의 몰락은 마녀사냥이 아니라 반역죄로 기소되면서부터였다. 앤은 검으로 참수당하는 최후를 맞이했다. 그녀에게 내려진 최초의 선고에는 당시 유럽의 많은 '마녀'가 공유했던 운명을 맞을 가능성이 포함되어 있었다. "런던탑의 안뜰에서 불에 타오르거나 머리가 잘릴 것이다."

역사적으로 모든 사람이 여분의 손가락이나 발가락—의학적으로 다지증이라고 한다—을 마녀의 징표라고 생각하지는 않았다. 11세기 페르시아의 의사 이븐 시나Ibn Sina는 그것이 초자연적인 현상이 아니라 자연스러운 상태라고 결론지었다.[3] 더 나아가 다른 의학적 상태와 마찬가지로 인과적인 설명이 따를 것이 분명하다고 생각했다. 이븐 시나는 그런 결과가 "원인이 자연이기 때문에 자연에 의해 자연스럽게" 나올 수 있다고 주장했다.[4] 이븐 시나의 이런 생각은 서구의 계몽주의 사상가들이 과학을 활용해 자연 세계를 설명하기 수 세기 전부터 수수께끼와 미신으로부터 거리를 두고 원인을 분석함으로써 의학을 더욱 엄밀하게 만드는 방법을 보여주었다.

18~19세기 유럽의 과학자들은 기형아 탄생에서 질병 발생에 이르는 의학적 현상을 과학적으로 설명하려고 노력하기 시작했다. 하지만 몇몇 오랜 습관은 사라지지 않았다. 영국의 통계학자 프랜시스 골턴Francis Galton은 몇몇 분야에서는 과학적인 설명이 지배적이지만 다른 분야에서는 종교가 여전히 영향력을 발휘하고 있다고 지적했다. 그 균형은 흔히 질문을 받는 사람이 누구인지, 그리고 그 사람의 전문 분야가 무엇인지에 달려 있었다. 골턴은 "사람들은 대부분 기도의 객관적인 효험을 어느 정도 믿고 있지만, 자신이 과학적으로 인지하고 있는 특정 사건에 관해서는 누구도 기도의 작용을 인정하려 하지 않는 듯하다"라

고 밝혔다.[5]

1872년 바이어슈트라스가 자신의 수학 괴물을 공개한 것과 같은 해에 골턴은 기도의 효과를 평가하는 연구를 발표했다. 골턴의 주장에 따르면, 그것은 '기도는 응답을 받는가, 아닌가?'라는 간단한 통계적 질문으로 단순화할 수 있었다. 만약 자주 기도의 대상이 되는 사람이 있다면, 기대 수명에서 차이가 나타나야 했다. 골턴은 먼저 '하나님, 여왕 폐하를 지켜주소서'와 같은 말을 통해 정기적으로 혜택을 받는 왕족과 다른 집단을 비교해보았다. 기도에도 불구하고 왕족의 기대 수명은 훨씬 더 짧았다. 저명한 성직자들 역시 의학계나 법조계에 속한 비슷한 사람들보다 수명이 짧다는 사실도 알아냈다.

골턴은 이런 패턴을 설명할 수 있는 다른 방법이 있음을 인정했다. 어쩌면 왕족은 비정상적으로 위험한 삶을 살았으며, 대중의 기도가 그런 위험을 그나마 상쇄한 것일지도 모른다. 앤 불린이 처형장까지 기도책을 가지고 갔던 일은 널리 알려져 있으며, 헨리 8세의 다섯 번째 부인인—훗날 처형당한—캐서린 하워드Catherine Howard는 혼인 직후 영국 교회의 기도를 받았다.[6] 기도가 아니었다면, 두 사람은 더 짧은 생을 살았을까? 이에 대해 골턴은 "아주 의심스러운 가설"이라고 말했다.

골턴은 왕족뿐만 아니라 선교사의 수명과 종교적인 가정에서 태어난 어린이의 건강도 조사한 결과, 생존이 "신앙심의 영향을 전혀 받지 않는다"라는 결론을 내렸다. 골턴의 분석에는 다소 가벼운 부분이 있었는데, 이런 성향은 골턴의 경력 전반에 걸쳐 나타난다. 이후 골턴은 『네이처』에 크리스마스 케이크를 자르는 최적의 방법*에 관한 논문을 발표하기도 했다.[7] 기도 연구는 이 시기에 나타난 근원적인 변화를 반영했다. '신앙의 위기'가 빅토리아 시대 사회에 폭넓게 퍼져나가고 있었다. 반면 계몽주의는 진리를 정의하는 과정에서 교회의 영향력에 의문을 제기했고, 과학자들은 세상을 형성하는 과정에서 신의 역할을 의문시하고 있었다.[8]

초기의 과학적 진보는 흔히 창조주가 존재한다는 공리에 의존했다. 자연은 인간의 과학으로 연구할 수 있었지만, 그 기원과 원인은 인간의 능력을 넘어섰다. '진정한 무한'은 너무 신성해 연구할 수 없다는 칸토어의 믿음을 떠올려보라. 뉴턴 역시 우리가 관찰하는 자연의 법칙 뒤에는 신이 있으며 신이 우주의 균형을 유지하는 데 적극적인 역할을 하고 있다고 주장했다. 훗날 골턴의 제자인 칼 피어슨은 "뉴턴 이후의 영국 수학자들은 뉴턴의 수학보다 신학에 더 큰 영향을 받았다"라고 주장했다.[9]

1860년대에 등장한 찰스 다윈의 진화론은 상황을 바꾸어놓았다. 기도에 관한 분석을 내놓기 3년 전 크리스마스이브에 골턴은 사촌 형이기도 했던 다윈에게 편지를 보내 전지전능한 창조자에 의존하지 않고 자연 세계를 설명해준 데 감사를 표했다.[10] "형님의 책은 마치 악몽과도 같았던 오래된 미신의 굴레에서 빠져나올 수 있게 해주었습니다." 골턴은 그런 깨달음을 통해 사고의 자유를 얻었다고 말했다. 자연 세계는 단순히 신이 이끄는 곳이 아니며, 아직 수많은 원리를 알아내고 해석해야 했다.

● 골턴의 답: 가운데에서 긴 조각을 잘라낸 다음, 남은 두 부분을 서로 밀어서 붙이면 안쪽이 마르지 않게 할 수 있다.

이는 과학자들에게 새로운 과제였다. 기도에 관한 연구에서 골턴은 오늘날 현대 과학의 바탕이 된 진지한 통계 문제를 다루었다. 어느 한 요소가 다른 요소에 영향을 끼친다면, 그것을 어떻게 알아낼 수 있을까?

새로운 과학적 접근법을 개척하는 것은 대단한 일이다. 하지만 재닛 레인 클레이폰Janet Lane Claypon은 네 가지 접근법에서 선두를 이끌었다.[11] 1905년 런던 여성의과대학교에서 박사 학위를 받은 레인 클레이폰은 유아의 건강이라는 주제에 관심을 가졌다. 특히 모유 수유와 끓인 우유를 먹이는 것 사이에 얼마나 차이가 있을지 궁금해했다. 해결해야 할 문제는 어떻게 그 질문에 엄밀하게 답할 수 있느냐였다. 레인 클레이폰은 각각의 식단으로 자란 유아에 관한 충분한 데이터가 필요했을 뿐만 아니라 두 집단을 의미 있는 방식으로 비교할 수 있어야 했다. 똑같은 사회 집단에 속한 아기들을 출생 이후 정기적으로 관찰하는 것이 이상적인 방법이었다.

영국에서 적당한 데이터를 찾지 못한 레인 클레이폰은 1909~1911년에 베를린에서 데이터를 물색했다. 베를린에는 노동계급 가정의 아이들을 진료하며 상세한 데이터를 수집하는 진료소가 일곱 군데 있었다. 레인 클레이폰은 이 데이터를 이용해 출생 이후 대체로 건강했던 두 유아 집단, 끓인 우유를 먹인 집단과 모유 수유를 한 집단의 병력을 재구성했다. 이런 '후향성 코호트' 방식이 보건 연구에 쓰인 것은 이때가 처음이었다. 이를 이용해 레인 클레이폰은 두 집단에서 시간에 따라 체중이 어떻게 변했는지 비교할 수 있었다.

초기 결과에서는 눈에 띄는 결과가 나타났다. 모유 수유를 한 아기가 생후 첫 몇 달 동안 더 빨리 자랐다. 모유의 영양가가 더 높다는 사실을 시사하는 결과였다. 하지만 레인 클레이폰은 여기에 쉽게 수긍하지 않고, "드러난 차이를 만들어내는 다른 요소가 있는지 확인해야 할 필요가 생겼다"라고 기록했다.[12] 어쩌면 겉보기에 비슷한 사회적 배경을 지닌 아이들이라고 해도 가정환경이 다를 수 있고, 이것이 이 아이들이 먹는 우유와 성장에 영향을 끼쳤을 수도 있지 않을까? 현대의 통계학자들은 이런 문제를 '교락confounding'이라고 부른다. 때로는 다른 요인이 인과관계 추정에 착각을 일으킬 수 있다는 뜻이다.

레인 클레이폰의 두 번째 혁신은 바로 여기에 있다. 현실 세계의 데이터에서 잠재적인 '교락'을 조사하는 것이다. 아기들의 사회적 배경에 큰 차이가 없다는 점을 확인하기 위해 레인 클레이폰은 가계소득을 분석했다. 그리고 가정의 재정보다 우유의 종류가 성장과 더 밀접한 관계가 있다는 사실을 알아냈다. 이번 결과는 정말로 믿을 만해 보였다.

다만 딱 하나 미심쩍은 구석이 있었다. 레인 클레이폰은 생후 일주일 동안은 끓인 우유를 먹은 아기가 모유를 먹은 아기보다 체중이 더 나가는 것으로 보인다는 사실을 알아챘다. 나머지 연구 결과와는 반대였다. 그러나 이 극초기의 개별 데이터는 비교적 적었다. 우유를 먹은 아기 10명과 모유를 먹은 아기 24명의 측정치가 전부였다. 이후 연령대에서는 수백 명의 데이터가 있었다. 그러면 이 초기의 불일치는 단지 우연한 결과였을까? 그냥 우연히 우유를 먹은 아기 10명이 더 무거울 수도 있지 않았을까? 이를 알아내기 위해 레인 클레이폰은 측정 데이터가 소수일 때 비정상적으로 극단적인 결과가 나올 확률을 추정할 방법이 필요했다. 마침 종류가 매우 다른 음료를 연구하던 누군가가 최근에 그런 방법을 개발한 상태였다.

윌리엄 실리 고셋William Sealy Gosset은 옥스퍼드대학교에서 화학을 전공하고 최우등으로 졸업한 직후 더블린에서 기네스의 견습 양조사가 됐다. 고셋의 이력서를 검토한 한 관리자는 "전반적으로 적합해 보임"이라고 기록했다. 고셋은 새로운 세기에 접어들며 회사가 새로운 방식으로 사업을 운영하기 시작했던 시기에 합류했다. 기네스는 빠른 속도로 생산량을 늘리고 있었고, 그러기 위해 인간의 판단에 의존했던 19세기 양조 방식에서 벗어나 양조의 산업화라는 철학을 향해 사고를 전환 중이었다. 제조업계는 변화하고 있었고, 그와 함께 과학도 달라져야 했다.[13]

바로 여기서 고셋이 등장한다. 품질 저하 없이 생산량을 늘리기 위해 기네스는 실험을 해야 했다. 최적의 원료 조합 비율을 찾아야 했고, 제조 과정을 개선해야 했다. 이는 새로운 곡물을 재배하고 새로 만든 맥주를 시험해야 한다는 뜻이었는데, 시간과 돈이 드는 일이었다. 아쉽게도 기네스 소속 과학자들은 몇 가지 표본만 가지고 비교해야 할 때가 많았고, 당시의 통계적 기법은 그런 소규모 연구를 다루는 데 별로 적합하지 않았다. 초기의 분석 기법은 방대한 동전 던지기나 룰렛 데이터 세트를 다루기 위해 개발한 것이라 한 줌의 홉 표본에는 적합하지 않았다. 고셋이 기네스에서 한 초기 실험 중 하나는 분석할 표본이 고작 두 개뿐이었다.

기네스에서 연구를 시작한 뒤로 고셋은 실험을 가치 있게 만드는 요소에 관해 고심했다. 그리고 어떤 결과에 주목할지 결정하는 데 작용하는 요소가 크게 두 가지라는 사실을 깨달았다. 첫째, 실험에서 도달할 수 있는 정확성의 정도를 고려해야 했다. 대규모 실험에서는 무작위한 개별 결과의 영향력이 보통 낮기 때문에 이례적인 결과가 우연히 발생할 가능성이 낮다. 둘째, 어떤 문제를 다루고 있는지 명확히 해야 했다. 만약 비용이 많이 드는 산업 공정과 같은 중요한 문제라면, 회사가 시행착오를 감당할 수 있는 상황일 때보다 증거의 기준이 더 높아야 했다.

고셋은 통계를 독학했기에 추상적인 수학 개념으로 가면 갈수록 자신에게 한계가 있음을 잘 알고 있었다. 한 번은 "3차원을 넘어가면 나는 마음이 편하지 않았다"라고 표현하기도 했다. 기네스에서 7년을 일한 뒤인 1906년 고셋은 안식년을 이용해 유니버시티 칼리지 런던에서 이 주제를 더욱 자세히 탐구했다. 2년 뒤에는 자신의 가장 유명한 논문이 되는 「평균의 확률 오차」를 발표했다.[14] 이 연구에서 고셋은 무작위성이 결과에 끼치는 영향을 추정하는 방법을 보였다. 특히 한 데이터 세트에서 평균적인 패턴을 해석하는 방식에 무작위한 오류가 얼마나 영향을 끼칠 수 있는지를 다루었다.

이 문제를 직관적으로 이해하기 위해 고셋은 먼저 수학적으로 시뮬레이션을 해보았다. 범죄자 3,000명의 키와 왼손 중지 길이 측정치 데이터 세트를 수집한 뒤, 개개인의 측정치를 3,000장의 카드에 기록했다. 무작위로 한 번에 카드 네 장씩을 뽑아 살펴본 결과, 소량의 데이터는 전통적인 통계 기법으로 예측할 수 있는 패턴을 따르지 않았다. 개별 데이터의 군집은 평균값이 너무 높거나 너무 낮을 때가 많았다.

그 뒤 고셋은 이런 작은 데이터 세트에 관한 직관적인 발견을 정확한 방정식으로 변환했다. 11쪽에 걸친 계산을 통해 그런 데이터 세트가 어떤 패턴을 따를지를 예측하고, 나아가 소량의 데이터를 분석할 때 잘못된 확신에 이르지 않을 방법을 연구했다. 자신의 기법을 실제 실험에 적용하려는 사람들이 긴 계산을 다시 하고 싶지는 않을 거라는 데 생각이 미친 고셋은 무작위성이 결과에 끼치는 영향을 판단할 수 있도록 수학 조견표도 함께 제공했다. 기네스가 대규모 품질 관리에서 우위를 점하려고 통계학자를 고용하고 있다는 사실을 경쟁사에 알리기를 원하지 않은 고셋은 연구 결과를 '학생'이라는 가명으로 발표했다.[15]

레인 클레이폰이 아기의 체중 데이터 세트를 분석하고 있을 때 동료 한 명이 '학생'의 논문이 첫 주의 데이터를 둘러싼 의문을 해결하는 데 도움이 될 수 있을지도 모른다고 언급했다. 당연하게도 고셋의 조견표로 따져보니 그 차이는 소수의 개별 데이터 사이에 나타난 무작위성으로 설명할 수 있었고, 더 폭넓게 확장했을 때 두 집단 사이의 진정한 차이를 나타내는 것은 아니었다. 이것은 고셋의 기법을 역학 데이터에 적용한 첫 번째 사례였다. 고셋의 논문이 지닌 기술적 특성과 기네스에서 수행한 연구를 둘러싼 비밀주의를 고려할 때 레인 클레이폰의 연구는 맥주에서 영감을 받은 아이디어가 과학계에서 폭넓게 인정받기 한참 전에 공공 영역으로 진출하는 모습을 살펴볼 수 있는 초기 자료이기도 하다.

1912년 레인 클레이폰은 연구 결과와 세 가지 혁신을 60쪽짜리 정부 보고서 형태로 발표했다. 비록 처음에는 몇 가지 발견을 의심했었지만, 레인 클레이폰의 연구는 잡음과 불확실성을 뚫고 확실한 결론에 이르렀다. "이 보고서에서 다룬 증거는 모든 종에서 어린 개체에게 모유 수유가 중요하다는 사실을 분명히 강조하고 있으며, 생후 초기 몇 주 동안 모유 수유가 특별히 중요함을 보여준다."[16]

모유에 관한 레인 클레이폰의 연구과 맥주에 관한 고셋의 연구 모두 분명한 인과관계를 다른 설명과 분리하는 것이 핵심 과제였다. 이후 수십 년 동안 통계학자들은 그런 이론을 데이터로 체계적으로 검증하는 견고한 규칙을 만들기 위해 노력했다. 이번에도 시작은 음료였다.

1920년대 초 영국 하트퍼드셔의 로탐스테드 농업연구소에서 과학자 세 명이 휴식을 취하고 있었다. 그중 한 명인 로널드 피셔Ronald Fisher라는 통계학자가 차 한잔을 따라, 조류藻類 전문가 뮤리얼 브리스틀Muriel Bristol에게 권했는데, 그녀는 훗날 자신의 이름을 딴 식물(C. 뮤리엘라)로도 기억된다. 브리스틀은 차보다 우유를 먼저 넣는 것을 좋아한다며 사양했다. 피셔는 미심쩍었다. 무엇을 먼저 넣는지가 맛과 상관있을까? 브리스틀은 '그렇다'고 말했다. 우유를 먼저 붓는 게 더 맛있다고.[17]

"확인해봅시다." 공교롭게도 브리스틀의 약혼자였던 세 번째 과학자가 끼어들었다. 확인해보려고 하니 브리스틀의 시음 능력을 평가해야 하는 문제가 생겼다. 브리스틀에게 두 종류 차를 모두 제공해 공정하게 비교할 수 있게 해야 했다. 이들은 몇 잔은 차-우유 순서로, 몇 잔은 우유-차 순서로 따라 한 번에 하나씩 맛보게 하기로 합의했다. 그래도 몇 가지 문제가 남았다. 브리스틀이 차의 제공 순서를 예측할 수도 있으므로 진짜 무작위적인 순서로 차를 맛보게 해야 했다. 그리고 순서가 무작위라고 해도 브리스틀이 우연히 몇 개를 제대로 맞힐 수도 있었다. 따라서 이렇게 될 가능성을 충분히 낮출 수 있을 정도로 차를 많이 준비해야 했다.

피셔는 여섯 잔을—우유를 먼저 넣은 세 잔과 우유를 나중에 넣은 세 잔을—제공하면 무작위로 배열할 수 있는 방법이 20가지라는 사실을 깨달았다. 그러므로 브리스틀이 단순히 찍기만 해도 20번 중 한 번은 여섯 잔 모두를 맞힐 수 있었다. 여덟 잔으로 하면 어떨까? 피셔가 계산해보니 이 경우에는 가능한 조합의 수가 70가지였다. 브리스틀이 순전히 운으로 모두 맞힐 확률이 70분의 1—1.4퍼센트—이라는 뜻이었다. 브리스틀과 함께 진행한 실험은 바로 이 방법을 사용했다. 각각 네 잔씩 모두 여덟 잔을 무작위한 순서로 브리스틀에게 맛보게 했다. 그리고 브리스틀의 판단과 실제 패턴을 비교해보았다. 그 결과 브리스틀은 여덟 잔 모두를 맞혔다.

브리스틀이 성공했던 결정적인 이유는 화학에 있었다. 2008년 영국 왕립화학회는 차-우유 순서로 넣으면 우유에서 탄 맛이 좀 더 난다고 밝혔다.[18] 왕립화학회의 설명은 다음과 같았다. "뜨거운 차에 우유를 넣으면 우유 방울 하나하나가 떨어져 나와 상당한 변성이 일어날 정도의 시간 동안 고온의 차와 접촉한다. 반면 우유에 뜨거운 물을 넣을 때는 이런 일이 일어날 가능성이 낮다."

훗날인 1935년 『실험 설계』라는 단순한 제목의 책에서 피셔는 차 시음 실험을 설명했다. 이 책은 무엇보다도 로탐스테드의 휴게실에서 개척했던 핵심적인 기법을 요약해 다루었다. 하나는 무작위성의 중요성이다. 만약 잔의 순서가 어떻게든 예측 가능했다면, 브리스틀의 시음 능력을 엄밀하게 검증할 수 없었을 것이다. 또 하나는 과학적인 결론에 도달하는 방법이다. 피셔의 기본통계학 레시피는 간단했다. '귀무가설'이라고 부르는 이론에서 출발해 데이터를 바탕으로 이를 검증한다. 로탐스테드의 휴게실에서 피셔가 만든 귀무가설은 브리스틀이 차-우유와 우유-차의 차이를 구분할 수 없다는 것이었다. 이후 실험에서 브리스틀이 이 둘의 차이를 구분하는 데 성공하면서 피셔에게는 귀무가설을 포기할 충분한 이유가 생겼다.

하지만 브리스틀이 여덟 개 중에 일곱 개만 맞혔다면? 또는 여섯, 혹은 다섯 개만 맞혔다면? 그것은 피셔의 귀무가설이 옳으며, 브리스틀은 둘의 차이를 전혀 구분할 수 없다는 뜻일까? 피셔에 따르면, 그렇지 않았다. 피셔는 이렇게 밝혔다. "귀무가설을 결코 증명하거나 확정할 수 없으며, 실험 과정에서 반증할 수 있다는 점을 주지해야 한다. 모든 실험은 사실에 귀무가설을 반증할 기회를 주기 위해서만 존재한다고 말할 수 있다." 브리스틀이 한두 개 틀렸다고 해서 우유와 차의 순서를 전혀 구분하지 못한다는 뜻은 아니었다. 전혀 차이가 없다는 피셔의 초기 견해를 뒤집을 정도로 그 실험이 충분히 강력한 증거는 아니라는 뜻일 뿐이었다.

만약 피셔가 귀무가설에 도전하는 실험을 원했다면, 어디에 선을 그을지 정해야 했다. 앞 장에서 우리는 순전히 운으로 그런 극단적인 결과가 나올 확률(p값)이 5퍼센트 미만일 때 전통적으로 통계적 발견을 '유의미한' 것으로 여겼음을 살펴보았다. 하지만 왜 5퍼센트라는 p값이 그렇게 보편적인 임계치가 됐을까?

그것은 저작권과 편의성의 합작품이었다.[19] 당시에는 특정 수준의 무작위성이 결과에 얼마나 영향을 끼치는지 계산하기 어려웠다. 고셋의 1908년 논문에 실린 통계표를 편집하는 데는 6개월이 걸렸다. 작업에 필요한 기계식 계산기는 너무 무거워서 조수는 손잡이를 잘 돌리지도 못했다. 결국 좀 더 근력이 있던 고셋이 그 일을 맡게 됐다. 피셔는 고셋의 노동을 이용하고 싶었지만, 저작권이 걸린 표를 그대로 가져오는 것이 조심스러웠다. 그래서 무작위한 오차의 추정보다 p값에 더 초점을 맞추도록 표를 재구성했고, 결국 고셋의 분석 대부분을 출처 표기 없이 출판했다. 게다가 저작권까지 얻으려 했다. 피셔가 이미 하고 있던 작업의 일부가 4.6퍼센트라는 p값과 깔끔하게 맞아떨어졌으므로 5퍼센트로 반올림하는 것은 쉬웠다.

피셔는 고셋보다 열네 살 어렸으며, 두 사람은 원래 케임브리지대학교 학생이었던 피셔가 고셋의 기념비적인 1908년 논문에서 작은 오류를 찾아내준 이래로 친구였다.[20] 이후 두 사람 모두 제1차 세계대전에 참전하고자 입대를 신청했지만, 둘 다 시력이 좋지 않아 거절당했다. 전쟁 시기에 둘은 통계학적 개념을 정밀하게 다듬으며 시간을 보냈다. 처음에는 고셋이 피셔의 멘토 역할을 했지만, 나중에는 피셔가 더 유명해졌다.[21] 1912년 레인 클레이폰이 '학생'의 방법을 적용했지만, 대부분은 피셔가 1925년에 교과서에 그 내용을 수록할 때까지 고셋의 혁신에 관해 들어보지도 못했다.

피셔는 p값과 5퍼센트의 유의 수준에 관한 논의를 대충 넘어가고 싶은 듯했다. 1925년 책에서 원래는 "이 지점을 한계로 삼는 게 편리하다"라고 말했지만, 다음 문장에서는 이 요건에 맞는 발견을 "유의미한 것으로 공식적으로 간주해야 한다"라고 주장했다. 뮤리얼 브리스틀이 찻잔을 골랐을 때 우연히 그만큼 맞힐 가능성은 1.4퍼센트였다. 피셔가 보기에 이것은 자신의 귀무가설이 틀렸다는 '유의미한' 증거였다. 이후 피셔가 표현했듯이, 5퍼센트 미만의 p값은 "예외적으로 희귀한 우연이 발생했거나 그 이론이 틀렸다"라는 뜻이었다.[22]

피셔 역시 에이브러햄 링컨이 고심했던 그 난해한 질문에 관해 숙고하게 된다. 무엇인가를 '증명'한다는 것은 무슨 뜻인가? 피셔는 개별 실험은 언제나 무작위한 우연이 결과를 왜곡할 위험이 있다고 주장했다. 100만 번 중에 한 번은 확률이 100만분의 1인 사건이 일어날 것이다. 따라서 단일 연구 결과에 초점을 맞추기보다는 앞서 '입증'된 효과를 안정적으로 재현하는 우리의 능력이라는 면에서 생각해야 한다고 주장했다. 피셔의 표현을 따르면, "우리가 거의 언제나 통계적으로 유의미한 결과를 제공하는 실험을 수행하는 법을 알고 있을 때 우리는 어떤 현상을 실험으로 입증할 수 있다고 말할 수 있다."[23]

피셔는 경험을 통해 새로운 지식을 얻을 수 있다고 주장했다. 피셔에게 그것은 실험을 엄밀하게 설계하고 해석한다는 뜻이었다. 그는 "실험적 관찰은 사전에 신중하게 계획한 경험일 뿐이다"라고 말했다. 피셔는 만약 사람이 유클리드식 추론의 제약에 매여 있다면 인간의 지능이 좋아질 수 없다고 주장했다. 연구자라면 "정해진 교조적 데이터의 결과"를 계산하는 것 이상을 해야 했다. "직접적인 관찰로만 얻을 수 있는 예상치 못한 진실에 접근"해야 했다. 다시 말해, 과학에는 정리만큼이나 휴게실이 필요했다.

그 휴게실 실험에서 사용한 통계적 비교는 이후 '피셔의 정확도 검정'으로 불리지만, 모두가 피셔의 방법론이 옳다고 확신하지는 않았다. 피셔가 실험하며 관심을 가졌던 지점은 어떤 가설이 옳은지가 아니라 귀무가설이 틀렸는지 여부였다. 뮤리얼 브리스틀이 몇 번 틀렸다고 가정해보자. 전반적으로 우리는 브리스틀이 차이를 구분할 수 없다고 결론 내려야 했을까? 아니면 할 수 있다고 결론 내려야 했을까? 앞서 살펴보았듯이 이런 상황에서 피셔의 검정은 선택을 하지 않는다. 어떤 결론도 내리지 않는 것이다.

통계학자 예지 네이만Jerzy Neyman과 이건 피어슨Egon Pearson*은 이 정도로 충분하다고 생각하지 않았다.[24] 두 사람은 두 가지—누군가 차맛을 구분할 수 있는지 혹은 없는지—가설로 출발했을 때 선택을 할 수 없는 방법론을 원하지 않았다. 네이만과 피어슨에 따르면, 연구자들에게는 어떤 가설을 받아들이고 어떤 가설을 거부할지 결정할 수 있는 방법이 있어야 했다. 통계에 대한 이런 결정 기반의 태도는 법정 사건에서 취하는 접근법과 유사하다. "법에 관해 분명한 것 중 하나는 눈앞에 있는 증거를 바탕으로 결정을 내려야 한다는 점입니다." 현대 법적 분쟁의 불확실성을 연구한 케빈 클러몬트는 이렇게 말했다.[25] "매일 수백 건의 사건이 피고의 약한 증거보다 좀 더 설득력이 있는 원고의 약한 증거를 바탕으로 정해집니다."

법적 결정과 마찬가지로 네이만과 피어슨의 접근법을 사용하려면 입증책임에 관한 결정을 내려야 한다. 특정 증거를 마주했을 때 우리는 얼마나 회의적이어야 할까? 만약 우리가 쉽게 수긍한다면 사실이든 아니든 많은 가설을 받아들이게 될 것이다. 반대로 증거의 기준을 너무 높게 설정하면 우리는 거짓인 가설을 대부분 폐기할 수 있지만 사실인

---

* p값이라는 용어를 처음 만든 칼 피어슨의 아들이다.

가설까지도 상당수 무시하게 된다.

이런 문제를 해결하기 위해 네이만과 피어슨은 통계학과 학생들을 괴롭히게 될 두 가지 개념, 1종 오류와 2종 오류를 도입했다.[26] 1종 오류는 우리가 틀린 가설을 잘못 수용할 때 생긴다. 2종 오류는 우리가 올바른 가설을 잘못 거부할 때 생긴다. '양치기 소년' 이야기는 이 두 개념을 암기하는 좋은 방법이다.[27] 핵심적으로 이 이야기는 두 가지 실수를 다룬다. 첫 번째 실수—1종 오수—는 늑대가 없는데 소년이 있다고 주장할 때 발생한다. 이것은 정말로 늑대가 있는데 마을 사람들이 없다고 생각하는 두 번째 실수—2종 오류—로 이어진다.

무고한 사람 한 명을 감옥에 보내는 것보다 죄인 10명이 잘못 풀려나는 게 낫다는 블랙스톤 비를 떠올려보자. 형사 사법과 관련해 본질적으로 이 비는 1종 오류의 가능성이 2종 오류의 가능성보다 10배 작아야 한다는 뜻이다. 이와 달리 의학 연구에서는 흔히 4 대 1이라는 비를 사용한다. 1종 오류의 보편적인 확률 임계치는 5퍼센트(피셔 덕분에)이지만, 2종 오류는 20퍼센트다. 효과가 있는 치료법을 놓치고 싶지는 않지만, 효과가 없는 치료법이 효과가 있다는 결론을 내리고 싶지는 않은 것이다.

피셔는 네이만과 피어슨의 비판을 순순히 받아들이지 않고, 두 사람의 방법을 가리켜 "유치하다"라거나 "터무니없이 학구적이다"라고 말했다.[28] 적개심이 너무 강했던 나머지 피셔와 피어슨은 유니버시티 칼리지 런던에서 함께 일할 때 휴게실에서 마주치지 않으려고 서로 다른 시간에 차를 마시기로 합의하기도 했다. 특히 피셔는 자신의 제안대로 이용 가능한 증거의 '유의미성'을 계산하지 않고 두 가설 중에서 결정한다는 생각에 동의하지 않았다. 결정은 최종적이지만, 자신의 유의미성 검정은 잠정적인 견해만을 제공하므로 나중에 개선할 수 있다는 생각이었다. 그럼에도 열린 과학적 정신에 대한 피셔의 호소는 '유의미한' p값의 기준으로 5퍼센트를 사용해야 한다는 고집과 "이 수준에 도달하지 못한 결과는 전적으로 무시하겠다"라는 주장에 따라 다소 힘이 빠지고 말았다.[29]

악다구니 이후에는 수십 년간 애매모호한 시기가 이어지면서 교과서는 점차 피셔의 귀무가설 검정법과 네이만·피어슨의 결정 기반 접근법을 혼용했다. 이런 난잡한 상황을 세 사람은 분명히 끔찍하게 여겼을 것이다. 미적분학과 기하학의 경우 바이어슈트라스와 리만 같은 수학자가 결국 그런 분야의 기반에 관한 합의를 강제할 수 있었지만, 많은 사람은 통계학의 단층선을 그저 무시하고 말았다. 증거를 해석하는 방법에 관한 미묘한 논쟁은 통계학적 추론과 실험 설계에 관한 논의와 함께 학생들이 따라야 하는 일련의 정해진 규칙이 됐다.

주류 과학 연구는 단순한 p값 기준과 가설에 대한 참/거짓 결정에 의존하게 됐다. 이렇게 정해진 틀로 돌아가는 세상에서 실험적 효과는 존재하거나 존재하지 않거나 둘 중 하나였다. 약은 효과가 있거나 없거나였다. 유클리드의 정리와 마찬가지로 '증명된' 과학적 가설은 기정사실로 여겨졌다. 주요 의학 학술지들이 마침내 이런 관습에서 벗어나기 시작한 것은 1980년대에 들어서였다.[30]

역설적으로, 이런 변화의 대부분은 1930년대 초에 네이만이 만든 개념까지 거슬러 올라갈 수 있다.[31] 경제적으로 어려웠던 대공황 시기에 네이만은 국민의 삶에 대한 통계적 통찰이 점점 더 필요해지고 있다는 사실을 알아챘다. 폴란드에 살고 있던 네이만은 가난한 환경과 불안정한 고용의 문제를 직접 체감하고 있었다. 1932년 피어슨에게 보낸 편지에는 이런 내용이 있었다. "도무지 연구를 할 수가 없네. 이 위기와 생존을 위한 투쟁이 내 모든 시간과 에너지를 소모하고 있어."[32]

불행히도, 정부가 이런 문제를 연구하는 데 사용할 수 있는 자원은 제한적이었다. 정치가들은 몇 달, 심지어는 몇 주 안에 결과를 원했고, 종합적인 연구를 할 시간과 비용은 부족했다. 그 결과 통계학자들은 인구 집단의 작은 일부만을 표본으로 삼아 연구할 수밖에 없었다. 하지만 이 표본을 관찰한 결과가 더 많은 대상을 관찰했을 때와 똑같으리라고 얼마나 확신할 수 있을까?

네이만이 개인적으로 고난을 겪긴 했지만, 대공황은 새로운 통계적 아이디어를 발전시킬 수 있는 기회였다. 자녀가 있는 인구의 비율 같은 특정 값을 추정하고 싶다고 해보자. 무작위로 성인 100명을 표본으로 삼았는데, 그중 누구도 자녀가 없다. 이것이 국가 전체에 관해 무엇을 알려줄까? 당연히 누구도 자녀가 없다고 말할 수는 없다. 다른 100명을 표본으로 삼았다면, 그중에는 부모가 있을 수도 있기 때문이다. 따라서 우리의 추정에 관해 얼마나 확신해야 하는지를 측정하는 방법이 필요하다. 여기서 네이만의 혁신이 등장한다. 네이만은 어떤 표본의 '신뢰 구간'을 계산해 우리가 실제 인구의 값이 특정 범위 안에 놓이는 빈도를 어느 정도로 예상해야 하는지 알 수 있음을 보여주었다. 예를 들어 우리가 계속 반복해서 표본을 수집하고 매번 95퍼센트의 신뢰구간을 계산한다면, 그런 구간의 95퍼센트는 진짜 값을 포함해야 한다.

위의 마지막 문장을 한 번 읽어서 이해가 안 되는 사람은 여러분만

이 아니다. 다른 여러 가상의 표본을 수집한다고 상상하며 실체가 있는 현실 데이터를 해석해야 한다는 점을 감안하면 신뢰 구간은 이해하기 까다로운 개념이 될 수 있다. 1종 오류, 2종 오류와 마찬가지로 네이만 의 신뢰 구간은 중요한 문제를 제기한다. 다만 그 방식은 으레 학생과 연구자를 혼란에 빠뜨린다. 오랫동안 나는 "95퍼센트 신뢰 구간은 실 제 값을 포함한다고 우리가 95퍼센트 확신할 수 있는 범위다"처럼 신 뢰 구간에 대한 기묘하고 순환적인 정의를 많이 접했다. 통계학자 더글 러스 커런 에버렛Douglas Curran-Everett의 말에 따르면, "기반이 되는 개 념의 발전을 관찰하지 않았다면 신뢰 구간의 의미를 이해하는 것은 거 의 불가능하다."[33]

이렇게 개념적인 난관이 있어도 연구에서 불확실성을 포착할 측정 법이 있다는 것은 가치가 있다. 보통은—특히 미디어와 정치에서는— 한 가지 평균값에 초점을 맞추고자 하는 유혹을 받게 마련이다. "범위 range는 소나 주게('range'에는 '목장, 방목지'라는 뜻이 있다—옮긴이)." 미국 대 통령 린든 존슨은 한 보좌관에게 이렇게 말했다고 한다.[34] "내게는 수치 를 줘." 단일 수치는 더욱 확실하고 정확해 보일 수 있지만, 궁극적으로 는 착각을 일으키는 결론이다. 그래서 대중에게 공개할 몇몇 역학 분석 결과에서 나와 동료들은 특정 값에 관심이 잘못 쏠리는 일을 피하려고 신뢰 구간만을 보고하기로 결정한 적도 있다.[35]

1980년대 이래로 의학 학술지는 독립적인 참/거짓 주장보다는 신 뢰 구간에 더 초점을 맞췄다. 하지만 오랜 습관은 쉽게 사라지지 않는 다. 신뢰 구간과 p값 사이의 관계는 도움이 되지 않았다. 가령 우리의 귀무가설을 어떤 치료법이 전혀 효과가 없다는 것이라고 해보자. 만약 우리가 추정한 95퍼센트 신뢰 구간이 0을 포함하지 않는다면, p값은 5퍼센트 이하일 것이다. 그리고 피셔의 접근법에 따라 우리는 귀무가설을 기각할 것이다. 그 결과 의학 논문은 흔히 신뢰 구간 자체보다는 그 안에 포함되거나 포함되지 않는 값에 더 관심을 갖는다. 의학계는 피셔에게서 벗어나려고 노력하고 있지만, 피셔가 임의로 설정한 5퍼센트라는 기준은 여전히 영향력이 있다.

역사적으로 통계학자는 특정 결론에 대한 증거의 강도를 추정하고 결과에 편향을 가져올 수 있는 요인을 조정하는 것만큼이나 데이터 자체가 어떻게 생겨났는지에도 관심이 깊었다. 안타깝게도, 그것은 베를린에서 사례 보고서를 추적하거나 휴게실에서 차 실험을 설계하는 것만큼 단순하지 않다. 때로는 가장 관심이 많은 질문일수록 연구하기 어렵다.

아마 여러분은 지금까지 우리가 재닛 레인 클레이폰이 개척한 네 가지 접근법 중 세 가지만 살펴보았다는 사실을 눈치챘을 것이다. 아기의 식이에 관한 연구를 하는 동안 레인 클레이폰은 후향적 코호트 분석을 했으며, 교락을 조정하고, 고셋의 방법을 역학 데이터 세트에 적용했다. 네 번째 혁신은 훗날 레인 클레이폰이 암 연구로 관심을 돌리면서 이루어졌다.

1923년 영국 보건부장관 네빌 체임벌린Neville Chamberlain은 "암의 원인과 유병률, 치료와 관련된 정보를 검토하기 위한" 위원회를 구성했다. 초기에는 유방암에 집중하기로 했고, 레인 클레이폰이 이 분석을 이끌게 됐다.[36] 1912년의 연구가 서로 다른 음식을 먹은 아기들의 건강을 비교했다면, 이번에는 암의 발병에 영향을 끼치는 여러 가지 요인을 찾아야 했다. 암은 장기간에 걸쳐 발생할 수 있기 때문에 적절한 코호트 데이터 세트를 종합하는 것이 어려웠다. 따라서 레인 클레이폰은 런던과 글래스고에서 과거에 암 진단을 받았던 여성 508명과, 같은 병원에서 암이 아닌 질환으로 치료받으며 나이대가 비슷한 '대조군' 여성 환자 509명을 추적해 조사했다.

환자군과 대조군을 비교한 결과, 대조군에 속한 여성이 확연히 더 많은 아이를 낳았다는 사실이 눈에 띄었다. 레인 클레이폰은 교락이 있을 가능성을 알고 있었기에 결혼 기간과 나이를 조정하며 분석을 반복했다. 그래도 평균적으로 암에 걸렸던 여성이 대조군과 비교해 22퍼센트 정도 아이를 적게 낳았다. 이는 낮은 출산율과 높은 발암 위험성 사이에 연관 관계가 있을 가능성을 시사했다.

레인 클레이폰의 보고서는 훗날 '환자군-대조군' 연구로 불리게 될 연구의 첫 번째 사례였다. 레인 클레이폰은 서로 다른 집단을 비교하는 데 그치지 않고 대조군이라는 개념이 연구의 관심사에 따라 얼마나 유연하게 달라질 수 있는지도 보여주었다. 특정 유방에 생긴 과거의 부상이 나중에 유방암 발병과 관련이 있는지를 추측하기 위해 레인 클레이폰은 데이터 세트 안에 있던 암에 걸리지 않은 유방 1,526개를 대조군으로 이용했다. 그 결과 과거 타박상을 입었던 유방의 암 발생 위험이 세 배 크다는 사실을 알아냈다.

레인 클레이폰은 환자가 과거의 사건을 기억할 때 각자 과거를 인식하는 방식에 따라 질문에 대한 답이 달라지는 회상 편향recall bias의 위험이 있음을 알고 있었다. "유방과 인근 조직을 절제할 정도로 심각한 문제를 겪었던 여성은 기억 속에서 원인이 됐을 법한 요인이나 사건을 찾으려는 경향이 있다." 그러나 대조군 역시 환자군과 비슷한 시점까지 과거에 있었던 특정 건강 문제를 기억할 수 있다는 사실을 알아냈고, 이는 이 사례에서 희미한 기억으로 인한 편향의 위험은 제한적임을 의미했다.

인과관계에 관한 한 인간은 설명을 꾸며내는 데 능숙하다. 1949년 미국 국방부는 제2차 세계대전 당시 육군의 생활에 관한 심층 분석을 담은 보고서 『미국 군인』을 발간했다. 이 보고서에는 병사 60만 명의 인터뷰를 바탕으로 한 연구가 담겨 있었다. 병사들의 기분, 소망, 건강 등 모든 측면을 망라하여 조사해 그 상세함의 수준은 전례가 없을 정도였다.

이 연구가 발간되자 컬럼비아대학교의 사회학자 폴 라자스펠드 Paul Lazarsfeld는 이 문서에 관한 리뷰를 작성하며,[37] 대부분의 독자가 당연하다고 느낄 법한 몇 가지 결론을 내세웠다. 예를 들어 시골 출신 병사는 도시 출신 병사보다 군 생활에 더 만족했다. 라자스펠드는 시골 출신의 삶이 더 힘들었을 테니 말이 된다고 말했다. 또한 좋은 교육을 받은 사람이 그렇지 않은 사람보다 더 괴로워했다는 데 주목했다. 이번에도 그리 놀라운 일은 아니었다. 이미 많은 연구자가 지성인의 상대적인 정신적 불안정성에 관해 이야기한 바 있었다. 라자스펠드는 이런 결과가 특별히 놀랍지는 않기 때문에 독자들은 이 분석이 시간 낭비였다고 생각할 수 있다고 말했다. "이렇게 뻔한 내용을 확인하는 데 왜 그렇게 많은 돈과 에너지를 쓰는 걸까?"

하지만 라자스펠드가 나열한 사례는 사실이 아니었다. 각각의 사례는 실제 결과와 정반대였다. 보고서에 따르면 실제로는 도시 출신이 군 생활에 더 만족했고, 지적인 사람들이 정신 건강 문제를 덜 겪었다. 라자스펠드는 독자들이 이런 결론 역시 쉽게 "당연하다"라고 여길 수 있다고 지적했다. 이런 결론에 대해서도 겉보기에 그럴듯해 보이는 설명을 떠올릴 수 있을 게 분명하다는 것이다.

사람들이 세상이 돌아가는 방식을 잘 안다고 생각할 때 때로는 끔찍한 결과가 나올 수 있다. 영아 돌연사 증후군SIDS의 사례를 보자. 이는 아기가 밤사이에 알 수 없는 이유로 예상치 못하게 목숨을 잃는 현상으로, 20세기 들어 주목받기 시작했다.[38] 1940년대에 일부 연구자는 아기를 엎드려서 재우는 게 원인일 수 있다고 주장했지만, 다른 이들은 감염이나 목구멍 막힘 같은 설명을 제시하며 동의하지 않았다. 그 결과 일관적인 지침이 나오지 못했다. 널리 읽히던 한 육아 지침서는 1955년 판에서는 눕혀서 재우라고 조언했다가, 1956년 판에서는 반대로 엎어 재우라고 권장했다. 1958년 판에서 저자는 새로 바꾼 조언의 논리적 근거를 더욱 정교하게 다듬어 아기를 눕혀 재우면 안 되는 이유를 제시했다. "만약 아기가 토하면 토사물에 목이 막힐 가능성이 크다. 또한 머리를 항상 똑같은 쪽으로—보통 방의 한가운데를 향해—돌리고 있게 된다. 그러면 머리 옆쪽이 평평해질 수 있다."

그러나 1965년과 1970년에 두 차례의 환자군 연구를 진행하면서 연구자들은 엎드려 자는 자세가 위험하다는 강력한 증거를 발견했다. 레인 클레이폰의 암 연구와 마찬가지로 연구자들은 단순히 설명을 만들어내는 데 그치지 않고 SIDS의 패턴을 조사했다. 더 많은 연구가 쌓이면서 엎드려 자는 자세의 위험성이 점점 더 분명해지며, 누워 자는 자세보다 몇 배나 위험하다는 사실이 드러났다. 그럼에도 1980년대 후반까지도 여기저기서 엎드려 자는 자세를 권장했다. 마침내 권장 사항이 바뀌면서 영국의 SIDS 발생률은 75퍼센트 이상 줄어들었다.

그 뒤로 환자군-대조군 연구는 꾸준히 위험을 이해하는 핵심적인 도구로 쓰이고 있다. 이런 연구는 시간을 거슬러 올라가며 질병—SIDS나 유방암 같은—이 있는 개개인과 그렇지 않은 개개인을 비교하는 방식으로 이루어진다. 하지만 영아의 식단에 관한 레인 클레이폰의 초기 연구에서 볼 수 있듯이 우리는 시간에 따른 개개인의 변화를 추적할 수도 있다. 레인 클레이폰의 경우 앞서 특정 요인(모유)에 노출된 아기 집단과 그렇지 않은 집단의 건강을 비교했다. 이런 시간의 흐름에 따른 비교는 새로운 치료제의 효과를 검증하고자 할 때 특히 유용하다. 이와 비슷한 접근법은 9세기 페르시아의 의사 아부 바크르 알라지Abu Bakr al-Razi까지 거슬러 올라간다. 다만 그 잠재력을 깨닫기까지는 그 뒤로도 1,000년이나 더 걸렸다.[39]

바그다드에 살았던 알라지는 오늘날 잘 알려진 수막염 증상인 머리와 목의 통증, 밝은 빛에 대한 민감성을 확인하고, 치료법에 관해 고민했다. 이런 증상이 나타날 경우 어떻게 해야 할까? 알라지는 오래된 치료법인 사혈이 효과가 있을지 궁금했다. 그는 공정한 비교를 위해서 사혈 치료를 받은 집단과 그렇지 않은 대조군의 결과를 비교했다. 알라지는 치료를 받은 집단은 모두 회복한 반면 대조군은 모두 수막염에 걸렸다고 주장했다. 안타깝게도 자세한 연구 내용이 남아 있지 않아 알라지가 결과를 어떤 방식으로 집계했는지는 명확하지 않다(현대 의학은 수막염 치료법으로 사혈을 권장하지 않는다).

비록 결론은 의심스럽지만, 알라지의 분석에는 의학에 변화를 불러올 혁신이 담겨 있었다. 질병 치료법의 효과를 측정하기 위해 대조군을 사용한 최초의 기록이었던 것이다. 시간이 흐르며 다른 비교 연구 사례가 등장했다. 1640년대 얀 밥티스타 판 헬몬트Jean-Baptiste van Helmont는 사혈 치료법을 옹호하는 이들에게 엄밀한 검증을 제안했다.[40] 판 헬몬트는 제비를 뽑아 열병 환자가 사혈 치료를 받게 할 것인지 다른 치료를 받게 할 것인지 결정하자고 주장했다. "각자 300플로린씩 낸 뒤 어느 쪽이 장례식을 더 많이 치르는지 비교해 승자에게 상금을 지급하자"라는 제안이었다. 의학에는 아쉽게도, 이 내기는 받아들여지지 않았고, 이런 아이디어는 한 세기 동안 주목을 받지 못했다.

1747년 외과의사 제임스 린드James Lind가 괴혈병을 앓는 선원 12명을 대상으로 서로 다른 괴혈병 '치료법'을 적용했던 유명한 실험을 통해 이 문제가 마침내 다시 수면 위로 떠올랐다.[41] 린드는 환자를 여섯 쌍으로 나누고, 각 쌍에게 바닷물, 사과술, 식초, 감귤류 등 서로 다른 치료법을 적용했다. 그 결과 "오렌지와 레몬을 사용한 방법이 가장 빠르고 눈에 띄는 효과를 보였다." 이후 과학자들은 법률 용어를 빌려 이런 노력을 묘사했다. 1899년 『영국 의학 저널』에 실린 한 논문에 따르면, 어떤 탈장 치료법은 사람에 따라 '지지'받기도 '배척'받기도 했다. 어떤 평결을 내려야 할까? 저자들은 "지난해 이 문제를 공정한 재판에 올리려는 시도가 있었다"라고 썼다.[42] 하지만 전반적으로 '임상 시험clinical trials'은 진전이 느렸다('trial'에는 '재판'이라는 뜻도 있다―옮긴이). 20세기 중반까지도 새로운 치료법에 관한 많은 연구는 여전히 임의적이고 신뢰할 수 없는 비교 방식을 사용했다.

어떤 치료법은 효과가 강하고 빠르기 때문에 우연한 관찰만으로도 올바른 결론을 끌어낼 수 있다. 20세기 초에 당뇨병과 빈혈 치료법으로 인슐린과 비타민 B_{12}를 발견한 사례가 그랬다.[43] 불행히도 치료법의 효과가 약하거나 질병의 양상이 복잡할 때는 그렇게 명확하지 않았다. 누가 어떤 증상을 갖고 어떤 병원에 나타날지, 그리고 어떤 환자가 특정 치료법을 써야 할 정도로 아픈지를 모르기 때문에 신뢰할 만한 비교를 하기가 힘들었다. 따라서 1947년 스트렙토마이신의 결핵 치료 효과를 연구하려고 했던 통계학자 오스틴 브래드퍼드 힐Austin Bradford Hill과 동료들은 다른 방식을 사용하기로 했다.[44]

브래드퍼드 힐에게 결핵은 익숙한 상대였다. 그는 제1차 세계대전 당시 스무 살의 나이로 그리스에서 싸우다가 결핵에 걸려 거의 죽을 뻔했다. 2년 동안 병상에서 앓은 뒤 간신히 회복했지만, 폐 하나는 기능을 잃고 말았다. 브래드퍼드 힐은 의학을 공부하고 싶었지만, 대학에 다닐 정도로 건강하지 못해 원격 수업으로 1922년 런던대학교에서 경제학 학위를 받았다. 직접 출석했던 것은 단 두 번뿐으로, 모두 시험을 볼 때였다. 졸업한 뒤에는 칼 피어슨의 통계학 연구에서 영감을 받아 역학으로 전공을 바꾸었다. 특히 의학 연구에서 신뢰할 수 있는 데이터를 얻는 방법에 흥미가 있었다. 브래드퍼드 힐의 말에 따르면, "우리의 여러 문제는 통계적이다. 그리고 이를 다룰 수 있는 다른 방법은 없다."[45]

한 가지 문제는 임상 시험에서 실험군과 대조군에 환자를 배정하는 방법이었다. 브래드퍼드 힐은 "우리는 치료법을 제외하고 이 두 집단을 비슷하게 만들고 싶다"라고 기록했다. 처음에는 새로운 환자를 대조군과 실험군에 번갈아 배정하는 '교차법'을 선호했다.[46] 이론적으로 환자가 많아질수록 두 집단의 특성은 똑같아질 것이 분명했다. 하지만 이론적으로 환자를 배정하는 것은 쉬울지 몰라도 실제로 그렇게 하기란 훨씬 더 어려웠다. 만약 다음 환자가 치료를 받게 될지 아닐지 알고 있다면, 의사의 행동이 무의식적으로 바뀔 수 있다. 1933년 브래드퍼드 힐은 한 임상 시험에서 비정상적인 정황을 발견하고 영국 의학연구위원회에 알렸다. 연구진이 교차법을 사용했음에도 뚜렷한 차이를 보이는 대조군과 실험군이 만들어진 것이다.

이런 사건을 통해 브래드퍼드 힐은 자신이 연구자의 '개인적 특이성'이라고 부른 요인을 회피해야 할 필요성을 느꼈다.[47] 인간의 선택이 엉뚱할 수 있다는 사실은 너무나 잘 알고 있었다. 브래드퍼드 힐의 어머니가 임신 중이었을 때 부모는 딸을 예상하고 있어서 태어날 때까지 이름을 고르지 않고 있었다. 브래드퍼드 힐의 아버지는 아기 이름 책에서 이름을 고르려 했지만, 앞부분에서 더 나가지 못하고 오스틴으로 정하고 말았다.[48]

그래서 브래드퍼드 힐은 1947년의 결핵 임상 시험에서 인간의 영향력을 없애기 위해 무작위성을 도입했다. 무작위화는 뮤리얼 브리스틀의 차 시음 실험처럼 다음에 무엇이 올지 예측할 수 없게 만들었다. 브래드퍼드 힐은 S(스트렙토마이신)와 C(대조군) 표시를 한 카드를 만들어 무작위로 하나씩 봉투에 넣고 밀봉했다. 아무도 모르게 하는 것이 가장 중요했다. 봉투는 연구에 환자를 등록할 때만 한 번씩 열었다. 분석에 편향이 스며드는 일을 방지하기 위해 환자의 X선 사진을 평가한 방사선과 전문의도 환자가 스트렙토마이신으로 치료받았는지 모르게 했다. 봉투를 만든 방법조차 시험이 진행되는 15개월 동안 기밀 사항이었다.

임상 시험이 끝났을 때 대조군의 환자 52명 중 15명(약 29퍼센트)이 첫 6개월 안에 사망한 반면 스트렙토마이신으로 치료받은 환자는 55명 중 4명(약 7퍼센트)이 사망했다. 즉 실험군의 사망 위험이 약 75퍼센트 감소했다. 연구진은 이것이 "통계적으로 유의미한" 감소라고 결론지으며, "우연히 이렇게 될 확률은 100분의 1보다 작다"라고 밝혔다. 이 연구는 결핵 치료에 관해 새로운 증거를 제공했을 뿐 아니라 의학계 최초의 '무작위 대조 시험' 사례가 됐다. 이 방법은 이후 현대 과학에 변혁을 가져오게 된다.

"정말 암흑기였어요. 암울한 시기였지요." 1970년대 초 주디 구에론Judy Gueron은 미국의 복지 정책에 관한 논의에 점점 더 절망하고 있었다. 경제학 박사 학위를 받은 지 얼마 안 된 구에론은 뉴욕의 인적자원청에서 일하고 있었다. 문제는 복지와 관련된 증거였다. 정확히는 증거가 부족하다는 점이었다. 개혁이 효과가 있는지, 누가 혜택을 받고 있는지가 불분명했다. "연구는 이루어졌고 사람들은 방법론에 관해 논쟁했지만, 지식이 쌓이고 있지는 않았어요"라고 구에론은 말했다.[49]

복지 정책을 평가하기 위해 해결해야 할 과제는 정책이 없을 때 어떤 일이 일어날지를 파악하는 것이다. 사람들은 다양한 이유로 행동을 바꿀 수 있다. 우리가 관찰한 변화가 특정 정책 때문인지 어떻게 알 수 있을까? 앞서 살펴보았듯이, 특정 중재를 받은 집단과 그렇지 않은 대조군을 비교하는 무작위 대조 시험이 한 가지 방법이다. 브래드퍼드 힐과 동료들의 앞선 노력 덕분에 1970년대에 이르면 이런 방법이 의학계에서 널리 쓰이게 됐다. 하지만 정책 분야에서는 잘 몰라서라기보다는 회의적인 시선 때문에 이런 방법을 적용하는 것이 지지부진했다. 구에론은 이렇게 말했다. "무작위 배정에 관해서는 다들 알고 있었습니다. 하지만 사람들은 정치 세계에서 중요한 문제를 다루는 데는 쓸 수 없다고 생각했을 뿐입니다."

그런 상황은 1975년에 변화를 맞이했다. 그해 미혼모와 학교 중퇴자, 과거에 약물중독을 겪은 사람들처럼 전통적으로 취업이 되지 않는 사람들을 대상으로 하는 지원 프로그램의 효과를 조사하는 연구가 시작됐다.[50] 공교롭게도 정책 자문위원 중에 통계학 훈련을 받은 경제학자가 한 명 있어 무작위 접근법을 주장했다. 그 결과로 시작된 무작위 대조 시험은 미국 보건복지부와 이 프로젝트를 관리하기 위해 새로 생긴 조직인 인력 실증 연구법인Manpower Demonstration Research Corporation, MDRC 의 지원을 받았다. 구에론은 MDRC의 초대 연구 책임자였고, 10여 년 뒤에는 법인장이 됐다.

프로그램에 참여한 사람들(실험군) 중에서 학교 중퇴자와 과거에 약물중독을 겪은 사람들은 약 60퍼센트가 취업에 성공했지만, 미혼모의 취업률은 50퍼센트에 다소 미치지 못했다. 이 결과는 얼핏 보면 취업 프로그램이 아이를 돌봐야 하는 사람에게는 효과가 작다는 통념과 일치하는 것으로 보인다. 하지만 여기서 무작위성의 힘이 드러난다. 연구 결과, 대조군의 중퇴자와 과거에 약물중독을 겪은 사람은 비슷한 비율로 취업에 성공했지만, 미혼모는 불과 40퍼센트만 취업했던 것이다. 다시 말해, 프로그램 덕분에 미혼모의 취업률은 거의 10퍼센트 증가했지만, 나머지 집단에 대해서는 그 효과가 제한적이었다.

이 연구는 중요한 선례가 됐다. 복지 정책에 대한 무작위 대조 시험은 이제 이론적인 소망의 대상이 아니었다. 왜 복지 분야에서 이런 진보가 일어났을까? 구에론은 이렇게 밝혔다. "어떤 분야에서든 가능성의 문턱을 넘어야 했습니다. 그게 어쩌다 보니 복지와 취업 복지 프로그램이었던 거지요. 다른 분야였을 수도 있습니다. 교육이나 다른 분야였을 수도 있지요."

그래도 무작위 대조 시험이 취업 지원 프로그램에 정말로 필요했을까? 어쩌면 정책 입안 전후의 수치를 비교하는 등의 기존 분석 방법으로도 똑같은 결론을 얻을 수 있지 않았을까? 다행히 이는 우리가 답할 수 있는 질문이다. 만약 무작위 대조 시험에 참여한 개인의 데이터를 갖고 있다면 모아서 무작위 대조를 하지 않았을 때 나타났을 법한 집단 수준의 데이터 세트를 만들 수 있다. 실제로 이후에 경제학자 로버트 라론드Robert LaLonde가 취업 지원 데이터를 가지고 이를 시도했다.[51] 전통적인 방법으로 프로그램의 효과를 추정하자 종종 크게 빗나가는 결과가 나왔다. 무작위 대조 시험에는 전통적 분석 방법에는 없던 통찰력이 있었던 것이다.

인과관계 추정이 어려운 이유 중 하나는 우리가 수많은 가능성 중 하나만을 관찰할 수 있다는 사실이다. 똑같은 사람을 동시에 대조군과 실험군에 넣는 것은 불가능하다. 하지만 취업 프로그램이나 질병 치료제 같은 특정 요소가 어떤 개인에게 끼치는 효과를 추정하고 싶다면 우리는 '반사실적인' 현실을 추정해야 한다. 그 사람이 프로그램에 참여하지 않았거나 치료를 받지 않은 평행 세계에서는 어떤 일이 일어났을까? 이런 통계학적 문제는 1923년 예지 네이만이 석사 논문에서 처음

개략적으로 다룬 이후 '인과 추론의 근본적 문제'로 불리고 있다.[52]

여기서 또 질문이 생긴다. 무작위 대조 시험은 왜 효과가 있을까? 한 가지 현실만 볼 수 있는 개인을 모아서 이들의 결과를 종합해 어떤 중재가 어떤 효과를 낳았는지 추정할 수 있는 까닭은 어째서일까? 그 답은 무작위화가 수행하는 깔끔한 수학적 역할을 드러낼 뿐만 아니라 그런 시험이 보여주는—그리고 보여주지 못하는—것에 관한 일반적인 오해를 알려준다.

새로운 약물에 대한 임상 시험을 시행하고 대조군과 실험군에 속한 모든 개인의 결과 데이터를 기록한다고 해보자. 대조군은 약을 복용하지 않았기 때문에 그 결과는 생활 습관이나 병력처럼 그 집단에 영향을 끼치는 비치료적인 요인에 따라서만 달라진다. 반대로 실험군의 결과는 그 집단에 영향을 끼치는 비치료적인 요인에 더해 약물의 효과에

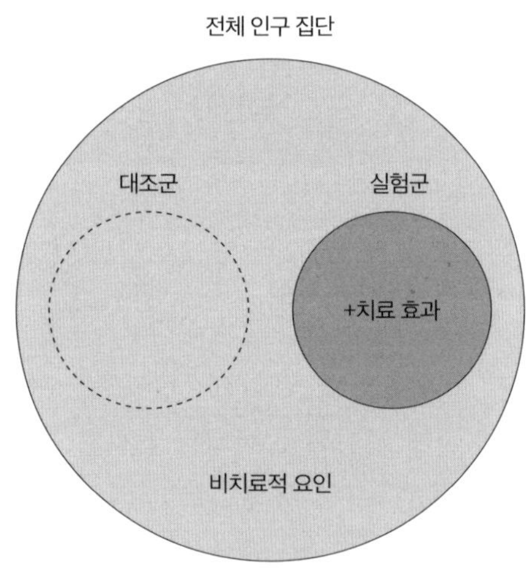

대조군과 실험군 모두 비치료적인 요인의 영향을 받는다.
하지만 실험군의 결과는 치료 효과에 따라서도 달라진다.

따라 달라진다.[53]

여기서 무작위화의 힘을 알 수 있다. 만약 임상 시험 참가자를 정말 무작위로 배정했다면, 대조군에 영향을 끼치는 비치료적인 요인은 실험군에 영향을 끼치는 비치료적인 요인과 영향력이 평균적으로 비슷할 것이다. 따라서 이 둘은 두 집단의 차이를 계산할 때 평균적으로 서로 상쇄되고, 우리가 정말로 관심이 있는 값인 치료 효과만이 남는다. 비록 한 개인에게서는 치료 효과를 관찰할 수 없다고 해도 우리는 무작위화를 이용해 집단 내에서 평균 효과를 추정할 수 있다.

'평균'이라는 단어는 중요하다. 임상 시험을 단 한 번만 한다면, 한 집단에 배정된 사람들이 우연히 다른 집단 사람보다 비치료적인 요인의 영향을 더 받을 수 있다. 이 경우 치료 효과를 제대로 추정할 수 없다. 만약 우리가 수많은 임상 시험을 시행한다면, 그런 우연은 궁극적으로 상쇄되어 사라질 것이다. 하지만 실제로는 보통 단 한 번만 임상 시험을 한다. 그 결과 우리가 관찰한 효과는 여러 차례의 시험을 통해 보게 될 가설적 '진실'과는 다를 수 있다.

이런 미묘한 내용은 무작위 대조 시험을 설명할 때 종종 빠지곤 한다. 예를 들어 미주개발은행과 세계은행은 2016년에 경제 평가 매뉴얼을 발간하면서 무작위 대조 시험에는 그런 편향의 가능성이 없다고 주장했다. "우리가 추정한 효과가 프로그램의 진짜 효과라고 확신할 수 있다. 결과의 차이를 합리적으로 설명할 가능성이 있는 관찰 요인과 미관찰 요인을 모두 제거했기 때문이다."[54]

평균적인 효과에 관한 추정이 옳더라도 그것이 개인 수준에서는 의미 있는 개념이 아닐 수도 있다. 1950년 미국 공군은 비싼 대가를 치르고 이 사실을 배웠다. 당시 조종사에게 더 잘 맞는 비행기 조종석을 설계하는 연구를 수행했는데, 대부분 나이와 체형이 비슷한 조종사 4,000명을 모아 각각의 신체 치수를 수십 번씩 측정했다. 이 데이터 세트를 이용해 키에서 엉덩이둘레에 이르는 다양한 치수를 바탕으로 '평균적인 조종사'에게 맞는 조종석을 설계했는데, 안타깝게도 실제로는 어떤 조종사에게도 딱 맞지 않았다. 평균적인 조종사는 통계학자의 수첩에만 존재했을 뿐이었다. 현실은 그보다 훨씬 더 다양했다.[55]

비록 '진실'을 보장해주지 못한다고 해도 무작위 대조 시험은 시끄럽고 불확실한 이 세상에서 우리가 두 대상의 인과관계를 얼마나 확신할 수 있는지 이해하는 데 도움이 된다. 그 결과 무작위 대조 시험은 의학 외의 분야에서도 점점 널리 쓰이며 연구자들이 다양한 접근법과 정책의 영향을 시험하는 데 도움이 되고 있다. 최근에는 교육 성과와 세계 빈곤 등 다양한 문제에 적용되어 기존의 관념을 뒤엎는 결과를 보여주기도 한다.[56] 골칫거리 아이들이 감옥을 견학하면 향후 범죄 행동이 줄어들까? 10대 소녀에게 육아를 체험하게 하는 인형을 제공하면 청소년 임신이 줄어들까? 충격적인 사건을 겪은 뒤 심리 상담을 한 번 받으면 외상 후 스트레스 장애가 줄어들까? 직관적으로는 세 가지 질문 모두에 대한 답이 '그렇다'라고 생각하기 쉽다. 그러나 무작위 대조 시험에 따르면 이 모든 경우 답은 '아니요'다. 감옥 견학 후 범죄 행동은 늘어났고, 인형을 받으면 임신율이 높아졌으며, 한 번뿐인 심리 상담은 외상 후 스트레스 장애의 위험을 높였다.[57]

실생활 상황에서 무작위 대조 시험이 늘어나고 있지만, 가장 자주 쓰이는 분야는 온라인이다. 사용자를 무작위로 나누고 웹페이지의 외형과 같은 요소를 바꾸기 비교적 쉽기 때문에 기업은 A옵션이 B옵션보다 효과가 좋은지 아닌지 쉽게 파악할 수 있다. 이런 소위 'A/B 테스트'는 이제 온라인 비즈니스의 진화에 핵심적인 부분이 됐다. 부킹닷컴의 디자인 디렉터 스튜어트 프리스비Stuart Frisby는 2017년 이렇게 말했다. "우리는 상상할 수 있는 모든 것을 테스트합니다. 그리고 만약 테스트할 수 없는 일이라면, 우리는 아마 하지 않을 겁니다." 프리스비는 A/B 테스트가 '윗분의 뜻'대로 하지 않을 수 있게 해주었다는 점도 지적했다. 많은 기업처럼 '윗분의 뜻'을 따르는 대신 가설을 실험해볼 수 있게 된 것이다.[58]

만약 여러분이 이 책을 온라인으로 구매했다면, 검색에서 결제에 이르는 과정에서 방문한 웹사이트에서 여러 차례 A/B 실험의 대상이 됐을 가능성이 크다. 그러나 현실 세계에서 무작위 대조 시험을 시행하는 것은 쉽지도 저렴하지도 않다. 그래서 모든 정책을 이 방식으로 평가해볼 수는 없다. 주디 구에론은 "모든 것에 대해 실험할 수는 없습니다"라고 말했다.[59]

데이터 분석이 시작된 이래로 데이터를 만드는 데 필요한 노력에 관한 의문은 항상 있었다. 20세기 들어 통계학이 현대적인 형태로 발전하면서 효율성이라는 문제는 철학적 충돌을 일으켰다. 논쟁의 한편에는 기네스에서 일했던 윌리엄 고셋이 있었다. 고셋은 가용한 자원을 최대한 이용해 결과를 도출할 수 있는 데이터 분석을 하는 데 관심이 있었다. 고셋이 합류한 뒤 15년 동안 기네스는 1년에 8억 파인트를 생산하는 규모로 성장했다.[60] 고셋에 따르면, 연구자들은 "새로운 방법을 도입하면서 늘어나는 비용, 그리고 만약 있다면, 각각의 실험 비용과 비교해서 실험의 결과를 따름으로써 얻는 이익"에 따라 서로 다른 수준의 확실성을 요구해야 한다.

고셋의 관점은 로널드 피셔 같은 통계학자들의 학문적 견해와 달랐다. 피셔에 따르면, 과학은 행동 근거를 제공하려고 있는 게 아니었다. 피셔는 이렇게 주장했다. "사실 과학 연구의 목적은 특정 조직의 이익을 극대화하는 게 아니다. 그보다는 믿음의 행동으로 공공의 지식을 넓히기 위한 시도다." 뮤리얼 브리스틀의 차 시음에서 서로 다른 작물의 재배 시험에 이르기까지 피셔는 신뢰할 수 있는 지식을 제공하는 통계 규칙에 관심이 있었다.

피셔의 연구는 대부분 그 중심에 무작위화라는 개념이 있었다. 앞서 살펴보았듯이 이 방법은 우리가 어떤 중재의 효과와 다른 잠재적 설명을 분리하는 데 도움이 된다. 고셋도 차 시음 실험과 같은 연구에서는 순서를 감추는 것이 중요하다고 동의했다. "어떤 감각도 편향의 영향이 없다고 신뢰할 수 없기 때문"이었다.[61]

그러나 고셋은 무작위화가 항상 효과를 추정하는 최적의 방법이라는 데는 동의하지 않았다. 예를 들어 기네스의 작물 연구에서 밭의 어느 부분은 다른 부분보다 토양의 질이 좋을 수 있었다. 서로 다른 씨앗을 무작위로 배열해 심는다면, 어떤 씨앗 한 종류가 모두 좋은 토양이나 나쁜 토양에 오는 일이 생겨 결과를 망칠 수도 있었다. 이상적으로는 통계학자들이 이런 문제를 미리 확인하고, 성질이 비슷한 구역 안에서 무작위로 위치를 선택해야 한다. 하지만 세상은 복잡하고 연구자는 오류를 범할 수 있어 이런 이상에 도달하기는 어렵다. 한 번은 누군가 피셔에게 무작위 배정을 마친 상태에서 결과에 편향을 가져올 수 있는,

구역을 선택할 당시 고려하지 않았던 중대한 불균형을 발견하면 어떻게 하겠냐고 물었다. 피셔는 "실험을 아직 시작하지 않은 상태라면, 당연히 무작위화를 다시 하겠다"라고 대답했다.[62]

무작위 선택을 '조정'해야 하는 문제는 고셋을 거슬리게 했다.[63] 고셋은 1930년에 스코틀랜드 래나크셔에서 우유 섭취가 학생의 성장에 끼치는 영향을 연구하기 위해 시행한 실험을 예로 들었다. 4개월 동안 어린이 5,000명은 생우유를 받았고, 5,000명은 멸균 우유를 받았으며, 대조군 1만 명은 우유를 받지 않았다. 결과를 정리한 연구 팀은 대조군이 키와 몸무게 모두 더 나은 결과를 보였다는 데 놀랐다. 하지만 문제가 있었다. 대조군이 처음부터 더 키가 크고 몸무게가 많이 나갔던 것이다. 원래는 어린이들을 무작위적으로 '우유'군과 '대조'군에 배정할 계획이었지만, 당시 건강 상태에 따라 집단 간의 불균형이 도드라지면 바꿀 수 있게 되어 있었다. 이렇게 아이들을 교체할 때 교사들은—아마도 무의식적으로—아무래도 영양이 부족해 보이는 아이를 '우유'군에 넣는 경향이 있었다.

래나크셔 우유 연구에서 고셋이 개선할 수 있다고 생각한 것은 무작위화뿐만이 아니었다. 고셋은 이 연구가 아주 비효율적이었다고 주장했다. 어린이 2만 명을 모집하고 추적하는 데는 약 7,500파운드(오늘날 62만 5,000파운드, 한화로는 약 11억 8,000만 원—옮긴이)가 들었다. 고셋은 그 2만 명 안에 약 50쌍의 일란성 쌍둥이가 있다고 추정했다. 일란성 쌍둥이는 유전자가 똑같으며, 가정환경도 동일했다. 다시 말해, 쌍둥이끼리 비교하면 무작위로 두 아이를 비교하는 일을 어렵게 만드는 교락 요인을 대부분 회피할 수 있다는 소리였다. 쌍둥이 중 무작위로 한 명을

뽑아 우유를 주고, 다른 아이를 대조군으로 활용하면 된다.[64]

고셋은 쌍둥이 연구에는 몇 가지 특유의 어려움이 있다는 사실을 인정했다. "두 아이를 구분할 수 있는 모종의 방법이 필요하고, 말썽꾸러기들이 장난을 칠 수도 있다." 하지만 전반적으로는 "1~2퍼센트의 지출만으로 훨씬 더 정확한 결과를 얻는 게 가능하다"라고 추정했다. 이후 쌍둥이 연구는 점점 더 널리 쓰이기 시작했다. 오늘날 많은 국가에서는 연구자들이 자원자를 더 쉽게 모집할 수 있도록 특별한 쌍둥이 데이터베이스를 보유하고 있다.

효율성은 고셋이 끊임없이 고심하던 주제였다. 값비싼 실험 데이터가 엄밀하게 따져 '유의미'하지 않을 때도 무시하기를 꺼렸다. 한 번은 13퍼센트라는 p값을 "꽤 적당하다"라고 표현했다.[65] 이로 인해 고셋은 5퍼센트라는 p값의 기준을 대중화했으며 "이 기준에 도달하지 못한 결과는 모두 무시"하는 피셔와 대립하게 됐다. 20세기에는 피셔의 관점이 지배적이었지만, 고셋의 견해는 이후에 부활했다. 2019년 800명 이상의 학자가 p값에 대한 일반적인 태도에 한탄하는 주목할 만한 논문에 서명했다.[66] 이들은 결과를 '유의미함'과 '유의미하지 않음'으로 단순하게 분류하거나, 더 나쁘게는 '유의미하지 않은' 결과를 아무 일도 없다는 증거로 취급하는 것이 오해를 불러일으킨다고 주장했다.

고정된 임계치에 대한 피셔의 관점은 영국의 법체계에서 발전한 관점과 비슷했다. 예를 들어 민사 사건에서는 사건의 정확한 성격과 무관하게 언제나 '개연성의 균형'에 따라 판결을 내린다. "혐의의 심각성이나 결과의 심각성은 사실을 결정할 때 적용하는 증명의 기준에 어떤 차이도 만들어서는 안 된다." 영국 대법원 판사 브렌다 헤일Brenda Hale

은 이렇게 표현한 바 있다.[67]

이와 달리 의학은 종종 고셋과 더 일치하는 접근법을 택한다. 오스틴 브래드퍼드 힐은 의학에서 "우리의 목적은 보통 행동을 취하는 것이다"라고 밝혔다.[68] 예를 들어 건강에 해로운 어떤 요인이 있다는 증거가 있다면, 그로 인해 조치를 취할 기회가 생긴다. 브래드퍼드 힐은 이런 관점이 "거의 필연적으로 우리가 유죄 판결을 내리기 전에 서로 다른 기준을 도입하게 만든다"라고 지적했다. 가령 특정 입덧약이 안전하지 않다는 증거가 조금만 있어도 약의 사용을 중지하는 편이 적절하다고 주장했다. 하지만 즐기는 음식이나 흡연 습관을 중단하게 하는 것처럼 사람들의 삶에 더 극적인 효과를 가져오는 행동에 대해서는 증거의 기준이 더 높아야 한다고 주장했다.

몇 세기에 걸쳐 의학적 증거를 행동으로 전환할 때는 대체로 고셋이 선호한 경제적 관점을 따른 결정을 내렸다. 감귤류 과일이 선원들의 괴혈병 예방에 도움이 된다는 사실이 드러난 뒤에도 제임스 린드는 그것을 치료제로 권장하는 데 어려움을 겪었다. 오렌지와 레몬의 가격 때문이었다. 영국 해군은 수십 년이 지나서야 감귤류 주스를 식이 보충제로 도입했다. 그 뒤로 '보건 경제학' 분야는 크게 발전했지만, 현대의 정부는 여전히 어떤 행동의 이익과 비용을 저울질해야 한다.

고셋은 통계적 유의미성에 관한 학문적 초점을 싫어했으며, 그 개념이 "그 자체로는 거의 가치가 없다"라고 주장했다. 중요한 것은 어떤 행동을 취하느냐와 그 바탕이 되는 증거를 우리가 얼마나 확신하느냐였다. 그리고 긴급하게 행동해야 하는 상황에서 그것을 알아내는 과정은 시간과의 싸움이 될 수 있다.

2015년 초 서아프리카에서 좋은 소식이 들려왔다. 거의 1만 명의 목숨을 앗아간 에볼라 팬데믹이 마침내 감소세에 접어들었다. 그러나 그것은 보건 당국에 과제를 안겨주기도 했다. 전염병이 사그라지면서 새로 개발한 백신이 효과가 있는지 알아낼 기회 역시 줄어든 것이다. 감염자가 거의 없다면 백신을 맞은 사람과 맞지 않은 사람이 처할 위험을 어떻게 신뢰성 있게 비교할 수 있을까?

전염병이 유행하는 동안 동료들과 나는 지역별 대응을 지원하기 위해 여러 지역에서 에볼라 전염 패턴을 분석하고 있었다. 그 결과는 백신 임상 시험에 좋은 징조가 아니었다. 우리는 표준적인 무작위 대조 시험을 2015년 중반에 시작해 광범위한 인구 집단에서 10만 명을 참가시킨다면, 매우 효과 좋은 백신조차 그 효과를 올바르게 확인할 확률이 10퍼센트 미만이라고 추정했다. 우리 예측에 따르면, 전염병은 백신 접종군과 대조군의 감염률을 의미 있게 비교할 수 있을 정도로 오래 이어질 수 없었다.[69]

특정 효과를 감지하려면 연구의 규모가 충분히 커야 한다는 생각은 다름 아닌 윌리엄 고셋에게서 비롯했다. 1926년 고셋은 이건 피어슨에게 보낸 편지에서 작은 표본 크기에 관해 지나가듯이 말한 적이 있다.[70] 피어슨과 네이만은 이후 여기에서 영감을 받아 '검정력'이라는 개념을 개척했다. 만약 어떤 효과가 정말로 있다면, 연구로 알아낼 가능성은 얼마일까? 예를 들어 어떤 백신이 90퍼센트처럼 일정한 효과가 있다면, 거짓 음성인 결과가 나오지 않을 연구를 설계할 수 있을까?

만약 어떤 연구가 진짜 효과를—어떤 백신이 사람들을 보호하는 데 뛰어나다거나—놓칠 가능성이 있다면, 통계학자는 그 분석이 "검정력이 약하다"라고 말할 것이다. 전통적으로 연구자들은 진짜 효과를 감지할 가능성이 적어도 80퍼센트가 될 수 있을 정도의 규모로 연구를 설계한다. 즉 2종 오류가 20퍼센트 미만이라는 뜻이다.

그렇다면 왜 더 가능성을 높이지 않을까? 검정력을 조금 더 높이려면 보통 연구의 규모가 몇 배로 커져야 하므로 비용이 더 많이 든다. 따라서 진짜 효과를 찾을 확률이 95퍼센트인 연구 하나보다는 '검정력이 80퍼센트'인 연구를 여러 번 하는 게 비용 측면에서 더 효율적일 수있다.

하지만 검정력이 너무 낮아지면, 임상 시험을 하는 이점이 사라질 수 있다. 2015년 초까지 검정력이라는 망령은 이미 몇몇 에볼라 연구를 좌초시켰다. 백신과 치료제에 관한 11건의 임상 시험이 확실한 결론을 내지 못했는데, 이익이 예상보다 작았거나 애초에 중재를 평가할 수 있을 정도로 에볼라 전파가 충분하지 않았기 때문이었다.[71] 만약 2015년에 에볼라 백신을 성공적으로 시험하려면 새로운 접근법이 필요했다. 혹은 새로운 접근법에 변화를 가했어야 했다.

35년 전 마지막으로 천연두가 발병하던 몇몇 국가에서 집중적으로 통제하려고 노력한 끝에 마침내 천연두를 박멸할 수 있었다. 전염의 마지막 불씨를 꺼뜨리기 위해 세계보건기구WHO는 '포위 접종' 방법을 사용했다. 새로운 환자를 확인하면, 환자의 주변인에게 선제적으로 백신을 접종해 추가 전염을 막았다. 백신으로 천연두의 발발을 추적하는 것이 가능했던 이유는 전염이 일어나는 곳에 노력을 집중했기 때문이다. 에볼라가 줄어드는 상황에서 백신의 효과를 시험하려 한다면 바로 그렇게 해야 했다.

2015년 4월 1일 기니에서 머크Merck 사에서 만든 단일 접종 백신을 시험하기 위한 '에볼라, 이제 그만' 임상 시험에 첫 번째 참가자가 등록됐다. WHO의 역학자 아나 마리아 헤나오-레스트레포Ana Maria Henao-Restrepo가 이끈 임상 시험은 개인이 아닌 사람들의 '고리'를 무작위화했다. 새로 에볼라 발병을 확인할 때마다 절반은 최초 환자의 주변인과 주변인의 주변인에게 곧바로 백신을 접종했다. 나머지 절반인 대조군은 3주 뒤에 백신을 접종했다.[72]

2015년 7월까지 96개 고리에서 7,600명 이상의 참가자가 모였다. 이 중 약 절반은 곧바로 백신을 맞았으며, 나머지는 뒤늦게 맞았다. 무작위로 백신을 놓았으면 불분명한 결론이 나왔을 표준 임상 시험과 달리 이 시험은 백신의 효과를 확인할 수 있을 정도로 검정력이 충분했다. 머크의 백신은 95퍼센트 신뢰 구간에 따라 수혜자의 70~100퍼센트를 에볼라로부터 보호했다는 결론이 나왔다.

에볼라 무작위 대조 시험은 포위 접종법을 사용했을 뿐 아니라 대조군이 위약을 받은 것이 아니라 단지 늦게 백신을 접종받았다는 점에서 이례적이었다. 전염병을 추적하기 위한 포위 접종과 달리 이런 선택은 역학적인 관점에서 이루어지지 않았다. 임상 시험에서 일어날 수 있는 임상적 관점과 과학적 관점의 잠재적인 갈등에서 비롯했다. 생명윤리학자 로버트 트루오그Robert Truog는 이렇게 밝힌 바 있다.[73] "임상의 역할을 하는 의사의 최우선 순위는 개별 환자의 복지다. 이와 달리 과학 연구자는 미래의 환자가 혜택을 받을 수 있도록 의학 지식을 얻는 데 초점을 두고 있다."

이 딜레마를 해결하는 한 가지 방법은 중재가 효과가 있는지 없는지 정말로 확신할 수 없을 때만 무작위 대조 시험을 시행하는 것이다. 이런 균형 잡힌 불확실성 상태를 윤리학자들은 '개인적 평형'이라고 부른다. 하지만 트루오그는 이 기준이 보통 너무 엄격하다고 지적했다. 유용한 것을 검증한다는 믿음이 조금도 없다면 왜 과학자들이 임상 시험을 설계하고 시험하는 데 공을 들이겠는가? 1980년대부터 연구자들은 '임상적 평형'에 근거해 연구를 판단했다. 만약 더욱 폭넓은 의학계에서 중재가 효과적인지 결정하지 못한다면, 임상 시험을 시행하는 편이 윤리적이다. 예를 들어 누워서 자는 자세가 영아 돌연사 증후군을 줄이는지에 관한 무작위 대조 시험은 없었다. 이미 환자군-대조군 연구를 바탕으로 한 의료계의 합의가 있었기 때문이다.[74] 임상적 평형이 없으므로 임상 시험은 윤리적이지 않은 것으로 간주한다.

이것이 '에볼라, 이제 그만' 시험이 일부에 대해 백신을 늦게 접종한 이유다. 실험실에서 수행한 초기 백신 연구가 전망이 좋아 보였고 에볼라 환자의 70퍼센트가 사망했기 때문에 WHO는 위약만 제공하는 것은 윤리적이지 않으리라고 결정했다.[75] 물류 문제도 있었다. 같은 고리 안에서 무작위로 사람을 나눠 일부에게는 곧바로 백신을 접종하고 다른 이들을 기다리게 한다면 극단적인 분열이 일어날 수 있었다. 많은 지역사회는 참여를 거부하고 말았을 수도 있다. 그래서 연구진은 고리 자체를 무작위로 나누어 '즉시 접종' 고리든 '지연' 고리든 같은 고리에 속한 모두가 서로 똑같은 경험을 하게 했다.

무작위 대조 시험으로 새로운 중재를 시험하는 연구자들의 능력은 극적으로 높아졌다. 하지만 에볼라 유행과 같은 상황은 연구자가 과학적 증거를 어디까지 추구해야 하는지에 관한 어려운 문제를 불러일으키기도 했다. 유용한 연구를 하려면 사람들에게 중요한 문제에 집중해야 한다. 그리고 어떤 것이 우리에게 중요하다면, 그것이 실험에 종속되는 것을 보는 우리는 불편할 수 있다. 주디 구에론은 자신의 복지 연구가 때때로 이런 이유에서 강력한 반대에 직면했다는 사실을 발견했다. 구에론은 이렇게 말했다.[76] "우리는 나치라는 힐난을 들었습니다." 그러나 구에론은 만약 정부가 효과를 모르는 상태로 정책을 펼친다면, 역시 윤리적 문제가 발생한다고 지적했다. 본질적으로 그들은 비용이 많이 들지만, 미래의 정책 입안자에게는 그다지 통찰을 제공하지 못하는 실험을 하고 있는 것이다.

구에론은 무작위 대조 시험을 받아들일 수 없는 삶의 영역이 일부 있다는 사실을 인정한다. "사회복지 프로그램 연구에 무작위 배정을 할 수는 없습니다. 의료보험을 제공하지 않거나, 사회보장을 제공하지 않을 수는 없지요. 사회보장의 효과를 알 수 없다는 사실을 받아들일 수밖에 없습니다." 그러나 정책을 실행할 자원에 제약이 있다면, 무작위 대조 시험을 받아들이는 게 더 쉬워질 수 있다. 구에론은 이렇게 회상했다. "우리는 레이건 정부 이후로 프로그램 예산이 없었습니다. 따라서 일단 정부가 하는 일을 받아들이고, 모두에게 혜택을 줄 만큼 예산이 충분하지 않으니 복권을 이용해서 사람들을 끌어들인 후 무작위 배정 연구로 바꾸는 게 어떠냐고 설득해야 했습니다."

의학계 최초의 무작위 대조 시험에서도 비슷한 논리를 볼 수 있었다. 1947년 스트렙토마이신의 결핵 치료 효과를 연구하기 시작했을 때 브래드퍼드 힐과 동료들은 이미 치료제가 아주 효과적임을 시사하는 동물실험 데이터와 몇몇 유망한 초기 인체 시험 데이터를 본 상태였다.

따라서 "절망적일 정도로 상태가 안 좋은 환자에게 약을 주지 않는 건 윤리적 측면에서 불가능했을 것"이라고 주장했다.

물론 그것은 애초에 모든 환자를 치료할 만큼 스트렙토마이신이 충분히 있을 때의 이야기였다. 공교롭게도 정확히 그들은 이런 상황에 처해 있었다. 전후 영국의 스트렙토마이신 보유량과 구매에 필요한 실물 달러가 부족했다. 같은 해 후반에 조지 오웰George Orwell이 결핵에 걸렸을 때 약을 구할 수 있었던 것은 미국에서 책이 팔려 달러를 구할 수 있었기 때문이었다.[77] 어차피 많은 환자가 치료제를 복용할 수 없었기 때문에 브래드퍼드 힐은 무작위로 약을 제공하고 연구자가 그 효과를 더 자세히 연구해 미래의 환자를 돕는 것이 가장 윤리적이라고 결론지었다.

구하기 어려웠던 스트렙토마이신에 관해서는 이와 같은 윤리적 선택을 내릴 수 있었지만, 치료제가 있는 상황에서는 어떨까? 이런 딜레마에 직면했을 때 우리가 무작위 대조 시험을 아예 피해야 하는 경우가 있을까? 이는 위중한, 특히 의사들이 다른 선택의 여지가 없는 질병을 다룰 때 점점 더 많이 제기하게 될 질문이다.

1975년 4월 29일, 캘리포니아 오렌지카운티 메디컬 센터에서 에스페란자Esperanza라는 이름의 여자아이가 태어났다. 출산은 순조롭게 이루어진 것 같았지만, 곧 아기에게 호흡 문제가 있다는 사실이 분명해졌다. 아기의 몸이 태아 상태로 되돌아가며, 혈류가 폐를 우회해 산소 농도가 점점 떨어지고 있었다. 혈액순환을 개선하려고 했지만, 의사들은 아기가 살 수 없다는 결론을 내렸다. 미국에 불법 체류 중인 멕시코인이었던 에스페란자의 어머니는 예후를 듣고서는 당국의 적발이 두려워 병원을 떠났다. 그러나 병원을 떠나기 전 새로운 실험적 치료를 시도하는 데 동의했다.[78]

1960년대에 보스턴 어린이병원의 외과의사 로버트 바틀릿Robert Bartlett과 동료들은 '체외막산소공급' 또는 줄여서 에크모ECMO라고 불리는 기술을 개발했다. 에크모는 환자의 폐 역할을 효과적으로 수행한다. 폐정맥에서 나온 혈액이 기계로 들어가 산소를 공급받은 뒤 다시 폐동맥으로 들어가는 방식이다. 바틀릿의 연구진은 오랫동안 이 기술을 정교화했으며, 바틀릿이 UC어바인으로 자리를 옮긴 뒤에도 연구를 계속했다. 때마침 에스페란자는 바틀릿이 근무하던 병원, 즉 에크모를 이용할 수 있는 세계에서 몇 안 되는 병원에 있었다.

스페인어로 '희망'을 뜻하는 에스페란자는 에크모를 이용해 여러 날을 보냈다. 에스페란자의 폐는 서서히 작동하기 시작했고, 기계를 대신해나갔다. 이후 동맥으로 들어가는 산소와 비교해 들어오는 전체 산소의 비율을 계산한 '산소화 지수'를 이용해 호흡부전을 측정하는 방법은 보편화됐다. 에크모 치료를 하지 않으면 산소화 지수가 20인 환자는 사망할 확률이 50퍼센트이고, 산소화 지수가 40인 경우 사망 확률이 80퍼센트다. 나중에 출생 후 에스페란자의 산소화 지수를 계산한 결과는 140 이상이었다. 가망 없이 보이는 상황이 의학의 성공 사례로 바뀐 것이다.

이후 10여 년 동안 에크모는 다른 출생 후 응급 상황에서도 쓰였다.[79] 1988년까지 신생아 중환자 700명이 에크모로 치료를 받았고, 82퍼센트가 생존했다. 기존 치료법을 이용했을 경우 예상할 수 있었던 생존

율인 20퍼센트보다 훨씬 더 높았다.[80] 상황이 크게 나아진 것처럼 보이지만, 그 차이를 만든 미지의 원인이 또 있었을까? 바틀릿은 이렇게 회상했다. "1980년대 중반까지는 여전히 매우 의심스러운 눈초리로 보고 있었습니다."[81] 1970년대 후반 에크모를 처음 적용한 의료기관을 포함한 성인 대상의 무작위 대조 시험에서 대조군과 에크모를 사용한 환자군 모두 90퍼센트의 사망 위험을 보였다는 사실도 한몫했다.

바틀릿은 설득력 있는 증거가 없다면, 이 치료법이 신생아에게 가치가 있을 수 있다고 동료들을 설득하는 일이 어려우리라는 사실을 알고 있었다. 그는 이렇게 말했다. "우리는 그 기술을 신생아 호흡부전에 시험해보기 위해 일종의 비교 연구가 필요하다고 생각했습니다. 가능하면 무작위 시험이 좋았지요. 문제는 우리가 그게 매우 효과적일 거라는 사실을 알고 있었다는 점이었습니다. 사망률이 80퍼센트 정도인 환자군에서 80퍼센트의 생존율을 보였으니 우리는 윤리적 딜레마에 직면했지요."

이 딜레마를 해소하기 위해 그들은 '승자 선택 모델'이라는 적응형 접근법을 채택했다. 주머니 안에 하나는 '대조군', 하나는 '에크모'라고 쓰인 공 두 개를 넣는다고 하자. 무작위로 공 하나를 뽑아 첫 번째 환자를 그 집단에 배치한다. 실제 임상 시험에서 첫 번째로 뽑는 공은 공교롭게도 '에크모' 공이었다. 그 뒤 공을 다시 주머니 안에 집어넣는다. 만약 환자가 생존한다면(실제로 그랬다), 그에 맞는 공(이 경우 에크모 공)을 추가로 주머니 안에 넣는다. 그렇지 않으면 다른 공을 추가한다. 이렇게 하면 여전히 환자를 무작위로 배정하지만, 배정은 에크모의 효과에 따라 달라진다. 에크모가 더 효과적일수록 미래의 환자가 에크모군에 배정될 가능성이 더 커진다. 정말로 생명을 구할 수 있는 치료를 놓치는 환자가 줄어든다는 뜻이다. 그들은 "대부분의 에크모 환자가 생존하고 대부분의 대조군 환자는 사망한다"라고 예상했다.

임상 시험의 두 번째 환자는 무작위로 대조군에 배정받았고, 이후 사망했다. 따라서 에크모 공 하나를 더 추가했다. 결국 그다음 환자 10명은 모두 무작위로 에크모군에 배정받을 가능성이 점점 더 커진다. 이들은 모두 생존했다. 비록 소수였지만, 대조군보다 에크모군의 생존율이 더 높다는 압도적인 통계적 증거였다. 그러나 의학계는 여전히 확신하지 못했다. 표준적인 방식으로 환자를 무작위 배정하지 않았기 때문에 특히 더 그랬다. 바틀릿은 이렇게 말했다. "당시에는 아주 논란이 컸습니다."

'승자 선택' 임상 시험을 둘러싼 논쟁을 감안해 몇 년 뒤 하버드대학교의 한 연구진이 또 다른 에크모 시험을 시작했다. 마찬가지로 환자를 무작위로 배정했지만, 이번에는 50 대 50의 확률로 대조군 또는 치료군에 들어갔다. 그러나 연구진은 관련된 사망 위험을 인식하고 있었기에 '중단 규칙'을 도입했다. 대조군에서 환자 네 명이 사망하면, 무작위화를 중단하고 이후로는 모든 환자가 에크모 치료를 받게 한다는 것이었다. 시험이 시작되자 아기 아홉 명이 에크모 치료에 배정받았고, 모두 생존했다. 그리고 대조군에 배정받은 아기 10명 중에서는 네 명이 사망했다. 따라서 이후에는 20명이 모두 에크모 치료를 받았고, 19명이 생존했다.

전체적으로 에크모 치료를 받은 아기의 97퍼센트가 생존했지만, 정통 무작위 대조 시험에서는 중단 규칙을 발동하기 전까지 등록한 아기만 분석할 수 있었다. 그 결과 에크모의 p값은 5.4퍼센트로 '유의미한' 이익을 규정하는 전통적인 임계치에 미치지 못했다. 결국 이번에도 더 많은 연구가 필요하다는 결론에 머물렀다. 더 많은 임상 시험이—대조군의 사망률이 너무 높아 조기에 끝난 하나를 포함해—이루어진 뒤에야 무작위 대조 시험 증거가 충분히 쌓였고, 마침내 에크모는 널리 쓰이는 치료법이 됐다.[82]

이 경험은 치명적인 질병, 특히 재빨리 처치해야 하는 질병에 대한 최후의 수단으로 무작위 대조 시험을 사용하는 데 대한 바틀릿의 우려를 더욱 강하게 만들었다. "에크모의 장점 중 하나는 낙하산과 같은 역할을 한다는 겁니다."[83] 바틀릿은 이렇게 말했다. "모든 게 실패했고, 모든 게 실패했을 때 어떤 결과가 나오는지 알고 있을 때 바로 우리 곁에 있습니다." 그 결과 무작위 대조 시험으로 기존 치료법과 비교하는 것은 사실상 의미가 없다. 병원에 중환자실을 두는 게 좋은 생각인지 아닌지 평가하는 무작위 대조 시험이 없었던 것도 같은 이유에서다.[84] 따라서 바틀릿은 '매칭' 접근법을 이용해 위험을 평가하는 방식을 선호한다. 후향적 코호트 연구를 확인한 뒤 나이와 성별, 진단명, 질병의 중증도와 같은 기준에 따라 에크모 치료를 받은 사람과 받지 않은 사람을 '매칭'하는 것이다. 이런 접근법은 심장병과 같은 치명적인 질병 치료를 이해하는 데 큰 도움이 되고 있다.

무작위 대조 시험은 어떻게 1947년의 귀중한 의학적 혁신에서 연구를 방해하는 확고한—그리고 때로는 부적절한—장벽으로 변했을까? 오늘날 대체로 볼 수 있는 태도는 건강검진을 더욱 유용하게 만들 방법을 논의하기 위해 캐나다에서 특별조사위원회가 모였던 1979년으로 거슬러 올라갈 수 있다.[85] 위원회는 권고안을 정리하면서 건강 중재의 효과에 대한 여러 유형의 증거를 순위로 나타냈다. 이런 순위는 이후 '증거의 위계'로 불리게 됐다. 캐나다에서 만든 위계의 꼭대기에는 위원회가 가장 신뢰할 수 있다고 생각한 형태의 증거가 있었다. 바로 적절하게 수행한 무작위 대조 시험이었다. 그 아래에는 잘 설계한 사례군-대조군 연구와 코호트 연구가 있었다. 그다음으로는 때와 장소는 달라도 특정 중개가 있을 때와 없을 때를 비교하는 연구가 있었고, 위계의 가장 아래층에는 임상 경험에 기반한 의견이 있었다.

시간이 지나며 이 위계는 깔끔한 피라미드 모양의 범주로 변모했다. 순서는 캐나다의 위계를 따랐지만, 몇몇 범주가 피라미드 위에 새로 생겼다. 무작위 대조 시험 위에는 여러 무작위 대조 시험의 결과를 비교하며 함께 분석하는 '체계적 문헌 고찰'과 '메타 분석'이 있었다.[86]

이집트의 파라오가 내세로 가기 위해 피라미드를 지었다면, 연구자들은 증거의 피라미드를 오르며 진실에 더 가까워지기를 희망했다. 일시적인 정당화에서 '근거중심의학'으로의 변신은 마침내 임상의 여러 가지 오랜 습관을 대체하며 치료 방법을 개선했다. 전통적으로 누워서 쉬기를 권했던 요통을 예로 들어보자. 1997년의 체계적 문헌 고찰 연구는 이 처방이 활동적으로 움직이는 것보다 더 나쁜 결과를 초래한다는 사실을 밝혔다.[87]

하지만 예시용으로 등장했던 증거의 위계는 이제 흔히 엄격한 규칙으로 쓰이며, 무작위 대조 시험은 보통 의학 연구의 '황금 기준'으로 불린다. 역설적으로, 무작위 대조 시험을 '황금 기준'으로 처음 언급한 것은 다른 형태의 역학 연구를 주장했던 1982년의 한 논문이었다. 무작위 대조 시험으로는 불가피하게 다룰 수 없는 상황이 많았기 때문이었다. 따라서 연구자들은 '무작위 실험이라는 도달하기 어려운 과학의 황금 기준'에 대한 의존을 줄일 수밖에 없었다.[88]

최근 들어 일부 연구자는 무작위 시험을 둘러싼 교조주의와 그에 대한 사람들의 신념에 관해 거리낌 없이 털어놓고 있다. "무작위 대조 시험은 좋다. 하지만 뭔가를 발견하기 위해 무기고에서 꺼내 사용할 수 있는 기술 중 하나일 뿐이다." 경제학자 앵거스 디턴Angus Deaton은 2015년에 빈곤을 분석한 연구로 노벨상을 받으며 이렇게 말했다.[89] "황금 기준이라는 생각은 마술적 생각이다."

2014년 미국 질병통제예방센터CDC는 독감 백신 권장 사항을 변경했다. 이전에는 어린이에게 죽은 바이러스 조각이 든 백신을 접종하게 했지만, 이제는 살아 있는—하지만 약해진—인플루엔자 바이러스가 든 비강 스프레이를 이용하게 됐다. 이 결정은 여러 국가에서 진행되어 비강 스프레이의 보호 효과가 더 뛰어나다는 결론을 시사한 몇몇 무작위 대조 시험의 결과에 따랐던 것이다. 그러나 바로 다음 해 CDC는 그 권고를 철회했고, 그다음 해에는 구체적으로 집어서 비강 스프레이를 사용하지 않도록 권고했다. 무작위 대조 시험에서 유망한 결과가 나왔음에도 미국 전체 규모에서는 비강 백신이 효과적이지 않은 것으로 보였다. 무엇이 잘못됐던 것일까?[90]

새로운 치료법과 같은 중개에 관해 논의할 때 통계학자들은 무작위 대조 시험에서 관찰한 효과인 '효능'과 그 이후 현실에서 볼 수 있는 효과인 '효과'를 구분한다. 철학자 낸시 카트라이트Nancy Cartwright에 따르면, 효능은 "어딘가에서는 효과가 있다"라고 해석할 수 있다는 뜻이고, 효과는 "여기서 효과가 있을 것이다"라는 뜻이다. 카트라이트와 앵거스 디턴은 이런 차이가 무작위 대조 시험에서 나온 결론을 폭넓은 현실 세계의 상황에 적용하려는 시도를 방해할 수 있다고 지적했다. 두 사람은 이를 '운반 문제'라고 부른다. 때로는 어떤 중개가 한 인구 집단에서 다른 인구 집단으로 잘 퍼지지 않는다는 뜻이다.[91]

독감 비강 스프레이의 경우 두 가지 운반 문제가 있을 가능성이 있었다. 첫째, 앞서 우리가 살펴보았듯이 무작위 대조 시험의 결과로 나온 효능이 더욱 폭넓은 미국의 인구 집단에서의 효과 추정치와 일치하지 않았을 가능성이다. 둘째, 영국과 핀란드의 정기 백신 접종 데이터에서 나온 것으로, 비강 스프레이가 그 지역의 인구 집단에서는 정말로 효과가 있었음을 시사했다. 이런 관찰에 우연이 개입했을 수도 있지만, 각기 다른 인구 집단의 사전 면역 수준 차이와 당시 유행했던 바이러스의 종류가 결합해 명백한 불일치에 기여했을 가능성이 크다. 실제로 그 이후인 2018년부터 CDC는 개선된 비강 스프레이를 권장하는 쪽으로 입장을 바꾸었다.[92]

인구 집단 간의 차이뿐만 아니라 무작위 대조 시험에 참가한 개인 간의 차이라는 문제도 있다. 의학에서 치료와 예방은 환자 개개인과 관련이 있지만, 무작위 대조 시험은 평균적인 효과에 중점을 둔다.[93] 만약 어떤 치료가 사망을 예방하는 데 70퍼센트라는 효능이 있다면, 우리는 이 치료를 받는 모든 사람의 생존 확률이 70퍼센트라고 해석할 수 있다. 혹은 치료를 받은 환자 중 70퍼센트가 생존하고, 나머지 30퍼센트는 그러지 못한다는 뜻일 수도 있다. 후자의 상황에서 누가 치료를 받아 살아남고 누가 그렇지 않은지를 우리가 예측할 수 있다고 해보자. 그것은 곧 예측 가능한 특징을 지닌 특정 개인에게 100퍼센트 효과가 있는 치료법이 있다고 말할 수 있다는 뜻이다.

이런 치료법은 지난 10여 년 동안 떠오른 '맞춤형 의학'의 궁극적인 목표다.[94] 인구 집단의 평균에 기반하기보다 개인에게 맞춘 치료법을 제공한다면 건강관리가 더욱 효과적이라는 생각이다. 근본적으로, 전통적인 대규모 무작위 대조 시험이 피라미드의 정점에 있지 않은 세상을 그리는 것이다. 하지만 그러면 어떤 것이 작동하는지를 이해하려고 할 때 걸림돌이 생긴다. 개인의 수준으로 내려가면, 우리는 '인과 추론의 근본적인 문제'를 다시 마주하게 된다. 어떤 특정인의 한 가지 현실만을 볼 수 있기 때문이다. 장기간의 건강 상태와 같은 일부 상황에서는 같은 환자에게 다른 치료법을 시험하는 것이 가능하지만, 진행이 빠른 질병에 대해서는 가능하지 않다. 만약 무작위 대조 시험에 의존한다면, 우리는 인구 집단의 평균에 관해서만 이야기할 수 있다. 반대로 개인에 초점을 맞춘다면, 우리는 일반적으로 전통적인 증거의 피라미드 위로 높이 올라갈 수 없다는 사실을 받아들여야 한다.

무작위 대조 시험의 해석을 방해할 수 있는 것은 개인 사이의 차이만이 아니다. 우리는 시간의 흐름에 따른 차이도 고려해야 한다. 예를 들어 1990년대에 무작위 대조 시험으로 결국 에크모의 이점을 '증명'했지만, 에크모 기술은 계속해서 발전했고 전통적인 치료법 역시 마찬가지다.[95] 따라서 당시의 에크모 임상 시험에 관해 이야기하는 우리는 더 이상 현실에 존재하지 않는 상황에 관해 이야기하는 셈이다.

일시적인 효과도 다른 방식으로 연구에 영향을 끼칠 수 있다. 마이

크로소프트가 빙Bing 검색 엔진에 대해 시행했던 초창기 A/B 테스트 기간에 버그 하나 때문에 사용자가 형편없는 결과를 얻게 되는 일이 있었다.[96] 그러나 이 변화로 사용자 참여가 10퍼센트 증가했고, 사용자당 수익은 30퍼센트 이상 늘어났다. 무슨 일이었을까? 실망한 사용자들이 후속 검사를 더 많이 하며 더 많은 광고를 클릭하고 있었던 것으로 드러났다. 단기간에 수익이 늘어난 것은 분명하지만, 사실 성공적인 변화는 아니었다. 장기적으로는 사업에 손해를 끼쳤을 터였다.

빙의 버그는 무작위 대조 시험 결과를 단순히 액면가로 받아들이기보다는 무슨 일이 일어나고 있는지 이해하는 게 중요하다는 사실을 보여준다. 제임스 린드의 실험이 감귤류 과일이 효과적이라는 사실을 시사했음에도 18세기에 괴혈병이 줄어들지 않은 이유 중 하나는 값비싼 감귤류 과일이 괴혈병을 예방할 수 있는 이유를 설명하지 못했다는 점이다. 나중에 린드가 과일 주스를 졸여서 저장 비용이 더 저렴한 농축액으로 만들자고 제안했기 때문이기도 했다. 열을 가하면 괴혈병을 막는 핵심 성분인 비타민 C가 분해된다.[97]

만약 치료가 효과적일 것이라고 기대할 수 있는 강력한 생물학적, 물리학적, 화학적 이유가 있다면, 그 자체로 사용을 정당화할 수 있는지에 대한 문제가 생긴다. 낙하산의 예를 들어보자. 2003년 두 연구자가 『영국 의학 저널』에 낙하산의 사망 방지 효과에 관한 증거를 검토한 논문을 발표했다.[98] 낙하산이 있을 때와 없을 때의 자유낙하 결과를 비교한 무작위 대조 시험 결과는 하나도 찾을 수 없었다. 연구진은 무작위 대조 시험 결과가 없는 상황에서 낙하산이 효과적이라고 어떻게 확신할 수 있겠냐고 결론지었다.

아무 보조 없이 하늘에서 떨어져서 사망한 사례는 많지만, 예외는 있었다. 1972년 1월 비행기 승무원 베스나 불로비치Vesna Vulović는 비행기 폭발 이후 약 9,000미터 상공에서 낙하산 없이 추락했지만 목숨을 건졌다. 불로비치는 당시 체코슬로바키아의 눈이 두껍게 쌓인 숲속에 추락한 비행기 꼬리 부분에 끼어 있었다.

이 논문은 장난스러운 의도로 쓰였으며, 가볍고 재미있는 연구로 유명한 크리스마스 특별호에 실렸다. 그럼에도 불구하고 특정 의학적 중개가 낙하산과 비슷하다고 주장하는 연구자들에 의해 수십 번이나 인용됐다. 치료법에서 훈련 프로그램에 이르기까지 이들 후속 연구는 더 이상의 연구가 필요하지 않다고 주장했다. 이익이 이렇게 '명백한' 데 왜 시험을 하느냐는 논리였다.

그러나 낙하산조차도 한때는 회의적으로 보는 시선이 있었다. 제1차 세계대전 기간에 영국은 무게 추와 더미를 이용해 광범위한 시험을 수행했다.[99] 천천히 움직이는 기구에서 탈출하는 용도로 낙하산이 이미 쓰이고 있었지만, 비행기는 매우 다른 문제였다. 무거운 낙하산의 수납 및 방출 시스템이 가벼운 목재 비행기의 성능을 떨어뜨린다는 우려가 있었다. 더욱 불길하게도, 일부 고위급 장교는 "그런 장비의 존재가 조종사의 투쟁 의식을 저해"하리라고 걱정하기도 했다. 그 결과 영국 육군항공대는 1917년 1월까지 인간을 대상으로 시험하지 않았다. 궁극적으로, 그것은 공학적 문제로 보였다. 낙하산이 관련된 물리적 과정은 잘 알고 있었으므로 군은 사망을 100퍼센트 가까이 줄이는 도구가 생길 때까지 낙하산을 조정하고 시험할 수 있었다.

무작위 대조 시험이 개발된 뒤에도 낙하산을 시험한 사람은 없었다. 역사적 증거의 기반이 충분히 튼튼해 보였다. 하지만 대부분의 사회적 및 의학적 중개는 낙하산이 아니다. 한 개인이 얻을 수 있는 이익은 흔히 그보다 훨씬 작으며, 인과관계에 대한 우리의 이해는 훨씬 더 파편적이고, 무작위 대조 시험을 시행할 가능성은 훨씬 더 크다.

낙하산 비유가 자주 오용되긴 하지만, 낙하산과 같은 발명품은 전통적인 증거 피라미드의 굳건한 옹호자에게 곤란한 반례가 된다. 알고 보면, 낙하산은 무작위 대조 시험을 통과하지 않고 계속해서 이어진 유일한 역사적 도구가 아니다. 폐렴에 쓰는 페니실린에서 질식에 대처하는 하임리히법에 이르기까지 매우 효과적이지만 피라미드에 따르면 여전히 '낮은 품질'의 증거만 있는 오래된 치료법이 몇 가지 있다.[100]

2009년 옥스퍼드대학교의 근거중심의학센터는 무작위 대조 시험과 함께 최상위 등급에 '모 아니면 도all or none' 범주를 추가해 피라미드를 개정했다. 이 범주는 낙하산처럼 도입 전에는 모두가 자유낙하로 죽었지만, 도입 뒤에는 거의 아무도 죽지 않는 상황을 다룬다.[101] 그리고 2011년 페니실린처럼 무작위 배정 없이도 극적인 효과를 보여준 연구를 상위 단계로 올리며 피라미드를 다시 한번 개정했다.[102] 맞춤형 의학 분야를 인정한다는 의미에서 만성질환이 있는 동일 환자에게 여러 가지 치료법을 시험한 연구도 여러 무작위 대조 시험에 대한 체계적 문헌 고찰 연구가 있는 최상단에 추가했다.

이런 변화는 증거 피라미드가 불변이 아니라는 사실을 시사한다. 어쩔 수 없이 예외와 유의점이 있을 수밖에 없다. 때로는 '황금 기준' 연구를 할 수 없거나 해서는 안 될 수도 있고, 폭넓은 인구 집단에 적용하지 못할 수도 있다. '부족한' 증거를 무시하다가는 최적이 아닌 관행을 이어나가게 될 위험도 있다. 전 미국 CDC 국장 톰 프리덴Tom Frieden이 말했듯이, "더 많은 데이터를 기다리는 건 행동하지 않거나 최선의 가용 증거가 아닌 과거의 관행에 근거해 행동하겠다는 암묵적인 결정일 때가 많다."[103]

그것이 모든 연구가 동등하다는 의미는 아니다. 연구자는 여전히 가능한 한 엄격하게 인과관계를 이해하려고 노력해야 한다. 우리는 이미 아기를 엎드려 재우는 사례처럼 이론을 데이터로 검증하지 않은 채 어떤 설명을 확신하는 경우에 어떤 일이 생기는지 살펴보았다. 직관과 대중적인 지혜는 실패할 수 있다. 우연은 우리로 하여금 길에서 벗어나게 할 수 있다. 교락은 우리를 교란할 수 있다. 과학과 의학은 정설에 도전하고, 방법론을 만들어가며, 어디서 문제가 생기든 연구할 기회를 최대한 이용함으로써 발전해왔다.

2014년 2월의 비바람이 불던 어느 화요일, 런던 지하철 직원들은 인원 감축 계획에 대응해 이틀간의 파업을 시작했다. 그 결과 많은 지하철 정거장이 폐쇄됐고, 많은 통근자가 다른 경로를 이용해야 했다. 하지만 파업으로 인한 이동 패턴 변화는 단 이틀에 그치지 않았다. 파업 이후의 이동 데이터를 분석한 케임브리지대학교와 옥스퍼드대학교 연구진에 따르면 통근자 20명 중 한 명이 그 이후에도 계속 다른 경로를 이용했던 것으로 나타났다. 파업 이전에도 런던 시민 수천 명이 최적이 아닌 경로로 출근하고 있었다는 의미였다.[104]

통근 패턴을 비롯해 일반적인 인간 행동을 연구할 때는 애초에 사람들이 다른 것을 시도하게 만드는 게 어렵다. 통근 패턴을 연구한다면 사람들에게 다른 경로를 시도해보라고 권한 뒤 계속 그 경로를 이용하는지 보면 된다. 하지만 그런 연구에 자원하는 사람은 다수의 일반적인 사람과 다를 위험이 있다. 많은 사람은 통근 경로로 실험하는 데서 비롯되는 불편함을 원하지 않을 것이다.

이런 상황에서 '자연 실험'을 가능하게 해 통근 경로 선택을 연구하게 해준 2014년의 지하철 파업은 유용했다. 다른 대부분의 파업과 달리 모든 정거장이 폐쇄된 것은 아니었기에 연구진은 열린 정거장을 이용한 대조군과 다른 경로를 이용한 집단을 비교할 수 있었다. 덕분에 파업의 영향을 통근 결정의 일상적인 변동으로부터 구분할 수 있었다. 특히 연구진은 지하철 지도가 비효율적인 통근의 원인이었을 수도 있다는 사실을 알아냈다. 단순화로 유명한 지도상의 특정 지점들 사이의 거리는 실제와 매우 다를 수 있다. 거리가 왜곡된 경로로 출퇴근하던 사람들이 대체로 파업 이후에 경로를 바꾸었다.

최근 수십 년 동안, 자연 실험은 점점 행동과 정책을 연구하는 보편적인 방법이 됐다. 1970~1980년대에 무작위 대조 시험이 늘어났음에도 실행 가능하지 않은 상황이 많았다. 그러자 경제학자들은 정책의 영향을 이해하기 위해 데이터의 경향을 분석하는 방식으로 되돌아갔다. 안타깝게도, 이런 연구는 흔히 교락과 다른 편향에 취약했다. 1983년 경제학자 에드워드 리머Edward Leamer의 말처럼, "데이터 분석을 진지하게 받아들이는 사람은 거의 없다. 아니, 좀 더 정확하게 말하면, 다른 사람의 데이터 분석을 진지하게 받아들이는 사람은 거의 없다."[105]

한 가지 주목할 만한 사례는 1970년대 중반에 사형제를 조사한 미국의 연구 모음이다. 당시에는 사형이 효과적으로 범죄를 억제한다는 결론이 나왔다. 1972년에서 1976년 사이에 미국은 일시적으로 사형 집행을 중단했지만, 이런 연구는 사형제를 정당화하는 근거가 되어 결국 대법원은 사형제를 재도입했다. 그러나 이후 미국과 동일한 정책 변화를 겪지 않은 캐나다를 비교한 연구에서 이 시기 양국의 살인 사건 추세가 비슷하다는 사실이 드러났다. 이 연구는 미국 사형제의 억제 효과가 많은 사람이 추정했던 것만큼 크지 않았음을 시사했다.

이후 경제학은 의심스러운 데이터 분석에 깊이 뿌리박힌 문제에 도전하는 '신뢰성 혁명'을 겪게 된다. 이 용어를 만든 사람은 인과관계에 대한 분석으로 노벨상을 받게 되는 조슈아 앵그리스트Joshua Angrist였다. 혁명의 중심에는 실험 설계에 대한 강조가 있었다. 앵그리스트는 이렇게 말했다. "1980년대 제가 대학원생이었을 때 우리는 관심 대상이었던 여러 가지 문제를 두고 의학계에서 폭넓게 하듯이 무작위 시험을 수행해야 한다는 생각을 하기 시작했습니다."[106]

다른 이들과 마찬가지로 앵그리스트도 MDRC가 지원한 로버트 라론드의 취업 데이터 분석 결과를 보았다. 기존의 방법으로는 적절한 무작위 대조 시험과 똑같은 답을 얻을 수 없다는 내용이었다. 그는 이렇게 말했다. "라론드는 저를 비롯해 제 세대의 다른 많은 실증경제학자에게 큰 영향을 끼쳤습니다." 하지만 문제가 있었다. 무작위 대조 시험을 계획하는 것이 가능하지 않을 때가 있었다. 그래서 연구진은 그 대신 자연이 어느 정도 대신 시험해준 상황을 찾으려고 한다.

일부 경우에 자연 실험은 '이상적인' 무작위 대조 시험에 매우 가깝다는 사실이 밝혀졌다. 예를 들어 2002년 뉴욕시는 문제가 있는 학교를 폐쇄하고 200개교를 새로 개설하는 고등학교 시스템 개편 작업을 시작했다.[107] 개편의 일환으로 학생들은 새로 생긴 '골라 가는 작은 학교 SSCs'에 다닐 수 있는 기회를 부여받았다. 자퇴율이 높은 기존 학교의 대안으로 만든 학교였다. 하지만 이것이 효과적인 정책이었을까?

만약 학생이 자유롭게 학교를 선택할 수 있다면, 이런 질문에 대답하기는 어렵다. 우리는 학생의 성과에 영향을 끼치는 다른 요인이 있는지 확신할 수 없다. 어쩌면 더 멀리 떨어진 작은 학교를 선택한 학생은 단지 원래 야심 차고 목표 지향적이었던 것일 수 있다. 다행히 개편에는 연구자들이 효과를 추정할 수 있게 해주는 과정이 포함되어 있었다. 초과 지원이 된 작은 학교가 100곳이 조금 넘었는데, 이는 이런 곳을 선택한 2만 1,000명의 학생이 추첨을 통과해야 한다는 뜻이었다. 연구를 감독한 MDRC의 책임자였던 주디 구에론은 이렇게 말했다. "추첨의 목적은 연구가 아니었습니다. 한정된 자원을 공정히 배분하는 게 목적이었습니다." 하지만 그런 자원을 무작위로 배정했기 때문에 연구자들은 치료군(추첨에서 뽑혀 작은 학교에 간 학생)과 대조군(운이 좋지 않아 일반 학교에 간 학생)을 비교할 수 있었다. 그 결과 작은 학교가 눈에 띄게 유리했다. 기존 학교의 졸업률은 62퍼센트였고, 작은 학교는 69퍼센트였다.

한정된 자원에서 비롯한 자연 실험이 항상 이렇게 계획적인 것은 아니다. 2016년 오바마 행정부는 최근에 건강보험이 없어서 벌금을 낸 사람 모두에게 편지를 보내 등록 방법을 안내하기로 했다. 그러나 모두에게 편지를 보낼 예산이 부족해 결국 여덟 명 중 무작위로 한 명이 편지를 받지 못했다. 다음 2년 동안 자연스럽게 건강보험의 가치에 대한 자연 실험이 이루어졌다. 편지를 받아 등록한 사람은 그렇지 않은 사람보다 사망할 가능성이 12퍼센트 낮았다.[108]

이런 운명의 변덕이 유용한 통찰을 제공하긴 했지만, 선택이 겉보기처럼 무작위하지 않은 상황도 많다. 몇몇 연구는 1970년대의 베트남 전쟁 징병—생일을 이용한 추첨이었다—데이터를 이용해 군 생활이 정치적인 견해에서 생애 소득에 이르는 다른 결과에 끼치는 효과를 조사했다.[109] 그러나 1970년도의 추첨은 완전한 무작위가 아니었다. 생일을 담은 캡슐이 처음에 월별로 나뉘어 상자에 담겨 있다가 충분히 섞이지 않은 채로 기계에 들어갔던 것이다. 그 결과 같은 해의 후반에 태어난 사람이 징집될 가능성이 더 컸다.[110] 만약 연구진이 추첨에 어떤 편향이 작용했는지, 그리고 왜 그런지를 정확히 이해한다면, 조정을 거쳐 분석할 수 있다. 하지만 자연 실험에는 으레 완벽히 파악하기 어려운 과정이 관여하곤 한다.

이런 문제는 인과관계를 연구할 때 연구진이 선택해야 한다는 점을 의미한다. 경제학자 로시오 티티우니크Rocío Titiunik는 크게 두 부류의 연구자가 있다고 주장한다. 첫 번째 부류는 자신의 질문으로 시작해 무작위 대조 시험을 시행할 수 없거나 간단한 자연 실험의 도움을 받을 수 없더라도 계속 그 질문에 전념한다. 두 번째 부류는 엄밀한 연구 방법을 확인하는 일부터 시작해 이런 방법을 적용할 수 있는 질문을 찾는다. 티티우니크는 이렇게 말했다. "그런 지식의 축적은 더 어렵습니다. 우리가 할 수 있는 것을 연구하고 있기 때문이지요."[111]

후자는 가용한 데이터가 연구 주제를 좌우할 수 있다는—그 반대가 아니라—위험이 있다. 티티우니크는 이렇게 말했다. "극단적으로 생각하면, 그것은 우리가 해야 하는 일의 상당수를 사소하게 만듭니다. 정말로 흥미롭거나 필요하지 않은 질문에 답하도록 이끄는 거지요. 그

곳에 분명히 팽팽한 지점이 있습니다."

그러나 때로는 너무도 극적이라 과학에서든 보건에서든 정치에서든 경제에서든 유일한 관심사가 되는 변화가 일어나기도 한다. 그런 상황 하나가 2019년 말 중국 후베이성의 한 도시에서 평범한 폐렴이 집단으로 발병하면서 시작됐다. 그 일은 질병에 관한 우리의 사고방식과 대응 방법을 바꾸는 데 그치지 않았다. 이어진 사건은 과학 자체에 관한 보편적인 개념에도 도전했다.

5장

패러다임이 흔들릴 때,
불확실성의 과학

우리는 끝내 누가 안건을 유출했는지 찾지 못했다. 아침 식사를 준비하면서 라디오 4의 「투데이」 프로그램에서 내보내는 수다를 듣고 있을 때 배경 소음 속에서 한 발표가 들려왔다. 영국 비상과학자문단SAGE의 긴급 회의였다. 인도에서 들어온 걱정스러운 신종 코로나19 변종에 관해 논의하는 자리로, 그날 오후에 열리기로 되어 있었다. 전날 내가 비밀리에 초대받은 바로 그 회의였다.

영국에 새로운 문제가 생길 수 있다는 첫 번째 징조는 한 달 전인 2021년 4월에 있었다. 몇몇 동료가 감염 사례가 많은 지역에서 비정상적인 검사 결과가 나타나고 있다는 사실을 알아챘다. 2020년 말 코로나19 알파 변이가 처음 나타났을 때 그 안에는 흔히 사용하는 PCR 검사에서 나타나는 방식이 달라지는 돌연변이가 있었다. 이런 검사는 원래 바이러스의 세 가지 유전자를 식별하는 게 목적이지만, 알파 변이의 경우 표적 유전자 중 하나인 'S 유전자'가 계속해서 음성으로 나타났다. 알파 변이가 점차 주류가 되면서 이른바 'S 유전자 음성'이 검사 데이터에 점점 더 많이 나타났다. 하지만 2021년 4월이 됐을 때는 패턴이 이미 바뀌어 일부 코로나 핫스폿 지역에서는 S 유전자 양성 발병이 늘어나고 있었다.[1] 유행하고 있는 게 무엇이든지 간에 알파 변이는 아니었다.

2021년 1월과 2월의 얼어붙은 봉쇄 기간에 나와 동료들은 '베타'로 불리게 될 변이를 특히 걱정하고 있었다. 남아프리카에서 처음 확인된 베타 변이는 앞선 면역이 효과가 없을지도 모르는 변이가 있어 진행 중이던 백신 배포를 위험에 빠뜨릴 가능성이 있었다. 다행히 영국에서 관찰한 초기 패턴은 걱정을 줄여주었다. 2021년 초에 몇몇 소규모 집단 발병을 일으켰지만, 베타는 이어지는 봉쇄 조치 속에서 더 이상 퍼지지 못했다.

봉쇄 조치를 완화한 3월과 4월이 되면서 어쩌면 베타가 돌아올 수도 있지 않았을까? 답은 남쪽이 아니라 동쪽에 있었다. 인도에서 코로나19가 유행하면서 새로운 변이 두 종류가 나타나 유럽으로 퍼졌다. 다른 코로나 변종과 마찬가지로 처음에 이 두 변이는 마치 도서관의 이웃한 구역에 놓인 책 두 권처럼 유전적 유사성에 기반한 이름을 부여받았다. 하나는 나중에 '델타' 변이로 불리는 B.1.617.2였고, 다른 하나는 B.1.617.1이었다. 처음에는 다른 걱정스러운 변이와 같은 부분에 돌연변이가 있었던 B.1.617.1이 더 많은 관심을 받았다. 하지만 영국에서 더 빨리 늘어나고 있던 것은 델타였음이 드러났다.[2]

문제는 이 증가세의 원인이 무엇이냐는 것이었다. 델타 변이가 주류였던 알파 변이보다 더 전염성이 높았기 때문일까? 아니면 변이는 특별할 게 없는데, 인도에서 감염이 기하급수적으로 늘어나면서 여행을 통해 감염자가 영국으로 점점 더 많이 흘러들어왔기 때문에 증가 패턴이 나타났던 것일까?

다음 표에 나오는 2021년 5월 7일의 영국 데이터를 보고 여러분이 실제로 당시 그곳에서 실시간으로 판단을 내려야 한다고 상상해보자. 가장 먼저 눈에 띌 법한 것은 지연 기간이다. 그래프에는 4월 말까지의 B.1.617.1과 델타 변이의 수만이 담겨 있다. 사람들을 검사하고 유전자 염기 서열 분석을 하는 데 시간이 걸리기 때문이다. 그러면 여러분이 2021년 5월 초에 그곳에 있었다면, 어떤 결론을 내렸을까? 델타 변이가 영국에서 문제인가? 그렇다면 얼마나 큰 문제인가? 이 새로운 변이의 결과로 다가올 몇 달은 어떤 모습이 될까? 그리고 결정적으로, 어떻게 증명할 것인가?

지난 일을 판단하다 보면 문제의 첨단에 있다는 느낌이 무뎌질 수 있다. 2020~2022년에 코로나19 연구는 세간의 이목을 끄는 퍼즐과 지저분한 데이터를 의미했다. 전염병이 퍼지면서 이상적인 과학적 진리 탐구는 의사결정의 긴급성과 현실 세계의 실질적인 제약과 충돌했다. 문제가 빠르게 생겨났고, 그와 함께 답변에 대한 요구도 빨랐다. 단편적인 정보를 모으며 종합하고 저울질해 그에 따라 행동해야 했다. 증거는 자아와 충돌했고, 완벽함은 실용주의와 팽팽하게 맞섰다. 덕분에 그 끔찍했던 시기는 현대에 과학이 어떻게 성공할—그리고 분투할—수 있는지를 보여주는 유용한 사례가 된다.

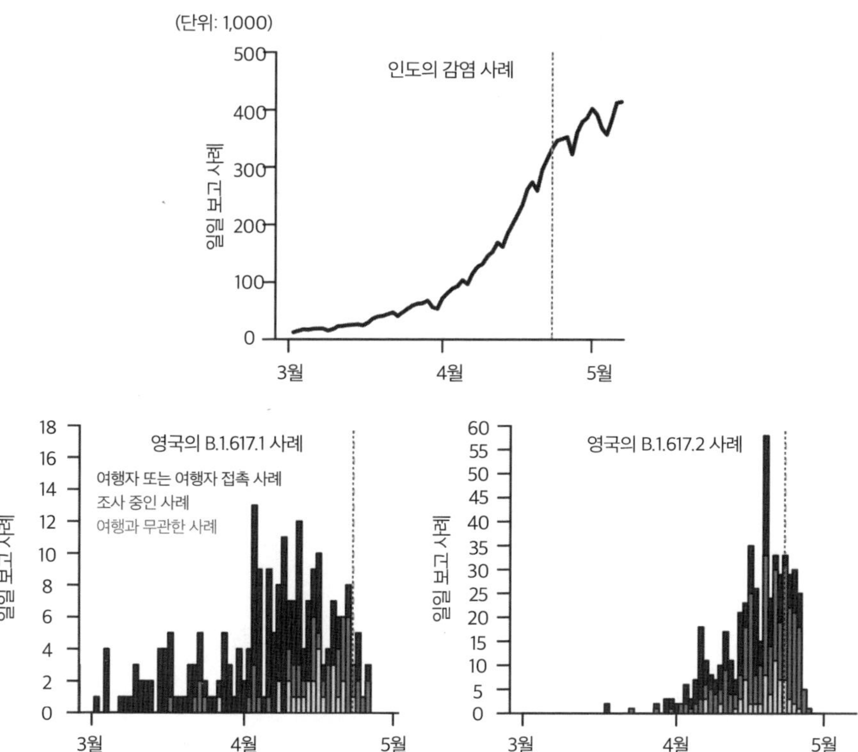

2021년 5월 7일 기준, 인도의 코로나19 감염과 영국의 B.1.617.1, B.1.617.2(델타 변이) 감염 데이터. 영국의 감염 사례는 세 가지 색으로 나뉘어 있으며, 각각 여행자 또는 여행자 접촉 사례, 조사 중인 사례, 여행과 무관한 사례를 나타낸다. 점선은 영국에서 인도에 대해 여행 '적색경보'를 발령했을 때를 가리킨다.[3]

과학이란 무엇일까? 우리가 시도한 답변에 만족하지 못하게 하는 질문이다. 에이브러햄 링컨이 사전과 교과서를 뒤적이며 '입증'의 의미를 이해하려고 노력했던 것처럼 과학의 개념은 파악하기 어려울 때가 많다. 고대 그리스인에게 과학적 지식을 구축한다는 것은 사실을 하나씩 쌓아올리는 것이었다. 유클리드는 공리를 이용해 자신의 초기 명제를 끌어냈고, 이 명제에서 다른 명제를 끌어냈다.

19세기 초 페르시아의 공학자 아부 바크르 무하마드 알카라지Abu Bakr Muhammad al-Karaji는 증명에 대한 대안적 접근법을 떠올렸다.[4] 알카라지는 면적과 부피, 특히 정사각형과 정육면체의 관계에 흥미가 있었다. 높이와 폭, 깊이가 각각 1피트인 정육면체를 만든다고 해보자. 이어서 모든 모서리가 2피트인 정육면체를 만들고, 또 각각이 3피트인 정육면체를 만든다. 이런 식으로 크기를 키워가며 정육면체 10개를 만든다.

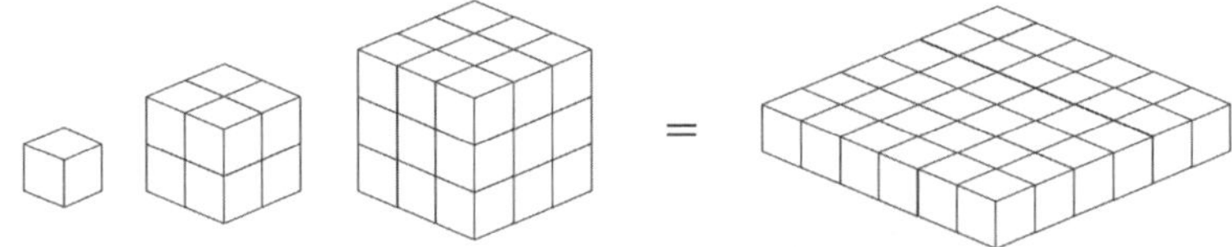

정육면체 세 개를 가로와 세로가 각각 여섯 개씩인 정사각형 모양으로 재배열한 모습

알카라지는 이 정육면체 10개를 분해하면 높이가 1피트이고 각 변이 1+2+3+4+5+6+7+8+9+10, 즉 55인 정사각형을 만들 수 있다는 사실을 보였다. 수학적으로 표현하면 다음과 같다.

$$1^3 + 2^3 + 3^3 + 4^3 + 5^3 + 6^3 + 7^3 + 8^3 + 9^3 + 10^3$$
$$= (1 + 2 + 3 + 4 + 5 + 6 + 7 + 8 + 9 + 10)^2$$

이 관계는 놀라울 정도로 우아해 보인다. 하지만 정육면체의 크기를 키워가며 네 개까지만 만든다면 어떨까? 아니면 20개를 만든다면 어떨까? 어떤 경우에도 앞의 패턴은 참일까? 여기서 알카라지의 혁신적인 방식이 등장했다. 알카라지는 귀납법이라고 불리게 될 방법을 도입했다. 모든 경우의 수에 대해 일일이 계산해—이는 불가능한 일이었다—패턴을 확인하는 대신 한 수에서 다음 수로 넘어가는 단계에 초점을 맞추었다. 만약 어떤 수 n에 대해 참이라면 n+1에 대해서도 참이라는 사실을 보이면 된다는 뜻이었다. 정육면체가 하나일 때인 기본 사례는 $1^3=1^2$로 참이므로, 알카라지의 도미노 같은 접근법은 수직선을 따라 끝까지 증명할 수 있었다.

귀납법은 점차 수학계 바깥까지 퍼져나갔다. 16~17세기 유럽의 물리학자와 천문학자는 지상의 특정 사례를 확장해 우주에 관한 이론으로 일반화하려고 했다.[5] 만약 뉴턴의 중력 법칙이 사과 한 개에 대해 참이라면, 다른 사과에 대해서도 참이어야 했다. 그리고 사과에 대해 참이라면, 행성에도 적용할 수 있어야 했다.

이 '귀납적 추론' 덕분에 과학자들은 데이터로 아이디어를 연마하고, 거기서 나온 결론을 더 넓은 세상에 적용할 수 있게 됐다. p값이 5퍼센트 아래로 나오는 경우가 드문 실험을 수행하는 방법을 우리가 알고 있다면 어떤 효과가 '입증'됐다는 로널드 피셔의 말을 떠올려보자. 다시 말해, p값은 우리가 이 세상에 대해 일반화할 수 있는 통찰을 얻었는지를 측정하는 기준이었다. 피셔의 말처럼, "귀납 추론은 우리가 아는 한 근본적으로 새로운 지식이 이 세상에 생겨날 수 있는 유일한 과정이다."

3장에서 위조 서명 이야기를 할 때 만났던 찰스 퍼스는 연역과 귀납이 서로 어떻게 맞물리는지, 뭔가 빠진 것이 있는지 흥미를 느꼈다.[6]

1878년 퍼스는 세 가지 추론 방법을 정리했다. 시작은 연역이었다. 연역은 이미 알고 있거나 그렇게 추정하고 있는 규칙으로 시작한다. 이 규칙을 특정 상황에 적용해 결과를 얻는다. 퍼스는 콩이 든 자루를 예로 들었다.

규칙: 이 자루에 든 콩은 모두 하얗다.

상황: 이 콩들은 이 자루에서 나왔다.

따라서, 결과: 이 콩들은 하얗다.

퍼스는 귀납 추론이 이 논리적 순서를 뒤바꾼다고 지적했다. 귀납은 특정 상황과 그에 따른 결과로부터 일반적인 규칙을 끌어낸다.

상황: 이 콩들은 이 자루에서 나왔다.

결과: 이 콩들은 하얗다.

따라서, 규칙: 이 자루에 있는 콩은 모두 하얗다.

하지만 이것이 순서를 바꾸는 유일한 방법은 아니다. 퍼스는 제안했다. "내가 어떤 방에 들어갔는데, 서로 다른 종류의 콩이 담긴 자루를 여러 개 발견했다고 하자. 탁자 위에는 한 줌의 하얀 콩이 있다. 그리고 좀 더 살펴보니 하얀 콩만 담긴 자루가 하나 있다. 나는 그 즉시 확률적으로, 혹은 자연스럽게 이 한 줌이 그 자루에서 나왔다고 추측한다."

규칙: 이 자루에서 나온 콩은 모두 하얗다.

결과: 이 콩들은 하얗다.

따라서, 상황: 이 콩들은 이 자루에서 나왔다.

퍼스는 이 접근법을 '가설 수립'이라고 불렀다. 다시 말해, 우리 앞에 있는 증거를 설명하는 가장 뛰어난 방법은 무엇인가? 퍼스가 철학자이자 현직 과학자였다는 사실을 생각하면, 논리의 이런 측면에 흥미를 느꼈다는 것이 놀라운 일은 아닐지도 모른다. 퍼스는 미국 해안 및 측지 조사국에서 32년 동안 일하며 지도와 측정의 오류를 줄이기 위해 연구했다. 그러던 퍼스는 과학에 대한 대중의 개념이 현실과 맞아떨어지지 않을 때가 많다는 점을 깨달았다. "과학을 잘 모르는 사람은 실험실 연구의 정밀도에 대해 어처구니없는 생각을 하곤 한다." 퍼스는 이렇게 말한 바 있다. "그리고 전기 측정기를 빼면 대부분은 커튼을 달기 위해 창문의 길이를 재는 수준을 넘지 않는다." 퍼스는 결국 추상적 논의를 넘어 지식의 실용적인 함의에 중점을 두는 과학적 '실용주의' 철학 운동을 창시했다. 이 운동에 참여한 퍼스의 한 동료는 "진리는 효과가 있는 것이다"라고 주장했다.[7]

퍼스의 가설 생성법은 훗날 '귀추법'이라고 불리게 된다. 이 방식을 가장 뛰어나게 활용한 인물은 퍼스가 정식으로 이 개념을 만들고 9년이 지난 뒤에 책 속에서 등장했다. '연역적 추론'으로 유명했지만, 셜록 홈스가 진짜로 사용한 도구는 귀추법이었다. 홈스는 증거를 모으고 가장 뛰어난 설명을 떠올렸다. 아서 코넌 도일 Arthur Conan Doyle은 에든버러대학교의 의학 교수들에게 영감을 받아 홈스라는 캐릭터를 만들었다고 한다.[8] 어쩌면 의학도 이런 논리적 단계가 매우 중요한 분야일지 모른다. 법률도 마찬가지다. 배심원은 보통 제출된 증거에 대해 어느 쪽이 가장 훌륭한 설명을 내놓는지에 따라 결정을 내린다.

만약 귀추법이 가장 뛰어난 가설을 세우는 방법이라면, 그다음 단계는 아이디어 검증이다. 어떤 가설이 과학 이론이 될 수 있을까? 카를 포퍼와 포퍼의 동향인인 쿠르트 괴델이 정치적 불관용성의 확산에 우려를 표하기 훨씬 전부터 포퍼는 또 다른 불관용에 관해 생각하고 있었다. 어떤 과학 이론을 그대로 유지할 것인가 하는 문제였다. 포퍼는 퍼스를 가리켜 "역사상 손꼽을 정도로 위대한 철학자"라고 부르기도 했으며,[9] 뉴턴 물리학처럼 견고하다고 여겨지는 규칙조차 생각처럼 모든 것을 설명하지는 못한다는 퍼스의 견해에 특히 깊은 인상을 받았다. 그러면 어떻게 이 이론이 참임을 증명할 수 있을까? 포퍼에 따르면, 일어나는 일보다는 일어나지 않는 일에 대한 것으로 과학을 보는 것이 해결책이다. 포퍼는 다음과 같이 주장했다. "모든 '훌륭한' 과학 이론은 금지령이다. 어떤 일이 일어나는 것을 금지한다. 더 많이 금지할수록 더 나은 이론이다."[10]

포퍼의 접근법에서 핵심은 반증이다. 포퍼는 우리가 어떤 것이 참임을 확실하게 보일 수 없지만 어떤 것이 거짓임을 보일 수는 있다고 주장했다. 증명할 수 있는 것은 없다. 반증만 있을 뿐이다. 앞서 우리는 이미 바이어슈트라스와 그 추종자들이 한때 참이라고 여겼지만 거짓으로 드러난 정리로 미적분학의 개념들을 찢어발긴 수학적 괴물을 만들어낸 일을 살펴보았다. 포퍼의 관점에서 과학은 이런 취약성에 관한 것이었다. 과학적 주장이 더욱 대담하면, 예측은 더욱 풍성하고, 연구는 더 훌륭하다.

포퍼에게 알베르트 아인슈타인의 일반 상대성 이론 연구는 반증 가능성 앞에 자신 있게 서 있는 이론으로 두드러져 보였다. 포퍼의 말대로, "이 경우에 인상적인 것은 이런 종류의 예측이 수반하는 위험이다. 만약 관측 결과 예측한 효과가 없는 게 분명하다면 이론은 간단히 반증된다."

코로나19 델타 변이는 전염성이 더 강했을까? 2021년 5월까지 우리가 이런 질문에 답해야 했던 것은 처음이 아니었다. 전해 가을 잉글랜드 남동부에서 알파 변이가 나타나면서 우리는 비슷한 퍼즐에 직면했다. 당시 알파 변이가 퍼지던 지역이 최근 몇 달간 봉쇄 조치가 전파를 막는 데 별로 효과적이지 않았던 지역과 같아서 우리는 걱정하고 있었다. 하지만 물론 이것은 상관관계일 뿐이었다. 어쩌면 알파 변이는 정말로 전염성이 더 강했을 수 있었다. 그래서 봉쇄 조치 중에도 쉽게 나타나 퍼졌던 것이다. 아니면 인과관계가 반대일 수도 있었다. 만약 특정 지역에서 사람들이 봉쇄 조치에 제대로 따르지 않는다면, 설사 원래 전염성이 더 강하지 않더라도 그 지역에서 우연히 발생한 어떤 변이가 늘어나며 다른 지역, 더욱 근면하게 활동하는 다른 지역사회로 퍼져 나갈 수 있었다. 생태학자들은 이를 '창시자 효과'라고 부른다. 소수의 감염에서 새로운 유행이 시작될 때는 전염병이 확산하면서 이런 감염의 유전적 구성이 주류가 될 수 있다.

다음에 일어난 일은 과학적 증거에 대한 현대의 접근 방식에 관해 많은 것을 드러냈다. 2020년 12월 18일 금요일, 당시 B.1.1.7로 불리던 알파 변이가 점점 더 확산하자 잉글랜드 공중보건국PHE은 원래의 '조사 중인 변이'를 '우려 대상 변이'로 격상했다.[11] 한편, 남아프리카에서는 이후 베타로 불리게 되는 새로운 변이를 발견했다는 언론 발표가 있었다.[12] 실시간으로 방송을 보고 있으니 마치 불길한 우연처럼 느껴졌다. 수천 킬로미터 떨어진 두 국가가 공교롭게도 나란히 비틀거리며 새로운 변이의 시대에 들어서다니.

정말 그랬던 것일까? 나의 크리스마스는 일련의 줌 화상회의로 점철됐는데, 각 화면마다 기진맥진한 얼굴이 보였고, 수면 부족으로 목소리는 느릿느릿했다. 바이러스가 그렇게 극적으로 변했다는 사실을 우리는 얼마나 확신할 수 있었을까? 먼저 우리는 영국에서 감염이 늘어나는 것이 변이 자체 때문인지 지역적 행동 패턴 때문인지 확인해야 했다. 다행히 내 동료들이 서로 다른 지역에서 사회적 접촉에 관해 조사하고 있었다. 구글 사용자의 이동 데이터도 구할 수 있었다.[13] 두 데이터 세트는 비록 전염병의 양상은 달랐지만 알파 변이가 퍼지고 있던 지역 사람들이 다른 지역 사람들과 비슷하게 행동하고 있음을 보여주었다. 2020년 내내 강력했던 사회적 접촉과 전염 사이의 연결 고리는 11, 12월 들어 약해졌다. 감염증 자체에 뭔가 변화가 생겼다는 암시였다.

그럼에도 모두가 새로운 변이가 문제라고 확신했던 것은 아니다. 일부 저명한 바이러스 학자는 증거가 실험실 분석이 아니라 인구 집단의 패턴에서 나왔기 때문에 회의적이었다.[14] 이들은 실험으로 전염이 늘어나는 명확한 생물학적 원인을 찾기를 원했다. 그런 데이터가 있다면 우리가 이미 가진 데이터에 귀중한 보충 자료가 됐겠지만, 나는 입증책임이 분야별로 명백히 다르다는 점이 놀라웠다. 몇몇 생물학자는 자기 전문 분야로 증거를 찾아내지 않는 한 알파 변이가 전염성이 더 높다고 생각하지 않는 듯했다.

일부 과학자가 실험실 증거를 기다리는 동안 전염병 패턴을 설명할 수 있는 방법은 범위가 점점 좁아졌다. 12월 28일 PHE는 중요한 정보를 내놓았다.[15] 접촉 추적 데이터를 이용해 알파 또는 원래의 변이를 지닌 사람을 만난 다른 사람이 감염될 위험을 예측한 자료였다. 데이터에 따르면, 우리는 알파 변이의 경우 14~15퍼센트, 원래 변이의 경우 10~12퍼센트라는 것을 95퍼센트 확신할 수 있었다. 이 추정치는 접촉당 위험도였으므로 어떤 사람은 사회적으로 더 활발히 상호작용한다는 식으로는 설명할 수 없었다. 개인 수준에서 알파 변이는 앞선 종류보다 전염성이 상당히 더 크다고 보였으며, 이는 우리와 같은 연구진이 인구 집단 수준의 추세로부터 추정하고 있던 우세를 나타내고 있었다.

영국에서 알파 변이가 우세해지고 다른 나라에도 도달하면서 마치 자연 실험이 반복되듯이 우리는 다른 곳에서도 똑같은 성장 패턴이 나타나는지를 관찰했다. 집중적으로 유전자 염기 서열을 분석했던 덴마크는 초기 시험장이 되어주었다. 2021년 첫 6주 동안 알파 변이 사례의 비율은 2퍼센트 이하에서 47퍼센트로 올라갔다. 2021년 3월이 되자 95퍼센트 이상이 됐다. 유럽 전역에서 전염성이 더 강한 알파 변이가 국지적 변이를 계속 능가하자 회의론은 수그러들었다. 이 시기에 알파 변이가 전염성이 더 높은 생물학적 이유도 찾아냈다. 동물실험 결과 몇몇 바이러스 학자가 '넬리'라는 별명으로 부른 N501Y 돌연변이가 변이를 더 쉽게 퍼지게 해주었던 것이다.[16]

그 몇 주 동안 나는 1950년대에 임신 중 X선 촬영과 소아암의 관련성을 확인했던 역학자 앨리스 스튜어트Alice Stewart의 말을 종종 떠올렸다. 스튜어트는 아무리 난잡하고 불확실하더라도 가용한 데이터를 모두 활용하는 것이 중요하다고 강조했다. "항상 질문을 열어두고 데이터의 말을 들어야 한다. 역학자는 지휘자와 같다. 모든 음을 듣고 어디에서든 잘못된 음을 찾아낼 수 있어야 한다."[17] 코로나19 팬데믹 내내 과학자들은 난잡한 데이터 속을 헤집고 나가며, 약한 신호 속에서 강한 신호를 찾고 혼돈 속에서 조화를 찾아야 했다.

여기서 우리는 다시 델타 변이로 돌아가게 된다. 원래 나는 영국에서 보이는 패턴이 해외에서 들어온 감염을 반영하고 있을 뿐이라는 이론을 배제하는 게 꺼림직했다. 알파 변이에 대해서는 우리가 올바른 판단을 내렸지만, 그것이 똑같은 설명을 다시 적용할 수 있다는 뜻은 아니었다. 확증 편향, 우리가 이미 믿고 있는 바에 맞게 새로운 데이터를 해석하고자 하는 충동을 느낄 위험은 언제나 있었다. 그러나 나의 회의론은 오래가지 않았다.

내가 생각을 바꾼 계기는 세 가지였는데, 각각이 똑같은 방향을 가리키고 있었다. 첫 번째는 임페리얼 칼리지 런던이 수행한 REACT(실시간 지역사회 전염 평가) 연구로, 무작위로 추출한 사람을 대상으로 코로나19 감염을 검사했다. 2021년 5월 초, 전국적으로 감염 수준은 비교적 낮아서 최신 REACT 보고서에 실린 런던 지역의 양성 표본이 고작 세 개뿐이었다. 그러나 그중 두 개가 델타 변이로 드러났다. 지역사회에서 무작위로 사람을 골라 검사한 결과라는 사실을 기억하시라. 수는 적지만, 대부분이 델타 변이였다는 사실은 델타 변이가 국가 간 여행자와 관련된 소수의 집단보다 훨씬 더 넓은 범위에서 유행하고 있음을 시사했다.[18]

두 번째 계기는 더 먼 곳에서 왔다. 5월 4일 싱가포르는 창이 공항과 한 지역 병원과 관련된 델타 변이 발병 이후 사회적 상호작용과 직장 출근에 대한 제한을 강화한다고 발표했다. 당시 나는 싱가포르 보건부와 함께 연구하고 있던 박사과정 학생 레이철 풍Rachael Pung을 공동으로 지도하고 있었다. 풍은 이전 파동은 통제하는 데 성공했지만, 이번은 상황이 더 까다롭다고 언급했다. 전염 양상이 어딘가 달랐다.[19]

마지막 계기는 내가 이 장을 시작할 때 제시한 그래프에 있었다. 발병 과정의 각 단계를 차례대로 분석한 나는 영국의 패턴이 해외에서 들어온 감염자로 인한 결과에 불과한지를 알아낼 수 있다는 사실을 깨달았다. 우리에게는 필요한 데이터가 전부 있었다. 인도에서 발생한 전염병의 형태, 델타 변이의 비율, 최근 몇 주간 인도에서 영국으로 들어온 감염자의 비율, 인도가 여행 '적색경보' 목록에 오른 시기, 영국의 델타 변이 패턴. 5월의 첫 주[20]에 우리는 해외에서 들어온 감염자가 초기 집단 감염을 촉발하고, 이어서―바이러스의 전염성에 따라―더 큰 규모의 발병으로 이어지는 각 단계를 포함하는 수학 모형을 만들었다. 그리고 영국의 데이터에서 볼 수 있는 패턴을 만들기 위해서는 델타 변이의 전염성이 어느 정도여야 하는지를 추정했다.

결론은 분명했다. 우리는 해외에서 들어온 감염으로 일어난 소수의 집단 감염 수준이 아닌 상당한 지역사회 감염을 시사하는 분석 결과를 얻었다. 나는 모형이 해외에서 들어온 감염을 원인으로 지목하리라고 추측하며 분석을 시작했지만, 바늘은 전혀 다른 곳을 향했다. 나는 처음에 델타 변이에 회의적이었지만―혹은 어쩌면 그 때문에―이제 나는 델타가 널리 퍼지리라고 확신했다.

5월 12일 수요일, SAGE의 역학 및 모형화 소그룹인 SPI-M이 모여 델타 변이에 관해 논의했다. 우리 분석의 요약본뿐만 아니라 영국 모형화 연구진의 '주니퍼' 컨소시엄의 동료들이 만든 자료도 있었다. 이들은 코로나19의 공간적 패턴에 초점을 맞추고 있었는데, S 유전자 양성(델타 변이와 유사) 사례가 몇몇 지역에서 기존 변이보다 훨씬 빠르게 증가하고 있다는 사실을 알아냈다. 가용한 증거로 감안할 때 그때 화상으로 모인 SPI-M 멤버 수십 명 사이에는 델타 변이가 알파 변이보다 우세하다는 합의가 있었다. 전염성이 얼마나 더 강한지 정확히 알 수 있는 사람은 없었지만, 우리는 알파 변이의 1.5배 우세를 배제할 수 없었다.

다음 날에는 SAGE 회의가 열려 SPI-M 보고서와 좀 더 폭넓은 데이터 세트를 한데 모았다. 이 추가 증거는 델타 변이가 더 전염성이 높다는 이론에 두 가지 문제를 제시했다. 하나는 델타 변이의 알 수 없는 기원이었다. 2020년 말에 등장해 영국과 유럽으로 빠르게 퍼져나간 알파 변이와 달리 델타 변이의 진화 계통은 그보다 훨씬 전에 등장했음을 시사했다.[21] 델타 변이는 2020년 중반에 이미 인도에 존재했을 것으로 보였다. 만약 델타 변이가 전염성이 훨씬 더 강했다면, 그동안 무엇을 하고 있었던 것일까? 격리 조치, 그리고 어쩌면 동시에 이루어진 여행 제한 조치로 인해 변이가 2021년 초까지 문제를 일으키지 못하고 있었다는 것이 가능한 일이었을까?

그리고 각 변이의 접촉 시 감염 위험을 비교한 PHE의 새 보고서가 있었다.[22] 가용한 데이터에 기반할 때 95퍼센트의 신뢰 구간에서 감염 위험은 알파 변이의 경우 9.9~10.1퍼센트, 델타 변이는 9.6~13.9퍼센트였다. 12월에 원래 변이와 알파 변이를 비교했을 때 분명한 차이가 보였던 것과 달리 상당히 겹치는 결과였다. 이는 우리의 결과를 반박하는 듯했지만, 설명은 가능했다. 알파 변이 데이터는 대부분 2021년 초 봉쇄 기간에 수집한 것이었는데, 당시 '접촉'은 일반적으로 집 안에서 이루어지는 밀접한 상호작용을 의미했다. 반대로 델타 변이는 사람들이 바깥에서 신선한 공기를 쐬며 만날 수 있는 시기에 퍼져나갔다. 따라서 평균적으로 사회적 접촉이 덜 위험했을 것이고, 데이터에는 델타 변이의 전염성이 상쇄되어 나타났을 터였다.

영국의 양상에 관한 두 보고서—우리와 주니퍼 연구진의—는 이미 우리 연구진과 SPI-M의 동료들을 설득했듯이 SAGE 멤버를 설득하기에 충분했던 모양이었다. 당시 SAGE 회의록에 적혀 있듯이 "따라서 이 변이가 B.1.1.7(높은 신뢰도)보다 전염성이 더 강할 가능성은 크며, 전염성이 50퍼센트까지 강하다는 것도 가능한 현실이다."[23]

회의록은 다음 날 총리의 기자회견과 함께 공개됐다. 안건이 사전에 유출된 지난번과 달리 이번에는 예정된 발표였다. 곧 델타 변이가 문제라고 생각하지 않는 것이 분명한 사람들이 내 업무용 이메일로 협박 메일을 보내기 시작했다. 일부는 이해하기 어려울 정도로, 정체불명의 '반역'과 '인류에 대한 범죄'라는 죄목으로 나를 비난했다. 어떤 메일은 좀 더 직설적이었다. "당신 같은 사람들 말이야, 숫자나 입력하는 놈들은 정말 날 짜증 나게 해." 하필이면 SAGE의 학계 참여자 목록이 알파벳 순서로 되어 있어서 내가 가장 먼저 나오는 바람에 성난 메일을 보내기에는 딱 좋았다.

적어도 우리의 추측은 수명이 짧을 전망이었다. 우리는 보고서에 검증이 가능한 예측을 담았다. 만약 델타 변이가 우리 생각만큼 전염성이 강하다면, 우리는 "2021년 5월 중순까지 영국에서 염기 서열을 분석한 사례의 대다수가 이 변이에 해당할 것"이라고 주장했다. 우리가 옳았는지 아닌지 곧 밝혀질 터였다.

이어지는 며칠은 우리의 분석에 긍정적으로 보이지 않았다. 감염 위험에 대한 PHE 보고서와 델타 변이가 퍼지는 데 오래 걸린 이유라는 거슬리는 퍼즐 외에도 델타 변이가 정체 상태로 보인다는 문제도 있었다.[24] 며칠 동안 나는 우리가 실수했을지도 모른다고 생각했다. 내 정신은 우리 방법의 신뢰성을 위협받는 것이 우리의 내부 작업에 무슨 의미인지를 이해하려고 했고, 동시에 내 자아는 외부 효과와 우리 신뢰도에 대한 손상을 걱정했다. 그러나 우리가 생각한 델타 변이가 세계적으로 얼마나 해를 끼칠지를 알고 있었기에 나는 정말로 우리가 틀렸기를 바랐다.

그 달에는 델타 변이에 대한 두 이론 사이에서 줄다리기를 하는 듯한 기분이었다. 각각의 증거가 이쪽 아니면 저쪽으로 줄을 당겼다. 어떤 증거는 빠르고 강하게 당겼고, 어떤 증거는 다소 느리고 약하게 당겼다. 명확한 승자가 나타나는 것처럼 보였을 때 델타 변이의 증가가 둔화하면서 상황을 진흙탕으로 만들었다. 나는 새로운 데이터가 들어올 때마다 다시 분석하면서 결과를 다듬고 확인했다. 증거는 여전히 같은 방향으로 당기고 있었다. 곧 델타 변이는 데이터에서 다시 늘어나기 시작했고, 우리 이론이 중앙선을 넘어오도록 잡아당겼다. 그러던 5월 22일, PHE는 접촉당 위험 추정치를 업데이트했다.[25] 이전에는 기간이 달랐던 것과 달리 이번에는 두 변이 모두에 대해 2021년 4월이라는 똑같은 기간을 살펴보았다. 그 결과 95퍼센트 신뢰 구간에서 감염 위험은 알파 변이의 경우 이제 7.9~8.3퍼센트였고, 델타 변이는 11.1~14퍼센트였다. 이 시점에서 과학계에 남아 있던 의심은 사라졌다. 새 변이는 문제가 될 게 분명했다.

알파 변이처럼 델타 변이의 빠른 확산은 유럽 전역과 미국에서도 일어날 터였다. 그리고 더 먼 곳까지, 베트남, 피지, 호주 등 그때까지 전염을 억제하고 있던 곳까지 퍼질 터였다.[26] 초기 변이 패턴을 분석하다 보면 으레 그렇다. 우리가 내린 결론은 대부분 모두에게 '명백'해졌다.

알파와 델타 변이에 관해서 우리는 분명한—그리고 반증 가능한—명제를 제시하며, 카를 포퍼가 열망했던 취약성을 만들었다. 델타 변이에 관한 우리의 검증 가능한 예측을 보자. 만약 델타 변이가 우리 추정처럼 정말로 전염성이 더 강했다면, 5월 중순까지 주류 변이가 되며 결국 다른 변이를 대체해야 했다. 그렇지 않다면, 우리 이론이 틀린 것이다.

훨씬 까다로운 질문은 '다음에 무슨 일이 일어날까?'다. 영국은 몇 주 뒤에 통제 조치를 해제할 예정이었다. 2021년 5월 17일에 적당한 추가 제한 조치 완화가 앞서 이루어졌지만, 훨씬 더 대규모인 재개방이 6월 21일로 예정되어 있었다.[27] 사람들은 여전히 백신을 접종받고 있었고, 아직 상당수가 2차 접종을 받지 않은 상태였다. 만약 재개방이 이루어진다면—혹은 이루어지지 않는다면—어떤 일이 벌어질까? 입원하거나 사망하는 사람은 얼마나 많을까? 이런 질문은 특히나 논란이 많은 과학적 주제가 될 터였다. 코로나19의 경우, 대부분의 논란은 팬데믹의 초기, 내 경력에서 가장 불안했던 시기로 거슬러 올라갈 수 있었다.

2020년 3월 1일 일요일 아침은 추웠다. 그날 아침 나는 세인트 메리 병원으로 지하철을 타고 가며 당시 런던의 예방 지침을 준수했다.

소독제를 충분히 쓰고, 마스크를 쓰지 않았다. 바로 전날 공중보건 연구진은 영국의 코로나19 첫 확진자를 확인했다. 찾아내지 못한 감염 사례가 더 많은 것은 분명했다. 패딩턴 역에 도착한 나는 한적한 가게에서 산 커피 한 잔을 들고 호젓한 수로를 따라 걸었다. 주말이었지만, 이상할 정도로 조용했다.

참가자들이 임페리얼 칼리지의 감염병 역학과에 도착하자 잡아놓은 회의실이 너무 작다는 것이 확실해졌다. 임페리얼 칼리지 연구진과 우리 런던 위생열대의학 대학원LSHTM 파견단에 더해 옥스퍼드대학교 국민보건서비스NHS, 보건부에서 나온 대표단도 있었다. 참석자 중 상당수는 나중에 이름을 알렸고, 닐 퍼거슨Neil Ferguson이나 피터 호비Peter Horby, 조너선 반-탐Jonathan Van-Tam처럼 유명인이 된 사람도 있었다.[28]

우리는 더 큰 방으로 옮겨 그 당시의 코로나19 상황을 논의했다. 우리는 다가올 영국의 전염병 양상에 대한 '합리적인 최악의 경우' 시나리오를 만들고, 그 결과를 병원의 수용 능력과 비교하기 위해 모였다. 하지만 그렇게 하려면 이 감염증의 진짜 중증도를 이해해야 했다. 전 세계에서 이 바이러스에 감염된 수천 명이 입원했지만, 경증 환자나 무증상 감염자를 얼마나 많이 놓치고 있었던 것일까? 감염자 수를 낮춰 잡다가는 중증도를 과대평가하게 될 수 있었다.

답은 두 가지 주요 소식에서 찾을 수 있었다. 전달에 크루즈선 다이아몬드 프린세스 호에서 발생한 감염과 초기 감염 핫스폿에서 평가 비행으로 온 승객을 검사한 결과였다. 둘 다 발견되지 않은 감염 사례가 있음을 시사했지만, 중증도를 안심할 수 있는 수준으로 낮추기에는 부족했다. 우리와 임페리얼 칼리지 연구진은 유증상자의 치명률에 관한 더 폭넓은 데이터를 종합하고 지역별 연령 분포를 조정해 평균적으로 영국에서 감염증의 치명률을 약 1퍼센트로 추정했다. 고령층에서는 위험이 훨씬 더 높았다.[29]

그날 오후 우리 연구진은 중증도 추정치를 질병 전파 과정의 수학 모형에 통합했다. 한편, 임페리얼 칼리지 연구진은 독자적으로 같은 작업을 했다. 감염증 전파의 양상을 포착하기 위해 우리는 모형에 일반적인 사회적 접촉(가정, 직장, 학교 등)과 서로 다른 연령대를 집어넣었다. 고려 중인 정책을 반영하기 위해 전염병이 최고조에 달한 시기에 12주 동안 구체적인 통제 조치를 시행할 경우 일어날 수 있는 일을 살펴보았다. 이런 조치에는 유증상자 격리, 학교 폐쇄, 사회적 거리 두기로 가정 외 접촉 50퍼센트 감소, 고연령층의 '코쿠닝'(위험한 환경을 벗어나 안전한 곳으로 피하는 행위) 등이 포함되어 있었다.

검토를 요청받은 모든 시나리오에 대해 우리는 수백만 명이 병원 치료를 요할 정도로 악화할 것이며, 전염병이 정점에 이른 시기에는 수만 개의 중환자실 병상이 필요할 것이라고 추정했다.[30] 당시 NHS에는 중환자실 병상이 5,000개에 미치지 못했고, 대부분은 이미 사용 중이었다.[31] 만약 우리의 시뮬레이션이 다가올 현실을 나타내고 있었다면, 보건 시스템은 감당할 수 있는 수준의 수 배 이상으로 과부하를 겪을 것이고, 사망자 수는 쉽게 여섯 자리에 도달할 수 있었다. 임페리얼 칼리지 연구진도 마찬가지로 암담한 결론에 이르렀다.

이런 상황을 분석하는 일이 내 직업이었음에도 내가 무엇을 보고 있는지 이해하는 데 시간이 걸렸다. 특히 전 세계적으로 코로나19 사망자 수가 3,000명 미만이었고, 중국을 제외하면 100명도 채 되지 않았기 때문이다.[32] 안타깝게도 우리가 소수점을 잘못 찍은 게 아니었다. 우리 추정에 따르면, 영국은 다가오는 재난에 직면하고 있었다. 그리고 몇 달 동안 우리의 일상이 극적으로 바뀐다고 해도 안전을 보장할 수는 없었다.

이후 2020년 3월 16일에 임페리얼 칼리지가 '보고서 9'를 공개하면서 이 주요 수치는 유명해졌다. 3월 1일 시나리오는 원래 '합리적인 최악의 경우'가 될 예정이었지만, 질병의 중증도에 대한 이 가정이 실제로는 '합리적인 경우'에 더 가깝다는 것이 곧 분명해졌다. 자주 인용되는 주장 중 하나는 보고서 9의 공개가 영국의 첫 봉쇄를 촉발했다는 것이었다. 하지만 사실 시나리오는 문제의 일부일 뿐이었다. 게다가 가장 파괴적인 시나리오는 그달 초부터 나와 있었다. 분명히 훨씬 더 영향을 끼친 건 3월 13일 금요일부터 가동된 새로운 보건 감시 시스템으로, 기존 감염 사례가 시사하는 것보다 영국에서 전염병이 훨씬 더 많이 진행되고 있었음을 드러냈다.[33]

입원 및 사망 환자가 늘어나면서 다른 국가와 마찬가지로 영국은 사회적 상호작용을 엄격히 제한하기 시작했다. 전파 기회가 줄어들면서 전염은 감소했고, 서서히 질병의 중증도도 내려가고 있었다. 하지만 곧 코로나19에 대한 대안 이론과 코로나19 과학으로 여기던 것에 대한 의문이 나타났다. 3월 말 언론은 영국의 절반이 이미 코로나19에 감염됐다고 보도했는데, 이는 임페리얼 칼리지와 우리 분석 결과보다 중증도가 훨씬 낮다는 사실을 암시했다.[34]

4월에 전염병이 정점을 찍자 모형에 대한 비판은 더 커졌다. 일부는 몇몇 시나리오에서 예측한 것처럼 수십만 명의 사망자가 나오지 않았으니 모형이 틀렸음이 분명하다고 주장했다. 어떤 이들은 정부가 도입한 조치가 상황이 최악의 결과로 치닫는 것을 막았다고 인정했지만, 검증이 가능하지 않다는 이유로 여전히 모형을 비판했다. 모형에서 나온 시나리오가 정확했는지를 확인하기 위해 우리가 역사를 되돌려 통제 조치를 줄인 상태에서 전염병을 다시 일으킬 수는 없는 노릇이었다. 그러면 어떻게 그것을 과학으로 간주할 수 있을까?

다른 분야에서도 비슷한 문제가 발생한다. 기후변화에 관한 정부 간 협의체Intergovernmental Panel on Climate Change, IPCC는 2014년 보고서에서 온실가스 배출의 잠재적인 영향을 보여주려고 네 가지 시나리오를 제시했다.[35] '대표 농도 경로RCP'라 불리는 이 시나리오는 아주 낙관적인 것에서 아주 염세적인 것까지 있었다. 최악의 시나리오인 RCP 8.5는 기후 정책이 전혀 없는 세상을 예상했다. 보고서에서는 '평상시 대량 배출 시나리오'라고 불렀다. 흔히 대량 배출이 평상시의 행동과 같다고 오해할 때가 많지만, 실제로는 더 높은 수준의 배출량에 기반한 가상의 시나리오였다.

코로나19 초창기였던 이 시기에 '최악의 경우'였던 질병의 중증도가 적당한 수준에 더 가깝다는 것이 드러났다. 그러나 기후 시나리오에서는 자주 인용되던 '평상시 행동' 시나리오가 훨씬 더 나쁜 것을 나타냈다. RCP 8.5는 가능성이 있었고, 기준을 잡기 위해 연구할 가치가 있었다. 하지만 가장 가능성이 큰 결과로 여겨졌던 것은 아니다. "나는 그 문단에서 평상시 행동이라는 말의 뜻을 더 분명하게 했다면 좋았을 것이라고 생각한다." 2014년 보고서의 저자 중 한 명은 훗날 이렇게 말

했다.[36]

2020년 RCP 8.5의 해석에 관해 일찍이 우려를 표한 바 있는 기후과학자 지크 하우스파더Zeke Hausfather에 따르면, 더 명확한 틀을 이용하면 그런 혼동을 줄일 수 있다. 그 뒤로 하우스파더와 동료들은 여러 가지 가능성을 일컫는 새로운 용어를 제안했다. RCP 8.5는 '회피한 세계'라고 불렀다. 처음 나온 2010년대 초 이후로 일어난 현실과 더 이상 맞지 않기 때문이다.[37] "21세기가 석탄이 지배하는 세기가 될 수 있다는 생각이 그렇게 억지스러워 보이지는 않았다." 하우스파더는 말했다.[38] 하지만 다행히 세상은 변했다. 다시 말해, RCP 8.5는 이제 더 이상 측정하거나 관찰할 수 없는 가상의 역사가 됐다.

그런 역사를 구체화하는 것은 기후의 영향을 둘러싼 불확실성 때문에 더 어렵다. 인간의 온실가스 배출이 기후변화와 관련이 있으며 인간이 그에 대해 무엇인가를 할 수 있다는 것을 보일 수는 있다. 하지만 배출량이 특정한 값일 때 어떤 결과가 나올지 정확히 예측하는 것은 별개의 문제다. "어떤 행동이 일으킨 배출량에 대한 기후의 반응을 이해하기보다는 그 행동이 얼마나 배출을 일으키는지 이해하는 편이 훨씬 더 쉽다." 하우스파더는 말했다.

기후든 코로나19든 분야를 떠나 인과관계 연구에는 몇 단계의 이해도 수준이 있으며, 각각은 더 고도의 지식을 필요로 한다. 인공지능의 선구자 주디아 펄Judea Pearl은 이들 단계를 탐색하기 위해 '인과의 사다리'라는 개념의 사고를 제안했다.[39]

사다리의 첫 번째 단계에서 우리는 둘 사이에 모종의 관계가 있는지만 묻는다. 어느 하나가 변하면 다른 하나도 예측할 수 있는 방식으

주디아 펄의 '인과의 사다리'

로 변하는가? 예를 들어 모유 수유를 받은 아기가 그렇지 않은 아기보다 일반적으로 체중이 더 나가는가? 다음 단계에는 중개가 있다. 이제는 둘이 관련되어 있는지만 묻지 않는다. 뭔가를 바꾸면 어떤 일이 일어날지 예측하려고 한다. 식단 변경은 아기의 성장에 어떤 영향을 끼칠 것인가?

사다리의 가장 높은 곳으로 가려면 한 걸음 더 나아가 현실의 대안을 고려해야 한다. 그래야 일어나지 않은 변화를 예측할 수 있다. 만약 아기에게 모유를 주거나 주지 않는 쪽으로 바꾸었다면, 그래도 아기는 똑같은 속도로 성장했을까? 사다리 위로 올라가는 이 세 단계를 가리키는 전문용어는 각각 연관성, 중개, 반사실성이다. 하지만 펄은 우리가 이 셋을 다른 방식으로 생각할 수 있다고 제안한다. 바로 '보기', '하기', '상상하기'다.

연구자들의 과제는 한 단계에서 다음 단계로 이동하는 방법이다.

만약 둘 사이의 강한 연관성을 포착했다면, 우리는 그것을 이용해 예측할 수 있지만 반드시 행동을 권고할 수는 없다. 예를 들어 다음 달에 아이스크림 판매량이 급증한다면, 열사병 발병 역시 늘어나리라고 예측하는 것이 합리적이다. 하지만 이런 연관성이 아이스크림이 열사병을 일으킨다는 뜻은 아니며, 열사병을 예방하기 위해 우리가 어떻게 중개해야 할지도 알려주지 않는다.

매니시 라가반은 사법 및 삶의 다른 영역의 알고리즘 의사결정에 관한 연구에서 사람들이 종종 이 첫 번째 단계를 빠져나오지 못한다는 사실을 알아냈다.[40] 그는 이렇게 말했다. "우리가 이런 많은 문제를 인과나 중개의 문제라기보다는 예측의 문제로 형식화하는 건 단지 예측 문제로 형식화하는 게 더 쉽기 때문입니다." 심리학자 줄리아 로러Julia Rohrer에 따르면, 연구 대상과 연구자의 관심사 사이에는 종종 괴리가 있다. "심리학자는 항상 예측에 관해 이야기하지만, 사용 사례는 한 번도 없습니다."[41] 로러는 관계 만족도와 같은 것을 예측하는 데만 관심이 있는 사람은 거의 없다고 지적한다. 사람들은 인간관계가 어려울 거라는 사실을 알기만 하는 것을 원하지 않는다. 왜 그리고 어떻게 해야 하는지를 알고 싶어 한다. 로러는 이렇게 말했다. "우리는 항상 설명하려 듭니다. 그리고 그것은 인과적이지요."

통계를 배우는 학생은 종종 "상관관계가 인과관계를 함축하지 않는다"라는 격언을 접한다. 따라서 역학과 심리학 같은 분야에서는 많은 연구가 인과관계보다는 '연관성'이라는 단어로 결과를 나타내려고 애쓴다.[42] 어떤 특징과 행동이 특정 질병과 '연관성'이 있다고 이야기함으로써 독자가 그것이 원인이라고 결론짓는 일을 방지하는 것이다. 그러나 인과를 나타내는 용어를 신중하게 피하는 이런 행동은 어딘가 솔직하지 못하다. 질병과 같은 바람직하지 않은 사건에 관한 한 우리는 단순한 상관관계에 별 관심이 없다. 일반적으로 우리는 원인을 알고 싶기 때문에 질병을 연구한다. 우리는 어떻게 중개해야 할지를 알고 싶은 것이다. 역학자 미구엘 헤르난Miguel Hernán이 말했듯이, "전통적인 통계학이 과학에 끼친 가장 큰 해악은 단연코 '인과'라는 단어를 더럽게 만든 것이다."[43]

상관관계에 초점을 맞추다 보면 근본적인 원인을 놓칠 수 있다. 예를 들어 여러분의 집에 효과적인 온도 조절 장치가 있다고 해보자.[44] 외부 온도가 떨어지면, 난방이 돌아가고 여러분은 가스나 전기를 더 많이 사용하게 될 것이다. 장치가 제대로 작동하면, 그 결과 실내 온도는 일정하게 유지된다. 따라서 시간에 따른 날것의 상관관계를 분석하는 사람이라면 에너지 사용량과 실내 온도 사이에는 아무런 관계가 없으며, 외부와 실내 온도 사이에도 아무 관계가 없다고 결론지을 것이다. 알 수 있는 것은 외부 온도가 낮을수록 더 많은 에너지를 사용한다는 것뿐이다. 이것은 '상관관계 없는 인과관계'의 예시다. 성급하게 연관성에 기반해 분석하면 난방 시스템이 의미 없다는 잘못된 생각을 하게 될 수 있다.

중개 방법을 안다면 우리는 사다리의 두 번째 단계로 올라서지만, 중개가 효과적인 이유를 항상 정확하게 이해할 수 있다는 뜻은 아니다. 결핵 치료제인 스트렙토마이신의 무작위 대조 시험에 관한 연구를 한 뒤 오스틴 브래드퍼드 힐은 흡연이 암을 일으킨다는 압도적인 증거를 수집한 연구진의 일원이 됐다. 이 연구진은 여러 환자군-대조군 실험과 코호트 연구를 비롯해 다양한 접근법을 사용해 연관성 주장에서 인과관계의 증거로 나아갔다. 여기서 중개 기회가 생겨났다. 만약 흡연이 암을 유발한다면, 흡연을 줄이면 암 발생도 낮아질 터였다. 이후 브래드퍼드 힐은 인과관계를 결정할 때 생물학적 설명이 도움이 되지만 필수적이지는 않다고 지적했다. "무엇이 생물학적으로 타당한지는 당시의 생물학 지식에 달려 있다."

여러 가지 인간적 요인을 포함한 중개를 이해하는 데 있어서는 설명이 특히 까다로워질 수 있다. 사회복지 정책에 관한 한 주디 구에론은 무작위 대조 시험이 관찰된 결과에 영향을 끼치는 여러 요인을 구별하지 못한다고 지적했다. "무작위 대조 시험의 가장 큰 문제는 정책이 효과가 있거나 없는 이유, 그리고 더 효과적으로 만들 방법을 알아낼 수 없다는 겁니다."[45] 어떤 중개의 결과를 예측하는 것은 가능할 수 있지만, 그사이에 무슨 일이 벌어지는지는 알 수 없다. 구에론은 이렇게도 말했다. "어느 정도는 여전히 블랙박스지요."

행동에서 상상으로 가고자 한다면 이해는 중요하다. 연구자들은 오랫동안 인과관계에서 반사실성으로 가는 이 경로에 관심을 가져왔다. 로널드 피셔 같은 초기의 통계학자 역시 마찬가지였다. "만약 우리가 '이 소년은 잘 먹고 자랐기 때문에 키가 커졌다'라고 말한다면, 그것은 단지 한 개별적인 사례의 인과관계를 추적하는 게 아니다." 1918년 피셔는 이렇게 기록했다. "우리는 이 소년이 어쩌면 잘 못 먹고 자랐을 수도 있고, 그 경우 키가 더 작았을 거라고 이야기하는 것이다."[46]

사건을 상상해야 하는 것은 통계학자만이 아니다. 사람들은 매일 주변 세상에 대한 이해를 바탕으로 수십 가지의 반사실적 예측을 한다.

갓 태어난 아들을 안고 처음으로 부엌을 걸어 다녔을 때 나는 아들을 딱딱한 돌바닥에 떨어뜨릴까 봐 꼭 안았다. 그런 걱정을 한 것은 내가 관련된 세상의 원리를 잘 이해하고 있었기 때문이다. 나는 아기가 무엇으로 이루어져 있는지, 바닥이 무엇으로 되어 있는지, 중력이 어떻게 작용하는지를 이해한다.

물론 가설적 예측에 관한 한 기초물리학은 가장 쉬운 편이다. 기초물리학에는 중력처럼 우리가 충분히 이해하고 있어서 인과의 사다리 전체를 통과할 수 있는 과정이 있다. 우리는 볼 수 있고, 할 수 있고, 상상할 수 있다. 생물학이나 행동에 관한 복잡한 질문은 훨씬 더 어렵다. 그 흡연자가 담배를 끊었더라면 더 오래 살았을까? 복지 프로그램이 없었어도 그 사람이 직업을 구했을까? 그런 질문에 대해서 우리는 명확한 대답을 하기 어렵다. 우리는 우리 지식의 빈틈이 결과에 얼마나 영향을 끼칠 수 있는지를 보여주기 위해 확률로 나타내거나 다양한 가설을 탐구할 수 있다.

중개는 현실 세계에 존재할 수 있지만—우리는 전후에 어떤 일이 일어났는지 측정할 수 있다—반사실성은 가설적으로만 존재할 수 있다. 어떤 경우에는 사건이 가설의 검증을 앞지를 수도 있다. 2020년 초의 코로나19 시나리오는 당시에 반사실적이지 않았다. 미래의 기후변화에 대한 현재의 가장 뛰어난 추정 역시 마찬가지다. 하지만 코로나19 통제 조치를 도입하는 순간 중개가 없을 때 그 지역에서 일어날 일에 대한 예측은 더 이상 실험으로 검증할 수 없게 됐다. 우리는 실제로 일어난 현실만을 볼 수밖에 없었다.

이런 난점에도 불구하고 우리가 관심을 두는 많은 문제에는 반사실이 있다. 만약 어떤 백신이 얼마나 많은 죽음을 막았는지, 또는 잘못된 유죄 판결이 몇 년간의 자유를 앗아갔는지, 또는 기업의 구조 조정이 얼마나 많은 돈을 절약했는지를 알고 싶다면, 우리는 반사실적 질문을 해야 한다. 이 과정에서 우리는 인과관계의 가장 어려운 면과 함께 그런 질문에 대답하는 데 있어 과학의 역할을 마주하게 된다.

시간이 흐르며 어떤 사람들은 카를 포퍼의 사상을 너무 단순하게 해석해 과학의 유일한 역할은 가설을 반증할 수 있는지를 검증하는 것이라고 생각하기 시작했다. 통계학자 리처드 맥엘리스Richard McElreath는 이런 태도를 '일종의 민간 포퍼주의'라고 불렀다. 맥엘리스는 모든 것을 아우르는 규칙으로 보기에는 반증에 두 가지 큰 문제가 있다고 지적한다.[47] 첫째, 데이터로 가설을 반증하려면 먼저 가설을 검증할 수 있는 명확한 형태로 바꾸어야 한다. 즉 일종의 모형을 정의해야 한다.

예를 들어 임의의 데이터 세트를 얼마나 신뢰할 수 있는지 알아내야 하는 문제가 있다고 하자. 만약 가설에 따라 어떤 실험으로 특정 결과를 도출할 수 있다고 예측했는데, 그 결과가 나오지 않는다면 가설이 틀렸거나 실험에 어딘가 흠이 있기 때문이라고 할 수 있을까? 포퍼도 논리적으로는 바람직한 관점이라고 생각했지만, 현실에서 과학 이론을 반증하기 어려울 때가 많다는 사실을 인정했다. 갓 태어난 내 아들을 바닥에 떨어뜨렸을 때의 효과에 대한 내 예측은 이론적으로 언제나 검증 가능하다. 단지 실제로 내가 그것을 검증해볼 일이 결코 없었을 뿐이다.

코로나19 모형의 경우, 현실적으로는 대부분의 정부가 통제되지 않은 전염병을 용납하지 않았겠지만, 바탕이 되는 몇몇 이론은 검증 가능했다. 예를 들어 영국에서 첫 번째 유행이 수그러들기 시작했다는 초기 신호는 내 동료들이 2020년 3월의 마지막 주에 수행한 사회적 접촉 조사에서 나타났다.[48] 접촉은 코로나19 이전과 비교해 75퍼센트 가까이 줄어들었다. 만약 이런 상호작용이 우리가 가정한 방식대로 전파에 영향을 끼쳤다면, 우리는 4월 중순까지 코로나19 입원 환자 수가 감소하는 모습을 볼 수 있을 터였다. 실제로 그렇게 됐다. 정부의 중개 없이 접촉이 이 정도로 줄어들었으리라고는 말할 수 없었지만, 만약 그렇지 않았다면 전염병의 양상이 어떻게 됐을지 추정할 수 있었다.

영국에 대한 우리의 중요한 가정 중 하나는 질병의 중증도에 관한 것이었다. 이 가정은 검증 가능한 예측으로도 이어졌다. 만약 일정한 수의 사망자가 있다면, 그것은 일정 수의 감염자가 있다는 뜻이었다. 예를 들어 2020년 4월 말의 한 보고서에서는 스톡홀름 인구의 4분의 1이 이미 코로나19에 감염됐다고 주장했다.[49] 이와 달리 우리의 분석 결과는 7~8퍼센트에 가까웠으며, 이는 나중에 항체 데이터로 얻은 추정치와 일치했다.[50] 통제가 되고 있지 않았던 과야킬, 이키토스, 마나우스 같은 라틴아메리카의 도시에서는 감염자와 사망자가 매우 많았다.[51]

안타깝게도, 초기에 중증도가 매우 낮다고—따라서 감염이 훨씬 더 넓게 퍼져 있다고—주장했던 사람들은 항체 검사에 대한 예측이 반증되고 나서도 수긍하지 않은 채 뒤늦게 주장을 바꾸었다. 항체는 더 이상 유효한 측정값이 아니라는 것이었다. 감염은 여전히 넓게 퍼져 있었고 강력한 면역 반응을 일으켰지만, 어쩐 일인지 측정은 되지 않는다는 주장이었다.

포퍼는 어떤 이론이 반증됐다고 해서 항상 그 이론을 버려야 하는 것은 아니라는 사실을 인식하고 있었다. 하지만 설명을 수정하면 검증할 수 있는 새로운 예측이 나와야 한다고 주장했다. 예를 들어 19세기에 천문학자들은 천왕성의 궤도가 뉴턴의 법칙을 따르지 않는다는 사실을 발견했다. 뉴턴이 틀렸던 것일까? 이론을 포기하는 대신 천문학자들은 대안을 제시했다. 어쩌면 아직 발견하지 못한 행성이 중력으로 당기고 있어 천왕성의 궤도가 달라졌을지도 몰랐다. 실제로 이후 그 문제의 행성은 해왕성으로 밝혀졌다.[52]

모든 물리학 이론을 그렇게 쉽게 현실과 비교해 검증할 수 있는 것은 아니다. 최근 수십 년 동안 전 세계에서 수천 명의 물리학자가 '모든 것의 이론'을 추구했다. 아원자 세계와 은하의 거대한 패턴, 그리고 그 사이의 모든 것을 동시에 설명하겠다는 희망에서였다. 오랫동안 가장 앞선 후보는 끈 이론이었다. 다른 이론에서 분명히 드러나는 모순적 측면을 해결하기 위해 끈 이론은 우리 눈에 3차원 세계로 보이는 것이 10개의 보이지 않는 차원에서 진동하는 끈 같은 물체로 이루어져 있다고 주장한다. '초끈 이론'과 'M 이론'처럼 이 아이디어를 개선한 후속 이론도 마찬가지로 관측할 수 없는 차원이나 다중 우주에 의존하고 있다.

끈 이론을 비판하는 사람들은 실험으로 그런 관측할 수 없는 차원을 측정할 수 없기 때문에 이론이 적절하게 검증하거나 반증할 수 없는 예측을 하고 있다고 주장한다. 그에 대한 대응으로 일부 이론물리학자들은 이들을 '반증 가능성 경찰'과 '포퍼라치'라고 부르며 자신의 분야를 방어해왔다. 비록 과학에 단순한 반증 추구 이상의 것이 있다는 점은 사실이지만, 물리학은 현실과 비교할 수 없는 연구의 양이 점점 늘

어나고 있다는 불편한 상황에 처하고 말았다.[53]

검증 가능하지 않은 이론만이 과학의 유일한 문제는 아니다. 어떤 이론이 틀렸다는 증거가 있고 가능한 대안이 없는 상황이더라도 때때로 과학자들은 그 이론을 고수했다. 해왕성의 존재가 천왕성의 기이한 궤도를 설명할 수 있었음에도 뉴턴 물리학은 20세기 초까지 수성의 궤도를 제대로 설명하지 못했다.[54] 많은 사람은 그것이 사소한 문제일 뿐이라고, 뉴턴의 연구를 다시 정상 궤도에 올려놓을 설명이 분명히 나타나리라고 생각했다.

이번에는 뉴턴의 이론을 구원할 새로운 개별 데이터가 나타나지 않았다. 그 대신 알베르트 아인슈타인이 행성과 같은 거대한 물체를 다룰 때는 뉴턴의 이론이 틀렸다는 사실을 보였다. 유클리드 기하학에 기반한 뉴턴 물리학은 비유클리드 기하학에 의존하는 아인슈타인의 일반 상대성 이론에 자리를 내주었다. 뉴턴과 달리 아인슈타인의 이론은 시간 자체에 대한 중력의 효과를 설명했고, 따라서 수정의 궤도를 설명할 수 있었다.

1960년대 초 역사학자 토머스 쿤Thomas Kuhn은 과학 연구의 발전을 분석한 베스트셀러 서적 『과학혁명의 구조』를 출간했다. 여기서 쿤은 정치 체계와 마찬가지로 과학도 혁명을 겪을 수 있다고 주장했다. 과학자들은 지식을 꾸준히 쌓아가기보다는 때때로 다른 이론으로 갈아타며 기존의 이론을 모두 치워버린다는 것이다. 쿤은 이런 변화를 설명하며 '패러다임 전환'이라는 용어를 사용했다.[55]

그것은 인간의 결함과 무리 행동이 가득한 세상으로 과학을 바라보는 견해다. 만약 어떤 과학자가 한 이론에 의존했다면—그리고 아마도 그 이론으로 경력을 쌓았다면—반증은 그 이론을 포기하도록 설득하기에 충분하지 않았다. 쿤에 따르면, 초기 단계에 있는 새로운 패러다임을 받아들이는 선택은 "신념에 의해서만 가능했다."

사회적 요인이 연구의 대중성을 형성하는 방식을 설명하는 책이니만큼 쿤의 분석은 1960년대의 반권위적이고 반체제적인 분위기에 걸맞았다. 심지어 제목에 '혁명'이라는 단어까지 들어 있었다. 쿤은 나중에 젊은 층 사이에서 책이 성공적이었던 데는 이런 이유도 있다는 사실을 알고 실망했다. "그 책은 과학을 때리는 채찍으로 쓰일 수 있었고, 실제로 그렇게 쓰였다." 훗날 쿤은 이렇게 말했다.[56]

쿤은 혁명에 관한 자신의 연구를 과학 발전에 관한 단순한 관찰이 아닌 목표로 본 사회과학자들에게도 점차 불만을 느꼈다. "몇몇은 심지어 '와, 이제 우리는 우리의 패러다임이 무엇인지 알아내고 강제하기만 하면 된다'라고 말하기도 했다." 쿤은 이렇게 불평했다. 자주 쓰이는 '패러다임'이라는 개념 역시 시간에 따라 달라지며, 철학자들과 쿤 자신에 의해 다듬어지고 바로잡혔다. 유명세와 함께 찾아온 잘못된 해석에 짜증이 난 쿤은 후기 연구에서 '패러다임'이라는 용어를 거의 사용하지 않았다.

링컨이 게티즈버그에서 국가적 공리라는 개념을 뒤집었고, 바이어슈트라스의 괴물이 수학이 '직관적으로 명백한' 사실에 의존할 수 있다는 생각을 짓밟았듯이 쿤의 연구는 어쩌면 스스로 반증한 것 중 가장 가치가 있었을 것이다. 일반적인 믿음과 달리 과학은 언제나 거짓을 제거하고 진리에 수렴하는 효율적인 기계는 아니었다. 발전은 느리고 지저분하며 인간적일 수 있었다.

불완전한 연옥에 머물러 있을 수 있는 것은 과학 이론만이 아니다. 과학적 '증명'을 추구하는 데 쓰이는 기초적인 방법론에도 비슷한 일이 일어날 수 있다. 어색한 결함과 의견 차이는 알고는 있지만 해결되지는 않은 채로 남아 있을 수 있다. 마침내 누군가 더 나은 아이디어를 들고 나올 때까지.

2020년 3월 9일 혼잡한 회색빛의 런던 거리에서 있었던 것만큼 많은 사람의 생명을 구한 버스 이동은 없을 것이다. 그날의 뉴스는 코로나19가 병원을 잠식한 이탈리아 북부의 소식으로 가득했다. 영국도 똑같은 문제를 겪는 것은 시간문제로 보였다. 버스 승객 두 명은 앉아서 이런 상황에 관해 논의하고 있었다. 한 명은 옥스퍼드대학교에서 임상 연구를 하는 마틴 랜드레이Martin Landray였고, 다른 한 명은 세계 최대의 자선 재단 중 하나인 웰컴 트러스트의 이사 제러미 파라Jeremy Farrar였다.[57]

봉쇄와 국경 폐쇄는 일시적인 코로나19 해결책에 불과했다. 궁극적인 재앙을 피하려면 효과적인 치료법이나 백신을 찾아야 했다. 코로나19가 이미 영국에 퍼지고 있던 상황에서 랜드레이와 파라는 무작위 대조 시험을 시작해야 한다는 데 동의했다. 몇 년 전의 에볼라와 같은 전염병을 대상으로 했다가 성공하지 못했던 여러 시험과 달리 이번 임상 시험은 규모가 크고, 빠르고, 가벼워야 했다. 신뢰할 수 있는 증거를 만들 수 있을 정도로 규모가 커야 했고, 초기에 생명을 구할 수 있을 정도로 빨라야 했으며, 이미 바쁜 의료진에게 부담이 되지 않을 정도로 가벼워야 했다.

10일이 채 지나기도 전에 RECOVERY(회복) 시험은 첫 환자를 모집했다. 랜드레이와 동료인 피터 호비가 이끈 이 시험은 '플랫폼 시험'이 될 예정이었다. 수십 곳의 병원에서 여러 가지 치료법을 검증할 수 있다는 뜻이었다. 마침내 환자 수만 명이 연구에 참여했다. 첫 번째 긍정적인 결과는 2020년 6월에 나왔다. 저렴한 스테로이드인 덱사메타손이 인공호흡기를 사용하는 환자의 사망률을 3분의 1 정도 줄일 수 있다는 사실을 알아냈던 것이다. 첫 번째 결과를 본 호비는 랜드레이에게 전화를 걸어 말했다. "맙소사, 효과가 있어."

RECOVERY와 달리 코로나19를 대상으로 한 많은 치료법 무작위 대조 시험은 거의 시작하자마자 실패할 운명이었다. 초기 임상 시험의 40퍼센트가 환자를 100명도 모집하지 못했다. 일부 시험은 치료법을 선택할 때 체계적으로 다양한 약물을 시험하는 대신 대중적인 추측에 의존해 중복된 결론을 얻었다. 일부는 조직화가 부족해 편향과 흠결이 생겼다. 그리고 많은 임상 시험이 이 모든 문제에 시달렸다.

RECOVERY가 최고 수준의 팬데믹 과학이었다면, 다른 사건은 과학계에 대한 인식에 부정적인 영향을 크게 끼쳤다. 나중에 RECOVERY가 코로나19에는 효과가 없다고 밝혀낸[58] 말라리아 치료제 하이드록시클로로퀸과 같은 의심스러운 치료제에 대한 추측만을 이야기하는 것이 아니다. 가차 없기 그지없었던 공개적 논쟁 중 일부는 결국 마스크 정책에 초점을 맞추었다. 이 글을 읽는 여러분은 당시에 마스크 착용에 강력히 찬성했거나, 강력히 반대했거나, 어쩌면 다소 무관심했을지도 모른다. 그러나 사회가, 그리고 과학자가 갈라져 갈등을 빚은 이유를 파헤쳐볼 가치는 있다.

마스크 착용에 관한 논쟁은 새로운 일이 아니다. 1918~1919년 인플루엔자 팬데믹 때 캘리포니아의 한 마스크 회의론자는 지역 단속원과 총싸움을 벌였다. 이어서 『샌프란시스코 크로니클』에는 '마스크 기피자와 싸움 끝 세 명 총상'이라는 제목의 기사가 실렸다. 한편, 디트로이트의 보건 위원은 거즈 마스크의 인기를 보고 "이런 마스크는 가치가 없다"라는 결론을 내렸다.[59]

코로나19 팬데믹 시기의 마스크를 둘러싼 공공 담화 역시 암담했다. 일부 과학자는 단순한 마스크라고 해도 효과가 있는 게 "분명하다"라고 단언했다. 이들은 낙하산을 사용하는 것과 같은 기초물리학의 문제라고 주장했다. 어떤 과학자들은 다른 형태의 증거는 유효하지 않다며 무작위 대조 시험을 요구했다. "황금 기준"만이 유용하다는 주장이었다.[60]

앞서 살펴보았듯이 연구자들은 의학적 개입을 너무 쉽게 '낙하산'으로 분류하는 데 주의해야 한다. 그 효과는 일반적으로 그렇게 크거나 예측 가능하지 않을 것이다. 팬데믹 시기에 마스크 무작위 대조 시험이 이루어졌을 때조차도 논쟁은 오히려 거세지기만 했다. 덴마크인 참가자 6,000명을 '대조군'과 '마스크군'으로 나누고 2020년 4월 중순부터 5월 중순까지 관찰한 연구인 DANMASK를 보자. 두 집단을 비교한 연구진은 마스크를 착용한 집단의 감염자 비율이 18퍼센트 낮다는 사실을 알아냈다.[61] 그러나 함께 제시한 95퍼센트 신뢰 구간이 넓어서 마스크의 효과가 없었을 가능성을 배제할 수는 없었다. 몇몇 저명한 과학자를 포함한 일부 논평가는 이 결과를 마스크가 쓸모없다는 내용으로 받아들였다. 한 언론은 "덴마크의 획기적인 연구, 마스크 착용에 유

의미한 효과 없어"라는 헤드라인을 달기도 했다.[62]

'유의미한 효과 없음'과 '효과 없음'은 얼핏 비슷해 보이는 말이지만, 완전히 다르다. 안타깝게도 언론은 물론 학계 내에서도 이 두 개념을 종종 혼동한다. 코로나19 이전에 거의 800편의 과학 논문을 분석한 한 결과에서는 그중 절반이 '유의미하지 않음'을 '효과 없음'으로 해석했다고 나타났다. 많은 논문은 심지어 유의미하지 않은 결과가 귀무가설을 '증명'했다고 주장하기도 했다.[63]

연구 결과를 해석하려면 우리는 연구진이 어떤 가설을 검증하려고 했는지 알아야 한다. 그래야 '유의미함'이 무슨 뜻인지 해석할 수 있다. DANMASK 연구에서 연구진은 마스크 착용이 감염 위험을 최소 50퍼센트 줄인다는 가설을 검증하려고 했다. 마스크가 착용자의 질병 전파에 끼치는 영향을 포함하지 않았다는 점을 고려하면 매우 높은 기준이었다. 다시 말해, 더 작지만 여전히 잠재적으로 유용한 효과를 포착하기에는 검정력이 부족했다.[64]

RECOVERY의 덱사메타손 시험 결과를 발표했을 때 인공호흡기를 사용하는 환자의 사망률은 35퍼센트 감소했고(95퍼센트 신뢰 구간은 12~52퍼센트), 산소 공급이 필요한 모든 환자의 사망률은 20퍼센트 감소했다(신뢰 구간은 4~33퍼센트).[65] RECOVERY가 없고 세상이 다른 곳의 잡다하고 검정력이 부족한 시험에 의존해야 했다면, 이런 신뢰 구간은 훨씬 더 넓었을 것이다. 그리고 아마도 일부 논평가는 이런 중요한 초기 치료를 유의미한 효과가 없거나 더 나쁘게는 효과가 없다고 간주했을 것이다.

내가 보기에 코로나19 팬데믹 기간에 언론이 마스크 정책에 그렇게 큰 관심을 보인 데는 크게 두 가지 이유가 있다. 첫째, 마스크는 신속한 검사나 아플 때 자가 격리를 하는 통제 조치보다 훨씬 더 눈에 띄었다. 둘째, 마스크는 코로나19에 효과적인 초기 대응을 보였던 동아시아 일부 국가에서 인기가 있었다. 이는 서구권 국가가 단지 그것이 증거 피라미드의 꼭대기에 있지 않다는 이유만으로 이미 존재하는 지식을 무시하고 있다는 우려를 불러일으켰다.

현대 과학은 우리에게 많은 발견을 선물했지만, 때로는 발전을 방해하기도 했다. 소말리아의 여러 부족은 오래전부터 말라리아와 모기의 연관성을 이야기했지만, 유럽에서 찾아온 19세기 '계몽인'은 단지 미신으로 치부했다.[66] 마찬가지로 태평양의 섬 주민들은 별과 바다의 너울, 바람, 새의 움직임 등을 관찰해 수백 년 동안 방대한 거리를 넘나들었다.[67] 일부 서양 학자들은 이 이야기를 듣고 섬 주민들이 어딘가에 도달한 것은 순전히 운이었다고 주장했다. '진보한' 학자들은 컴퍼스와 같은 도구 없이 성공적으로 항해할 수 있다는 것을 도무지 상상하지 못했다.

과학 연구는 기존 형태의 지식을 더 잘 활용해야 했을까? 그리고 이것은 실제로 어떻게 작동할까? 그것은 놀라울 정도로 어렵고 분열을 초래하는 질문으로 드러난다.

여러분이 가방에서 동전 한 개를 발견한다고 해보자. 여러분이 동전을 여섯 번 던지자 모두 뒷면이 나왔다. 동전을 다시 던질 때 뒷면이 나올 확률은 얼마일까? 우리가 전통적인 방법으로—로널드 피셔가 뮤리얼 브리스틀의 차 시음 실험을 평가할 때 썼던 것처럼—가설을 검정한다면, 우리는 적어도 여섯 번 모두 같은 면이 나올 확률(p값)이 5퍼센트 미만이라고 계산했을 것이다.[68] 따라서 전통주의자는 이것이 동전이 편향됐다는 '유의미한' 증거라고 주장할 것이다. 게다가 여섯 번 모두 뒷면이 나왔다는 것은 뒷면이 나올 최선의 확률 추정치가 6/6, 즉 100퍼센트가 되어야 한다는 사실을 시사한다. 그리고 표준 신뢰 구간 계산에 따르면, 우리는 이 확률이 61퍼센트에서 100퍼센트 사이에 있다고 95퍼센트 확신할 수 있다.

하지만 여러분은 이 결론에 만족할 것인가? 여러분이 가진 동전 하나가 그렇게 편향되어 있으리라고 생각할 이유는 없다. 만약 그랬다면, 가방에서 꺼냈을 때 이상하거나 비뚤어져 있다는 느낌을 받았을 것이다. 다시 말해, 여러분은 동전에 관해 몇 가지 유용한 추가 지식을 갖고 있으며, 그 지식을 분석에 반영할 방법을 찾아야 한다. 그것은 두 가지 주요 가능성을 저울질해야 한다는 뜻이다. 동전은 멀쩡하며 우리가 본 것은 단지 우연이었을 뿐이거나, 동전이 편향되어 있어서 95퍼센트의 신뢰 구간이 시사하듯이 정말로 뒷면이 더 많이 나온다는 것이다. 어느 쪽이 더 그럴듯한지 결정하는 것은 동전이 편향되어 있는지 아닌지에 대한 우리의 믿음에 달려 있다. 던지기 전에 손에 든 동전이 멀쩡하다고 얼마나 확신할 수 있을까?

1934년 예지 네이만이 신뢰 구간에 관한 연구를 발표하자 동료 한 명이 공개적으로 "나는 '신뢰'가 '사기'가 아니라고 완전히 확신할 수 없다"라고 말했다.[69] 런던 왕립통계학회에서 발표한 이 비판에는 우연과 진짜 현상 모두 똑같은 신뢰 구간을 만들 수 있다는 주장이 담겨 있었다. 따라서 네이만의 방법으로는 우리가 어떤 현실을 다루고 있는지 알 수 없었다. "우리 입장에서는 일어나기 힘든 사건이 일어났거나, 아니면 모집단의 비율이 그 범위 안에 있다는 것만 알 수 있다고 생각한다." 그 인물은 이렇게 비판했다.

이는 오랫동안 연구자들을 무릎 꿇게 했던 딜레마였다. 그중 한명은 1763년에 성직자였던—그리고 통계학자였던—토머스 베이즈 Thomas Bayes였다. 앞의 동전 문제처럼 베이즈는 우리가 지금까지 어떤 패턴을 관찰했을 때 다음에 특정 결과가 나올 확률을 계산하는 문제에 관심이 있었다.[70] 베이즈의 결정적인 통찰은 이 확률이 우리의 최근 관찰에 의존할 뿐만 아니라 각 결과가 나올 확률에 대한 우리의 앞선 믿음에도 의존한다는 점이었다. 만약 우리가 편향되지 않은 공정한 동전을 쥐고 있을 가능성이 훨씬 더 높다고 생각한다면, 우리는 그것을 분석에 반영해야 한다. 게다가 더 많은 정보가 쌓이면서 우리는 이 과정을 반복해야 하며, 매번 기존의 믿음과 새로운 데이터를 결합해 추정치를 업데이트해야 한다.

우리 삶에는 이런 평가를 해야 하는 상황이 많다. 의학적 진단을 들어보자. 만약 말라리아 검사가 양성으로 나왔다면, 그것은 여러분이 말라리아에 걸렸다는 뜻일까? 베이즈의 연구에 따르면, 우리가 병에 걸렸을 확률은 진단 검사의 정확도와 여러분이 실제로 애초에 그 병에 걸렸을 확률 모두에 의존한다.

예를 들어 여러분이 영국에 살고 있으며 무작위로 말라리아 검사를 받았다고 가정하자. 여러분은 최근에 여행한 적이 없음에도 검사 결과는 양성이다. 검사 결과가 위양성인 경우는 드물지만, 영국에서 말라리아에 걸릴 가능성 역시 매우 낮다. 따라서 양성이 나온 결과의 일부

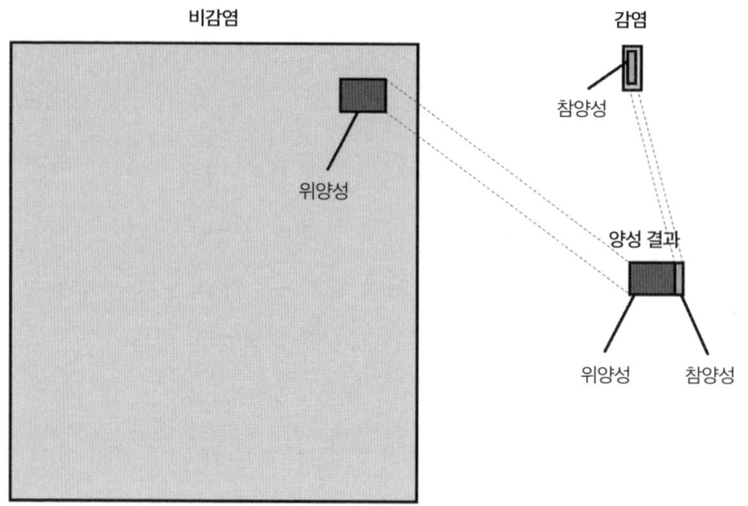

베이즈 정리를 나타낸 그림. 만약 대부분의 사람이 감염되지 않은 게 현실이라면, 작은 비율의 위양성 결과는 결과가 양성으로 나온 사람 중 대부분이 감염되지 않았다는 뜻일 수 있다.

는 실제로 말라리아에 걸린 사람에게서 나왔을 것이며, 일부는 건강하지만 검사 결과가 틀린 사람에게서 나왔을 것이다.

따라서 검사 결과가 양성일 때 여러분이 말라리아에 걸렸을 확률은 양성 중에서 위양성이 아닌 진짜 양성의 비율과 같다. 오늘날에는 이런 유형의 계산을 '베이즈 정리'라고 부른다.[71] 의학 검사의 경우, 베이즈 정리는 우리가 관찰 결과와 가능한 원인에 관한 사전 정보를 결합해 결과에 대한 좀 더 신뢰할 수 있는 해석을 도출할 수 있게 해준다.

안타깝게도 이런 생각은 자연스럽게 떠오르지 않는다. 2018년 연구자들은 미국의 의사 500명 이상에게 특정 검사 전후 여러 질병의 확률을 추정해달라고 요청했다.[72] 한 시나리오에서는 의사들에게 연례 검진을 위해 방문한 45세의 여성을 상상해달라고 했다. 그 여성에게는

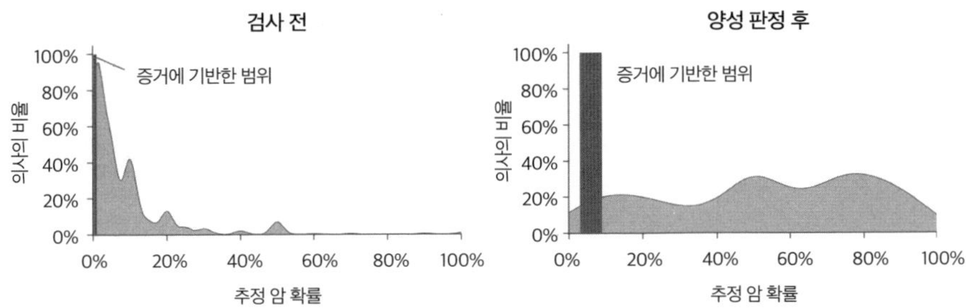

정기 유방촬영술 검사에서 양성이 나오기 전과 후에 45세 여성이 유방암에 걸렸을 확률에 대한 미국 임상의의 추정치를 베이즈 정리에 따른 증거 기반의 범위와 비교한 그래프 © Morgan et al, JAMA Internal Medicine, 2021

유방암 증상이나 특별한 위험 요인이 없었다. 의사들은 먼저 이 여성이 암에 걸릴 가능성은 얼마일지 추정해달라는 질문을 받았고, 이어서 유방촬영술에서 양성이 나왔을 때 암에 걸렸을 가능성을 추정해달라는 질문을 받았다.

유방암 발생률을 바탕으로 생각하면, 무작위 검사를 하기 전에 그 여성이 유방암에 걸렸을 확률은 0.2~0.3퍼센트였다. 이와 달리 의사들이 내놓은 평균 추정치는 5퍼센트였다. 일부는 이 질문을 암이냐 아니냐를 정하는 동전 던지기로 착각하기라도 한 듯 50퍼센트라고 답했다.

유방촬영술 검사는 완벽하지 않다. 추가 조사가 필요한 잠재적 이상을 확인하는 용도다. 암 발생률은 매우 낮고 검사 결과가 위양성일 때도 있기 때문에 베이즈 정리에 따르면, 유방촬영술 검사가 양성이 나왔을 때 그 여성이 진짜로 암에 걸렸을 확률은 3~9퍼센트다.[73] 다시 말하지만, 연구에 참여한 의사 대부분은 확률을 과대평가해 평균 60퍼센트라는 추정치가 나왔다.

베이즈 추론은 시간이나 좋은 데이터 없이 확률을 저울질해야 할 때 특히 중요하고 도전적인 일이다. 1983년 9월 26일 자정 직후 모스크바 근처의 군사 벙커에서 경보가 울리면서 이와 같은 상황이 발생했다. 당직 장교였던 스타니슬라프 페트로프Stanislav Petrov 중령은 소련의 조기 경보 위성이 보내는 신호를 모니터링하고 있었다. 그 시스템은 미국의 핵 공격을 포착해 러시아가 반격할 시간을 벌어주는 역할을 했다. 위성 하나에 따르면, 미국이 막 소련을 향해 탄도미사일 다섯 기를 발사했다. 이는 페트로프가 보복 공격에 대한 결정을 내릴 소련 지도부에 소식을 전할 시간이 몇 분밖에 없다는 뜻이었다.[74]

하지만 페트로프는 소식을 전하지 않았다. 훗날 페트로프는 이렇게 회상했다. "뭔가 이상한 느낌이 들었다." 만약 미국이 정말로 공격한 것이라면, 그 방식이 이상해 보였다. "전쟁을 시작할 때는 미사일 다섯 기로 시작하지 않는다." 페트로프는 조기 경보 시스템이 서둘러 설치되어 완전히 신뢰할 수 없다는 사실도 알고 있었다.

이 상황은 페트로프에게 사실상 베이즈 문제를 제시했다. 미국의 공격이 맞고 경보가 옳거나, 미국은 공격하지 않았으며 경보가 오작동한 것이었다. 공격 가능성에 대한 자신의 사전 믿음과 눈앞의 증거를 결합한 페트로프는 시스템이 틀렸다는 결론을 내렸다. 더 많은 데이터가 들어오면서 페트로프의 결론은 굳건해졌다. 몇 분이 지난 뒤에도 별도로 작동하는 지상의 레이더 시스템은 공격의 징후를 포착하지 못했다. 그것은 올바른 판단으로 드러났고, 그 결정은 핵전쟁이 일어날 뻔한 상황을 막았다. (나중에 태양 빛이 구름에 반사되어 경보가 잘못 울린 것으로 밝혀졌다)

이런 베이즈식 사고방식은 우리가 투입하는 정보만큼만 그 값을 한다. 어떤 경우에는 한 가지 방법에 기반한 강력한 사전 믿음 하나로만 시작했다가 결국 전체 접근법을 업데이트해야 한다는 사실을 깨닫기도 한다. 제2차 세계대전 때도 그런 상황이 한 번 벌어졌다. 1944년 노르망디 상륙작전을 앞두고 독일의 마크 V '판터' 전차가 처음 생각보다 훨씬 많다는 소문이 돌기 시작했다. 정보기관은 이 중전차가 고도로 전문화되어 있어 대량으로 생산하지 않았을 것으로 추정했다. 그때까지 영국군과 미군은 시칠리아에서 단 한 대의 판터만을 포착한—그리고 포획한—바 있었다. 마찬가지로 러시아군도 이 신형 전차를 단 한 대만 포획했다.[75]

군 지휘관들은 적의 전력을 과소평가하기를 원하지 않지만, 과대평가도 원하지 않는다. 1862년 9월, 미국 남북전쟁이 거의 18개월째로 접어들었을 때 매클렐런McClellan 장군은 아메리카 연합국을 상대로 군대를 내보내기를 거부했다. 병력에서 크게 밀린다고—나중에 사실이 아니었음이 드러났다—추정했기 때문이었다. 연방군이 직면한 도전적 상황을 고려한 에이브러햄 링컨은 이 결정에 동의하지 않았다. "만약 매클렐런 장군이 군대를 사용하지 않을 생각이라면, 내가 잠시 빌리고 싶군." 링컨은 이렇게 말했다.[76]

디데이를 앞두고 판터에 관한 소문이 돌았지만, 연합군에게는 여전히 전차에 관한 개별 데이터가 두 개뿐이었다. 시칠리아에서 포획한 한 대와 러시아가 포획한 한대였다. 둘 다 추가 분석을 위해 잉글랜드에 와 있었다. 차체에 찍힌 표식에 따르면 러시아에서 포획한 전차는 1943년 3월에 생산한 것이고, 시칠리아의 전차는 1944년 2월 생산품으로 보였다. 전차의 궤도를 고정하는 48개의 바퀴 같은 다른 많은 부품에도 번호가 찍혀 있었다. 이를 바탕으로 전장을 돌아다니는 판터 전차의 총 수량을 짐작할 수 있었을까?

이런 문제에 직면한 것은 연합군이 처음이 아니었다. 1934년 로널드 피셔는 한 동료로부터 예지 네이만이 만들어낸 퍼즐에 대한 설명이 담긴 편지를 받았다. "한 사람이 한 번도 와본 적이 없는 외국의 한 마을에서 철도 교차로에 도착한다. 그 사람이 처음 본 것은 100이라는 숫자가 쓰여 있는 트램이다. 그 사람은 마을에 트램이 몇 대나 있는지 추론할 수 있을까?" 편지에 따르면, 네이만은 "느낌상 200대쯤 있을 것 같다"라고 생각했다. 네이만은 이런 통계적 문제가 더 일반적으로 중요하다고도 생각했다. 하지만 그것이 얼마나 중요한 것으로 드러날지는 알 수 없었다.

이후 통계학자들은 가상의 트램에 대한 네이만의 느낌이 옳았다는 사실을 보였다. 이유를 이해하기 위해 네이만이 1,000대를 예측했다고 가정해보자. 1에서 1,000까지의 수 중 100보다 큰 수가 90퍼센트이므로 만약 정말로 총 1,000대가 있다면 무작위로 눈에 띈 트램의 번호는 100보다 클 가능성이 크다. 하지만 총 200대가 있다면, 절반은 100 이하이고 절반은 100보다 클 것이다. 만약 수 하나만 추측해야 한다면, 관찰한 데이터를 고려할 때 200이 정확할 가능성이 가장 크다.

영국에는 트램이 아니라 다양한 제조업체의 주형 번호가 찍힌 전차 바퀴가 있었다. 분석할 수 있는 주형 번호가 많았기 때문에 추정치에 더 큰 확신을 가질 수 있었다. 여러분이 한 마을에서 하루에 트램 20대를 보았다고 하자. 트램 번호는 1에서 77 사이에 골고루 퍼져 있다. 이 경우 트램은 총 77대 이상이며 그보다 아주 많지는 않을 것(그렇지 않다면 더 큰 번호를 한 번쯤 봤을 것이다)이라는 게 올바른 결론이다. 마침 영국은 한 전차 제조업체를 대상으로 똑같은 계산을 해 주형의 수가 총 80개라고 추정했다.

다양한 추정치를 집계하고 영국 바퀴 제조업체들의 생산율 정보를 종합한 분석 팀은 1944년 2월까지 독일이 이미 매월 270대의 판터 전차를 생산하고 있다고 추정했다. 연합군은 전쟁이 끝난 뒤 마침내 실제 생산율을 알아낼 수 있었는데, 실제 수치는 276대였다. 전차 두 대를 분석한 결과가 연합군에게 프랑스에서 마주하게 될 대상에 대한 중요한 조기 경보를 제공했던 것이다. 노르망디에서 만난 전차의 40퍼센트는 대부분 판터 전차로 드러났다.[77]

포획한 전차 표식을 분석하는 작업은 1943년 말에 시작됐지만, 이후의 연구에 따르면 더 앞선 시기에도 비슷한 수준으로 신뢰할 수 있는 추정치를 제공했을 터였다. 1941~1942년에 연합군 정보부는 매월 약 1,550대의 전차가 생산되고 있다고 추정했다. 이와 달리 표식을 분석한 결과는 1941년 6월에 244대, 1942년 8월에 327대였다(나중에 밝혀진 실제 수치는 271대와 342대였다).

언론은 독일의 전차 문제를 성공적인 베이즈 추론의 사례로 인용했지만,[78] 사실은 그 반대였다. 이 추정치는 베이즈 방정식을 이용해 얻은 결과가 아니었다. 상당히 정확하다는 것이 드러난 네이만의 전통적 통계학 세계에서 나온 수치였다. 사전 정보로는 전차 생산율을 훨씬 더 낮게 예측했다는 사실을 기억하자. 만약 영국이 베이즈 접근법을 사용해 사전 믿음과 일련번호에 기반한 계산 결과를 결합했다면, 추정치는 현실에서 멀어질 수 있었다.

지나고 생각해보면, 앞의 수치들을 비교해 더 정확한 추정치를 얻을 방법을 생각해낼 수도 있었을 것이다. 하지만 한창 전쟁 중이던 연합군은 그런 정보부의 추정치에 얼마나 가중치를 둘지 결정해야 했을 것이다. 이는 베이즈 추론에 대한 보편적인 비판으로 이어진다. 만약 우리가 기존의 지식에 가중치를 거의 두지 않는다면, 우리는 사실상 베이즈 정리를 이용하는 것이 아니다. 반면 기존 지식에 가중치를 많이 둔다면, 새로운 데이터를 수집할 동기가 별로 없다. 그리고 이 두 극단의 가운데에 있다고 한다면, 우리는 증거에 가중치를 얼마나 두고 싶은지를 정량화해야 한다.

경력 초기에 네이만은 통계학을 베이즈식 관점으로 바라보았다.[79] 1920년대 중반에는 가설을 참 또는 거짓을 검증해야 할 명제라기보다는 특정 확률로 참이나 거짓인 것으로 다루었다. 하지만 이후 네이만의 견해는 바뀌었다. 피어슨과 피셔와 같은 사람들이 굳건한 생각을 조금씩 누그러뜨리며 추상적인 확률로 생각하는 것이 과학적으로 객관적이지 않다고 네이만을 설득했다. 게다가 베이즈의 결정적인 연구는 한 동료의 검토를 거쳐 사후에 발표됐다. 피셔는 베이즈가 "견실함을 의심한 게 분명"했기 때문에 일부러 발표하지 않았다고 주장했다.[80] 실험에 관한 획기적인 책을 출판하며 피셔는 "나는 베이즈 공리가 진리라고 가정하지 않을 것이다"라고 시작했다. 그 대신 피셔는 확률을 우리가 현실에서 관찰할 사건의 빈도로 보아야 한다고 생각했다.[81]

이런 견해는 '빈도주의'적 접근법으로 불리게 된다. 의견을 배제하고 객관적으로 측정할 수 있는 것에 초점을 맞추는 것이 목표였다. 예를 들어 빈도주의자는 동전을 던져 앞면이 나올 확률이 우리가 계속해서 동전을 던질 때 나오는 앞면의 비율과 같다고 말한다. 따라서 만약 우리가 동전을 던질 계획이 없다면, 빈도주의자는 결과의 확률에 관해 이야기하는 것은 아무 의미가 없다고 주장한다. 비非빈도주의자—혹은 베이즈주의자—라면 여기에 동의하지 않는다. 이들은 사전 지식에 기반해 앞면이 나올 확률에 관해 여전히 할 수 있는 이야기가 있다고 주장할 것이다.

빈도의 관점에서 생각하는 것이 더 직관적인 상황이 있다. 환자에게 건강과 관련된 위험이나 이익의 확률을 제시할 때는 종종 가상의 인구 집단을 바탕으로 한 수치를 이용한다. 가령 1,000명 중에 몇 명에게 일어날 수 있는 일인지를 알려주는 것이다. 그러나 빈도주의 통계학자들이 추상적인 확률로 생각하지 않으려고 오랫동안 노력했음에도 많은 핵심 개념을 정확히 이런 방식으로 잘못 해석하곤 한다. 나는 p값을 '어떤 가설이 참일 확률'로, 혹은 신뢰 구간을 '어떤 값이 특정 범위 안에 놓일 95퍼센트 확률'로 잘못 설명하는 학생을—몇몇 저명한 과학자도—보곤 한다.● 통계학자 데니스 린들리Dennis Lindley가 말한 바 있듯이 "모든 비非베이즈주의자 안에서는 베이즈주의자가 빠져나오려고 발버둥치고 있다."[82]

올바르게 계산했을 때도 p값과 신뢰 구간은 개념적인 도약을 필요로 한다. 특히 신뢰 구간은 인구 집단 내에서 가상의 표본을 반복적으

● 앞 장에서 보았듯이, p값은 귀무가설이 옳을 때 얻는 결과 이상으로 극단적인 결과를 얻을 확률이다. 그리고 우리가 반복적으로 인구 집단에서 표본을 추출하고 각 표본에 대해 95퍼센트 신뢰 구간을 만든다면, 이들 구간의 95퍼센트는 참값을 포함하게 된다.

로 추출한다는 개념에 기반한다. 피셔는 우리가 인구 집단 전체를 관찰할 수 없기 때문에 여러 가능한 인구 집단을 고려해야 한다고 주장했다. 이 때문에 어느 한 인구 집단의 특성에 관해 이야기하기 어려워진다. 피셔의 말처럼 "그중 어느 것도 객관적인 현실이 아니며 모두 통계학자가 만든 상상의 산물"이기 때문이다.[83] 전통적인 통계학을 공부하는 학생들이 종종 혼란스러워하는 것은 전혀 놀라운 일이 아니다.

그 대신 우리가 베이즈의 관점으로 세상을 본다면, 두 가지 문제를 해결해야 한다. 첫째, 우리가 관심을 두는 사건의 의미 있는 확률을 정의해야 한다. 앞서 언급한 말라리아나 유방촬영술 검사를 생각해보자. 이런 분석이 효과가 있는 것은 우리가 검사 성능이나 인구 집단 내의 말라리아 또는 유방암의 발병률 같은 좋은 정보를 종합할 수 있기 때문이다. 우리는 그런 정보에 값을 부여한 뒤 필요한 계산에 반영할 수 있다.

이는 두 번째 문제로 이어진다. 베이즈 정리를 사용하려면 관찰 데이터와 일치하는 가능한 결과를 모두 더해야 한다. 검사 결과 양성이 나오는 이유가 단 두 가지(병에 걸려서 참양성인 경우와 걸리지 않았는데 위양성인 경우)라면 간단한 일이다. 하지만 관찰 데이터를 설명할 방법이 매우 많다면 일은 훨씬 더 까다로워진다. 가능한 원인이 많은 의학적 증상을 상상해보자. 어떻게든 이 모든 것을 설명해야 한다. 여기서 최근의 컴퓨터 발전이 중요해진다. 이제는 베이즈 방식으로 복잡한 문제를 다루는 데 필요한 계산을 수행하는 일이 훨씬 쉬워졌다.

베이즈 추론을 꾸준히 사용한다면, 여러분이 알아차릴 수 있는 한 가지는 언제나 답을 얻을 수 있다는 점이다. 우리가 아직 동전을 던지거나 진단 검사를 받지 않았다면 베이즈식 계산은 관련된 확률에 관한 우리의 사전 믿음을 되돌려줄 뿐이다. 다시 말해, 베이즈 추론은 우리가 관심 있는 사건에 영향을 끼치는 근본적인 과정에 관해 생각하게 만든다. 이것은 각각의 상황에서 다양한 불확실성이 어떻게 퍼져나가는지를 탐구하는 데 도움이 되기 때문에 유용할 수 있다. 그리고 과학은 흔히 불확실한 상황에서 가장 어려움을 겪는다.

의학 연구에서 핵 공격 방어에 이르기까지 우리는 기존의 지식을 결론에 통합하는 일의 이로움을 살펴보았다. 하지만 불확실성과 마주하면 우리는 종종 추가적인 문제를 다루게 된다. 필요한 답을 제공할 수 있는 데이터 세트가 없다면 우리는 어떻게 해야 할까? 어떨 때는 정보의 출처가 여럿이지만, 어느 한 데이터 세트만으로는 대답할 수 없는 문제에 직면한다.

코로나19가 사람들의 생각보다 훨씬 더 널리 퍼져 있다는 2020년 3월 말의 주장을 떠올려보자. 『이브닝 스탠더드』의 한 헤드라인은 "전문가들, 영국 인구의 절반이 코로나에 감염됐다고 생각"이었다.[84] 이런 추측은 옥스퍼드대학교의 몇몇 연구자가 작성한 예비 보고서에서 생겨났다. 보고서 자체는 결론이 명확했다. 코로나19로 인한 사망자 수만 볼 때 우리는 바이러스가 아주 심각하지만 비교적 적은 사람만이 감염됐는지, 아니면 심각하지 않지만 많은 사람이 감염됐는지 알 수 없다.[85]

그러나 사망자 수만이 당시의 유일한 데이터는 아니었다. 다른 많은 데이터가 이미 얼마나 많은 감염을 놓치고 있는지 실마리를 제공했다. 크루즈선 발병 때의 광범위한 검사와 중국에서 비행기를 타고 대피한 승객에 대한 검사, 확진자와 접촉한 사람들에 대한 검사 등이 있었다. 이 데이터 세트 중 어느 하나만으로는 코로나19가 얼마나 치명적인지 알수 없었다. 하지만 이를 종합하면 조각을 맞춰 답을 구할 수 있었다.[86]

몇 주 앞서 우리는 일본 다이아몬드 프린세스 크루즈의 발병 데이터를 이용해 비교적 고령인 승객 중에서 얼마나 많은 감염이 누락됐는지 그리고 최근 감염에 이어 얼마나 많은 사망이 일어날 수 있는지 추정했다. 그리고 이 추정치를 중국의 데이터와 결합해 좀 더 폭넓은 연령대에서 사망 위험을 추정했다. 임페리얼 칼리지 런던과 홍콩대학교의 동료들도 비슷한 방법을 사용했다. 우한에서 대피한 비행기 승객의 데이터를 이용해 무증상 감염자 수를 파악하고, 이 결과를 더욱 폭넓은 발병 데이터와 결합했다. 추정치는 놀라울 정도로 일관적이었다. 중국의 유증상 감염자 중 1.2~1.4퍼센트가 사망했고, 전체 감염의 0.6~0.7퍼센트는 치명적일 가능성이 있었다. 고령 인구가 더 많은 미국과 영국에서는 수치가 더 높을 터였다.[87]

이후 대규모 항체 연구에서 나온 감염 증거를 포함해 훨씬 더 정확한 데이터가 등장했는데, 이는 초기의 대략적인 추정치와 일치했다. 그러나 그렇다고 해서 누락된 감염의 규모에 관한 치열한 논쟁이 멈추지는 않았다. 당시 나는 과학자들이 둘 중 한 방식으로 이 문제에 반응하는 경향이 있다는 사실을 알아챘다. 일부는 해답을 제공할 수 있는 단일 데이터 세트가 없으므로 문제를 해결할 수 없다는 결론을 내린 듯했다. 다른—우리 같은—연구자들은 다양한 출처의 데이터를 연결하면답을 구할 수 있다고 판단했다.

이런 차이는 현대의 과학적 관점에 생긴 분열을 보여준다. 복잡한 질문과 파편적인 데이터를 다룰 때는 아무리 통계학에서 흔히 그렇게 가르

친다고 해도 전통적인 '한 연구, 한 해답' 접근법에 의존할 수만은 없다. 그래서 내가 전염병에 관해 강의할 때 학생들은 거슬리는 깨달음을 얻곤 한다. 원하는 데이터는 존재하지 않을 때가 많고, 갖고 있는 데이터 세트는 질문에 대한 답을 직접적으로 제공하지 않는다. 삶의 수많은 영역에서 이와 비슷한 문제가 생기며 발전을 저해하고 결정을 늦춘다. 다행히 한 가지 해결 방법이 서서히 나타나고 있다. 이를 이해하기 위해서 우리는 6세기로 돌아가 피라미드에 관한 퍼즐을 살펴보아야 한다.

전하는 이야기에 따르면, 밀레토스의 탈레스는 밤하늘에 푹 빠진 채로 걸어가다가 우물 입구로 그대로 걸어 들어갔다고 한다.[88] 이 그리스 수학자에게 하늘은 영감의 원천이자 동시에 위험 요소였다. 기자의 대피라미드는 1311년 잉글랜드의 링컨 대성당이 등장하기 전까지 3,000년 이상 세계에서 가장 높은 인공 구조물이었다. 그러나 피라미드의 정확한 높이는 오랫동안 확실하지 않았다. 기원전 6세기의 탈레스는 이를 알아내기로 마음먹었다. 피라미드의 높이를 직접 측정하는 것은 가능하지 않았으므로—피라미드 자체가 방해가 됐다—탈레스는 태양 빛으로 시선을 돌렸다.

탈레스는 피라미드 근처에서 땅에 막대기를 꽂고 그림자의 길이를 측정했다. 그리고 피라미드의 옆면에서 그림자 끝까지의 길이를 측정해 피라미드가 드리우는 그림자의 전체 길이를 계산했다. 그 뒤 '탈레스의 정리'로 불리는 기하학 규칙을 이용했다. 이에 따르면, 막대기의 그림자 길이와 높이의 비는 피라미드의 그림자 길이와 높이의 비와 같아야 한다. 탈레스는 이미 네 가지 값 중 세 가지를 알고 있었으므로 이

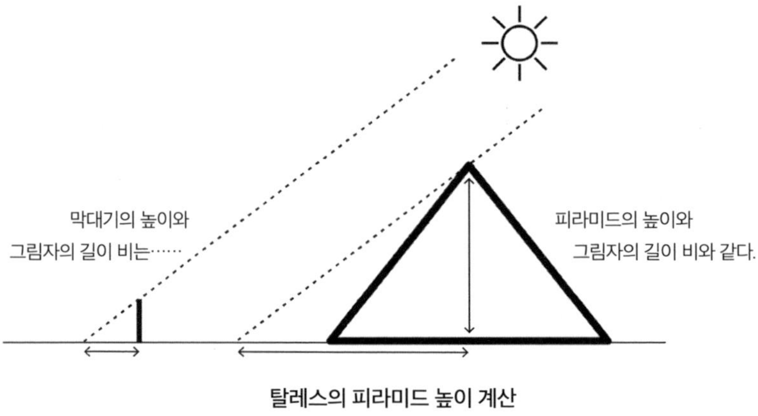

탈레스의 피라미드 높이 계산

정리를 이용해 피라미드의 높이를 쉽게 계산할 수 있었다.

이후 유클리드는 『원론』의 1권에서 탈레스의 정리를 증명했다.[89] 이 정리는 바이어슈트라스와 같은 수학자가 기하학으로는 불가능하다는 사실을 보이기 전까지 '원과 넓이가 같은 정사각형 작도하기' 문제에도—그리고 종이와 연필로 이 문제를 풀려고 했던 링컨의 무익했던 노력에도—영감을 주었다. 그러나 탈레스에게 이것은 기하학이 정보를 제공하는 사례였다. 피라미드의 높이 계산은 이미 알고 있는 값으로부터 미지의 값을 추정하는 '삼각측량법 triangulation'의 초창기 사례 중 하나였다.

과정을 이해하고 나면 우리는 그 이해를 통해 처음에는 알 수 없었던 통찰을 끌어낼 수 있다. 이 장의 시작 부분에서 언급한 코로나19 델타 변이를 생각해보자. 영국의 감염자 수 증가는 해외에서 들어오는 감염자 수가 증가한 결과이거나 파악하지 못한 지역 전파의 결과였다. 전체 감염자 수만 살펴보는 것만으로는 충분하지 않았다. 우리는 여행과 그 이후 지역사회 안에서 이루어지는 전파 과정을 생각하고, 그 과정의 각 단계를 추정할 수 있는 데이터도 모아야 했다. 이상적이라면, 우리는 데이터 조각을 충분히 모아 가능한 설명의 범위를 유용한 결론으로 좁힐 수 있어야 했다.

나와 동료들은 실시간으로 조각난 정보를 그러모아 델타 변이와 관련해 우리가 무엇을 마주하고 있는지 이해하려고 노력했다. 영국의 여러 지역에서 확산하는 감염군, 런던의 REACT에서 나온 무작위 검사, 싱가포르의 발병 사례 등등 각각의 정보는 서로 다른 방법으로 생성했다. 이는 우리가 관심을 갖는 과정을 이해하는 일뿐만 아니라 각각의 데이터 출처가 무엇을 제공하는지 이해하는 데도 가치가 있다. 어느 시점에서 우리는 결론을 내리기에 충분한 정보를 갖게 되는 것일까?

대피라미드의 높이를 계산했을 때 탈레스는 자신이 측정한 그림자 길이에 의존했다. 길이를 여러 번 측정해 추정치를 확인할 수는 있지만, 궁극적으로는 여전히 똑같이 그림자를 이용한 계산법에 의존했을 것이다. 만약 추정치를 검증하고 싶었다면, 다른 방법으로 구한 값과 비교하는 게 더 효율적이었을 것이다. 피라미드에 쓰인 돌의 크기를 측정해 수직으로 쌓았을 때의 합계를 구하는 것은 어땠을까? 아니면 건설 중에 파라오가 목표 높이를 구체적으로 명시한 역사 기록을 확인하는 것은 어땠을까? 역학자 조지 데이비 스미스George Davey Smith가 말했듯이, "아주 비슷한 연구를 계속 반복하면 가치는 점점 떨어진다."[90]

삼각측량법에서 나온 '삼각 검증'이라는 용어는 지난 수십 년 동안 많은 연구 분야에서 다양한 형태로 등장했다. 그러나 최근 데이비 스미스와 동료들은 특정 형태의 삼각 검증이 인과관계를 연구하는 데 특별히 강력할 수 있다고 주장했다.[91] 연구자가 동일 유형의 연구를 반복하면 측정의 불확실성은 줄어들지만 근본적인 약점을 해결하지 못한다. 그러는 대신 이상적으로 각기 다르게 편향된 연구를 종합해야 한다는 것이다. 지난 장에서 보았듯이 코호트 연구에는 미지의 요인으로 생긴 교락이 생길 수 있다. 한편, 무작위 대조 시험은 참가자를 배분하고 추적하는 과정에서 어려움을 겪을 수 있으며, 자연 실험은 겉보기만큼 무작위가 아닐 수 있다.

단순히 한 가지 유형의 연구를 반복하는 것은 연구자가 유의점을 하나씩 지워가며 증거의 피라미드를 성공적으로 올라가고 있다는 인상을 줄 수 있다. "일관적인 발견은 확정된 진실이라는 지위를 차지할 수 있다. 실제로는 연구 설계나 방법론, 분석 도구의 실패가 반영되어 있다고 해도 말이다." 2018년 데이비 스미스와 마커스 무나포Marcus Munafò는 이렇게 지적했다. 만약 대규모 데이터 세트에 편향이 내재하고 있다면, 결과가 근본적으로 왜곡되어 있음에도 사람들은 데이터의 크기를 보고 결과에 확신을 가질 수 있다. 예를 들어 커다란 물체의 크기를 여러 번 측정하는데 실수로 센티미터가 아닌 인치로 측정했다고 해보자. 매번 비슷한 값을 얻을 수 있지만, 결괏값은 모두 똑같은 방식으로 틀린 것이다.* 통계학자 샤오리 멩Xiao-Li Meng은 이를 '빅데이터의 역설'이라고 부른다.[92] 멩의 말에 따르면, "데이터가 클수록 우리는 더 확실히 속는다."

---

* 이는 단지 가상으로 떠올린 상황이 아니다. 1999년 미국 항공우주국은 항행 팀이 영국식 단위를, 설계 팀이 미터법을 사용하는 바람에 화성으로 향하던 1억 2,500만 달러짜리 탐사선을 잃었다.

우리가 다양한 접근 방법을 더욱 성공적으로 삼각 검증할 수 있는 방법에는 몇 가지가 있다. 하나는 방금 살펴보았듯이 잠재적인 편향을 가능한 한 서로 무관하게 만드는 것이다. 만약 우리가 가진 여러 증거가 같은 약점을 공유하고 있다면, 잘못된 결론이 뚫고 나오기 더 쉬울 수 있다. 또 다른 방법은 데이터를 분석하기 전에 사용하고자 하는 여러 접근법을 구체적으로 명시하는 것이다. 그러면 사전 믿음이 스며들어와 진행 중인 결과의 해석에 편향을 일으킬 위험을 줄여준다. 연구자들은 더 나은 방법을 갖추면서 동시에 관련된 데이터 출처에 대한 접근성도 개선해야 한다. 데이비 스미스는 "더욱 신뢰할 수 있는 추론을 위해 가장 중요한 한 가지 요인은 모두가 이용할 수 있는 데이터여야 한다"라고 말했다.[93]

삼각 검증의 힘은 우리가 이용할 수 있는 두 가지 뚜렷하지만 상호 보완적인 관점을 제공한다는 데 있다. 앞선 사례를 바탕으로 이 둘을 '이해의 삼각 검증'과 '접근법의 삼각 검증'이라고 부르자. 이해의 삼각 검증은 어떤 과정에 대한 우리의 지식을 이용해 우리가 측정할 수 없는 틈을 채운다. 탈레스의 분석을 살펴보자. 탈레스는 간단한 삼각형 기반의 수학 모형을 이용해 자신이 얻은 데이터를 더 잘 활용할 수 있었다. 탈레스의 정리가 없었다면, 그림자 두 개와 피라미드의 측면 길이에서 더 나아가지 못했을 것이다. 하지만 탈레스는 기하학과 물리학 지식을 이용해 이런 측정값을 높이의 추정치로 바꾸었다. 피라미드가 더 크면 그림자도 더 길다는 사실을 아는 것만으로는 충분하지 않았을 것이다. 이 패턴을 나타내는 규칙을 이해해야 했다.

반면 접근법의 삼각 검증은 제각기 다른 장점과 편향을 지닌 여러 유형의 연구를 한데 모은다. 여기에는 코호트 연구, 사례군-대조군 연구, 무작위 대조 시험, 또는 자연 실험 등이 있다. 이 삼각 검증은 '집단 지성'이 그렇게 성공적일 수 있는 이유도 설명한다. 이 개념은 프랜시스 골턴이 농장 축제에서 열린 '소 몸무게 맞추기' 대회의 데이터를 분석했던 1907년으로 거슬러 올라간다. 개별 추정치는 다양했지만, 모든 추정치의 평균을 내면 실제 값에 상당히 근접했다.[94] 한 사람보다 군중이 더 현명한 것이 분명했다. 본질적으로 이 대회는 접근법의 삼각 검증이 실제로 적용된 사례다. 농부들의 접근법과 관찰은 모두 조금씩 달랐고 각자 독자적으로 추측했지만, 개개인의 편향이 서로 상쇄된 것이다.

삼각 검증에 동력을 제공하는 개념적인 지식은 핵심적이지만 흔히 간과되는 과학의 한 부분을 형성하기도 한다. 바로 연구에 동기를 부여하는 직관과 영감이다. 발견 내용에 관해 이야기하자면, 공개된 논문에는 전체의 일부만 담겨 있다. 과학자들은 어쩌면 자기도 모르는 사이에 이야기를 중간부터 시작하는 고전적인 문학 기법을 빌려온 것인지도 모른다. 문제(즉 가설)는 연구 논문의 시작 부분에서 이미 완성되어 있고, 독자를 기다리고 있는 것은 모험(즉 구체적인 실험)이다.

그러나 그전에 일어나는 일도 중요하다. 일반적으로 연구자가 실험실 실험이나 무작위 시험을 수행하는 것은 뭔가 발견할 수 있다고 생각할 만한 이유가 있기 때문이다. 베이즈식으로 표현하자면, 연구자에게는 사전 정보가 있다. 백신이나 치료제는 생물학적 직감에서 나올 수 있다. 경제나 교육 정책의 뒤에는 행동 원리가 있을 수 있다. 물리학 실험은 수학적 추측에서 비롯할 수 있다. 그 이유를 설명하는 것은 어렵다고 해도 흔히 존재한다. 뮤리얼 브리스틀이 로탐스테드에서 차 맛을 구분할 수 있다고 주장한 것은 중립적으로 관찰했을 때 맛의 차이를 알수 있기 때문이 아니었다. 브리스틀은 자신이 그 맛을 선호한다고 말했다. 차보다 우유를 먼저 부을 때 더 맛있다고. 다른 사람을 설득하기 위해 실험까지 해야 했지만, 브리스틀은 차에 관해 뭔가 이해하고 있었다.

이상적으로는 까다로운 과학적 질문을 다룰 때 우리는 이해의 삼각 검증과 접근법의 삼각 검증 모두를 활용할 것이다. 그러나 위기 상황에서는 필요한 데이터를 모으고 그에 동반한 모형을 개발할 시간이 거의 없다. 코로나19 델타 변이가 나타났을 때 우리는 여행 패턴과 국내 전파, 세계적인 발병 데이터와 장기간의 유전적 진화를 동시에 고려하는 포괄적인 분석 모형을 만들 수 없었다. 그런 상황에서 우리는 여러 가지 증거를 저울질하는 인간의 판단에 기댄다. 그러나 인간은 때때로 종잡을 수 없다.

1951년 3월, 미국 국무부에서 지나가듯이 이루어진 한 대화가 셔먼 켄트Sherman Kent를 흔들어놓았다. 미국 중앙정보국CIA의 분석가였던 켄트는 막 "1951년 유고슬라비아 침공 가능성"이라는 제목의 보고서를 작성한 참이었다. 소련의 의도에 관한 결론은 명백했다. "1951년 유고슬라비아에 대한 공격을 심각한 가능성으로 간주해야 한다."[95]

적어도 켄트는 명확한 결론을 의도했다. 하지만 국무부의 정책기획본부장과 마주쳤을 때 켄트는 모두가 자신의 해석을 공유하지 않는다는 사실을 깨달았다. "그나저나 '심각한 가능성'이라는 표현이 무슨 뜻인가?" 본부장은 물었다. "어느 정도의 가능성을 염두에 둔 거지?" 켄트는 65 대 35로 공격할 가능성이 크다고 생각한다고 말했다. "본부장은 그 말에 움찔했다." 훗날 켄트는 이렇게 회고했다. "본부장과 동료들은 '심각한 가능성'을 훨씬 더 낮게 생각했던 것이다." 이 대화에 심란해진 켄트는 다른 정보기관 동료들에게 '심각한 가능성'의 의미에 관해 묻기로 했다. 그리고 곧 문구 선택이 보고서를 쓰면서 저지른 큰 실수임을 깨달았다. 어떤 사람은 공격 가능성을 80퍼센트로 생각했으며, 어떤 사람은 20퍼센트 정도에 불과하다고 보기도 했다.

유고슬라비아에 관한 모호한 표현을 다룬 후속 보고서에서 켄트는 정보 요약에 일반적으로 나타내는 세 가지 유형의 진술을 간략히 설명했다. 첫 번째는 사실이다. 위성사진에 찍힌 적 활주로의 길이와 같이 매우 확실하게 알 수 있는 내용이다. 두 번째는 정확하게 알고 있지는 않은 증거에 기반한 추정 또는 판단이다. 예를 들어 정보 장교는 활주로가 군용 비행장의 일부라고 추정할 수 있다. 세 번째는 증거가 없는 판단이다. 가령 아까 그 장교가 적군이 아마 비행장을 더 큰 전략 기지로 전환할 것이라는 결론을 내린다고 하자. 이는 아직까지 적조차도 알지 못하는 일일 수 있다.

켄트는 CIA를 비롯한 정보기관이 주로 불확실성이 지배하는 후자의 두 유형을 주로 다룬다는 사실을 알게 됐다. 안타깝게도 켄트가 발견했듯이 사람들은 불확실성을 매우 다른 방식으로 묘사했다. 켄트는 공통 용어를 정의하려고 했지만, 다른 곳에서 이미 다르게 정의했다는 사실을 깨달았다. 사진 분석가들은 켄트라면 '개연성 있는'이라고 할 만한 상황에서 '가능한'이라는 단어를 썼다. 켄트가 '거의 확실한'이라고 할 만한 상황에서는 '개연성 있는'이라고 표현했다. 이후 북대서양

조양기구NATO 장교 23명을 대상으로 한 연구에서는 같은 단어를 해석하는 방법이 광범위하다는 사실이 드러났다. 현대의 온라인 설문 조사에서도 이와 비슷한 다양성을 볼 수 있었다.[96]

정보의 세계에서 가장 흔히 접하는 문제는 켄트가 "어렵지만 불가능하지는 않은 추정"이라고 부르는 유형이었다. 게다가 사람들이 가장 마주하기를 꺼려하는 문제이기도 했다. 켄트는 사람들이 종종 판단을 회피하기 위해 언어적인 속임수를 고안해낸다는 사실을 알아챘다. "결

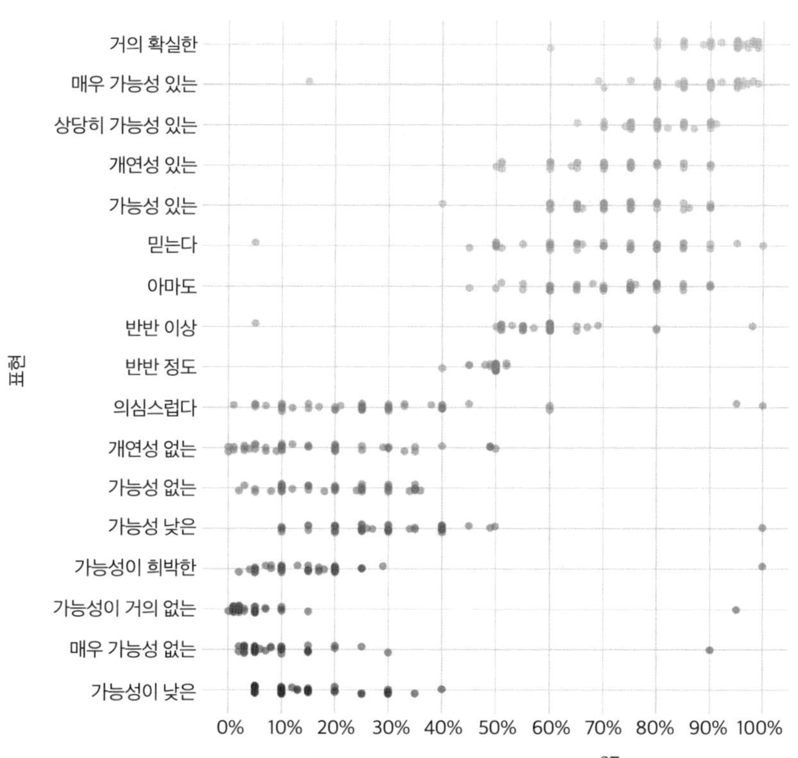

2015년 온라인 조사에 참가한 사람들의 확률 표현[97]

정의 순간을 회피하거나 미루는 방법을 고안하는 데 있어 인간의 정신은 참으로 풍부하다." 켄트는 이렇게 표현했다.

이 문제는 정보기관에만 영향을 끼치지 않는다. 법학자들은 법원이 종종 새롭고 모호한 상황을 묘사하기 위해 '변덕스럽지 않은 의심'이나 '선명한 징후'처럼 새롭고 모호한 표현을 만들어낸다는 사실을 지적하곤 했다.[98] 켄트는 정보 보고서에서 그런 표현을 보고 싶지 않았다. 언뜻 보면 의미 있어 보이지만, 모호한 표현은 작성자가 궁극적인 책임을 회피할 수 있게 해주었다. 켄트는 이렇게 주장했다. "판단은 명백해야 하고, 그 판단은 명백히 우리의 것이어야 한다."

오늘날 몇몇 정부는 확률 기반의 언어 사용에 대한 합의된 지침을 가지고 있다. 2003년 대량 살상 무기에 관한 빈약한 주장이 담긴 문서에 일부 자극을 받아 벌어진 이라크 침공의 여파로 영국은 정부 내에서 정보 평가를 활용하는 방법을 표준화했다. 이 표준화의 하나로 '확률 척도'를 도입했다.[99] 2021년 5월 SAGE 회의에서 델타 변이가 알파 변이보다 전염성이 더 강할 '가능성이 매우 크며', 전염성이 1.5배일 '현실적 가능성'이 있다고 결론을 내렸을 때 우리는 그 척도를 이용하고 있었다.[100] '가능성이 매우 크다'는 해당 진술이 사실일 확률이 80~90퍼센트라는 뜻이며, '현실적 가능성'은 40~50퍼센트를 의미했다. 따라서 우리의 분석이 시험대에 오르는 향후 몇 주 동안 나는 불편함을 느낄 수밖에 없었다. 판단은 명백했고, 명백히 우리의 것이었다.

2018년 나는 1918년 인플루엔자 팬데믹 100주년을 기념하는 BBC 다큐멘터리에 참여했다. 전제는 다음번 팬데믹에 대비하기 위해 사회적 행동에 관한 데이터를 수집해야 한다는 것으로, 다큐멘터리의 슬로 건은 "언제든 일어날 수 있다"였다. 한 해 전 세계은행이 발표한 보고 서에서는 매년 1퍼센트의 확률로 새로운 독감 팬데믹이 발생해 최소 600만 명이 사망할 수 있다고 추정했다.[101] 이후 일어난 코로나19 팬데 믹에 비추어 보면 선견지명이 있는 말로 보일 수 있지만, 정말로 뛰어 난 예측이었을까? 2019년 말 우한에서 등장해 우리를 위협한 것은 인 플루엔자가 아니었다. 인플루엔자 팬데믹이 일어난 확률이 1퍼센트라 는 주장을 어떻게 평가할 수 있을까?

2010년 미국의 정보기관은 예측 능력을 개선하기 위해 종합적 조 건부 추정ACE 프로그램을 시작했다. 다양한 방법을 시험하기 위해 매 년 다양한 외부 참가자를 초대해 지정학적 사건을 예측하는 대회를 열 었다. 처음 두 해는 명백한 우승자가 있었다. 펜실베이니아대학교 출신 이 설립한 조직인 '굿 저지먼트 프로젝트'였다. 이 프로젝트의 구성원 들은 단지 다양한 데이터를 종합해 예측하는 데만 능한 것이 아니었다. 추정한 내용에 대한 확신의 수준도 적절했다. 가능성이 매우 크다고 여 긴 예측은 종종 그대로 실현됐고, 확률이 낮다고 본 예측은 그렇지 않 았다. 전반적으로 예측에 대한 확신이 과하지도 부족하지도 않았다.[102]

ACE가 개최한 대회의 질문은 다양했지만, 모두 공통적인 주제 를 공유했다. 질문은 모두 '굿 저지먼트 프로젝트'를 만든 필립 테틀록 Philip Tetlock과 동료들이 '난이도의 골디록스 존'이라고 부른 범위 안에 놓여 있었다. 2009년 그리스의 금융 위기 이후 채권 가격은 어디에 도 달할까? 2013년에 아사드 정권이 붕괴할 확률은 얼마일까? 이런 문제 는 기존 전문가의 신념에 바탕해 10퍼센트와 90퍼센트 사이의 확률을 갖도록 설계한 사건이었다.

그런데 이 범위 바깥에 있는 사건은 어떨까? 가능은 하지만 가능성이 아주 희박하다면 어떨까? 2013년 테틀록과 나심 니콜라스 탈레브Nassim Nicholas Taleb는 그런 사건에 관한 예측을 평가하는 어려움을 지적했다. "아직 누구도 0.00000001퍼센트와 1퍼센트 사이의 확률을 정확하게 판단하는 능력을 평가하는 예측 대회를 설계할 방법을 알아내지 못했다." 두 사람은 이렇게 말했다. "그리고 만약 누군가 그 일을 해낸다고 해도 필요한 만큼 오랫동안 예측 대회를 운영할 만큼 인내심이 많은—혹은 수명이 긴—사람을 찾지는 못할 것이다."[103]

한 번도 일어난 적이 없거나 아주 드물게 일어나는 일에 확률을 매기는 것은 어려울 수 있다. 사실 우리는 애초에 그런 사건이 일어날 수 있다는 생각조차 잘 하지 않는다. 코로나19 팬데믹 이전에 전염병 하나 때문에 몇 년 동안 국경을 일부 폐쇄하고 전 세계 대부분 지역에서 사람들이 자가 격리를 하게 될 확률이 얼마라고 생각했을까? 그런 사건에 확률을 매길 생각조차 하기는 했을까?

역사는 당시에는 생각하지도 못했거나 알 수 없었던 사건으로 가득하다. 1930년대 중반 핵 공격으로 세계대전이 끝날 확률은 얼마였을까? 이 책을 읽고 있는 지금, 내년에 또 다른 세계 대전이 일어날 확률은 얼마일까?

1937년 경제학자 존 메이너드 케인스John Maynard Keynes는 어떤 질문은 불확실성이 너무 커 전통적인 통계 기법으로는 탐색할 수 없다고 주장했다. "이런 문제에 대해서는 확률을 계산 가능하게 하는 과학적 기반이 전혀 없다. 그저 우리는 아는 게 없다."[104] 수 세기 동안 확률론은 주사위나 룰렛처럼 실체가 있고 검증 가능한 결과를 중심으로 발전했다. 그러나 더 넓은 세상에서는 그렇게 쉽게 현실을 재현할 수 있는 경우가 드물다. 설상가상으로 우리가 어떤 게임을 하고 있다는 것을 뒤늦게야 알게 될 수도 있다.

불확실성에 관해 논할 때는 지식의 부재와 우리가 이 지식의 부재를 알고 있는 것을 구분하는 것이 유용할 수 있다. 미국 국방장관 도널드 럼즈펠드Donald Rumsfeld가 2002년 이라크 전쟁의 분위기가 고조되는 가운데 기자회견에서 '알려진 미지'와 '알려지지 않은 미지'라는 개념을 설명한 사례는 유명하다.[105] 처음에 한 기자가 사담 후세인이 대량 살상 무기를 가지고 있다는 증거가 없다는 점에 관해 질문했다. 럼즈펠드의 답변은 다소 회피적이었지만, 본질적으로 불확실성에도 불구하고 행동에 나서야 하는 정당성을 제시했다.

럼즈펠드는 1990년대 후반 한 전직 미국 항공우주국NASA 관리자와 대화하다가 '알려진 미지'라는 표현을 처음 접했다. 달 착륙을 계획하고 있을 때 NASA는 달의 토양이 어떤 상태인지 정확히 알 수 없었다. 그러나 이런 불확실성을 확인했기 때문에 달 착륙선의 사다리가 다양한 환경에서도 작동하게 만들 수 있었다. 주사위를 굴린 결과는 알려진 미지의 또 다른 사례다. 주사위를 던졌을 때 정확히 어떻게 떨어질지는 예측할 수 없지만, 우리는 여전히 확률론을 이용해 그 결과에 의존하는 게임을 분석할 수 있다.[106]

반면 '알려지지 않은 미지'는 정량화는 고사하고 예측하기 거의 불가능한 사건이다. 1969년 11월 발사 직후에 번개가 아폴로 12호를 두 차례 때린 것과 같은 사건이 그렇다. "비행은 첫 36초 동안 극도로 정상적이었고, 그 뒤에는 매우 흥미로워졌다." 우주비행사 피트 콘래드Pete Conrad는 이후 이렇게 말했다. 만약 기술자들이 오랫동안 열심히 머리를 굴린다면, 번개에 두 번 맞을 가능성도 목록에 올려놓을 수 있을 것이다. 하지만 그 목록이 아무리 길다고 해도 매우 가능성이 낮지만 가능하긴 한 '알려지지 않은 미지'는 여전히 많다.[107]

우리는 예측할 수 없는 사건을 어떻게 다룰 수 있을까? 연구자들이 때때로 쉽게 분석할 수 있는 문제에 집중하는 편을 선호하듯이 알고 있으며 예측할 수 있는 사건에만 신경 쓰는 것이 한 가지 방법이다. 그러나 그런 방식은 우리 자신을 속이는 것과 같다. 숨어 있는 취약점이라는 빚을 지고 단순함을 사는 셈이다.

다행히 알려지지 않은 미지에 대한 회복탄력성을 높일 방법이 몇 가지 있다. 먼저 우리는 그중 일부를 알려진 미지로 바꾸려는 시도를 할 수 있다. 이 일에는 일어나지 않은 일을 머릿속에 그리고 그 잠재적인 영향을 파악하기 위한 상상력과 이해력이 필요하다. 최근 나이키나 애플 같은 기업들은 과학소설 작가를 고용해 아직 누구도 상상하지 않은 미래를 탐구하며, 정보기관은 외부의 '레드팀(가상의 적)'을 활용해 기존의 조직에서 모르고 있을 수 있는 지식의 빈틈을 확인한다.[108] 많은 국가에서 보여준 코로나19에 대한 느리고 둔한 대응은 여러 면에서 상상력의 실패였다. 나는 2020년 3월 세상이 완전히 달라지리라고 이야기했을 때 기자들이 보여준 날것의 충격을 여전히 기억한다. 나 역시도 그런 모습을 거의 상상할 수 없었다.

가능성의 영역을 줄이면서 우리는 잠재적인 미지 사이의 유사성을 파악할 수 있다. 사건 자체는 예측 가능하지 않더라도 잠재적인 영향은 예측 가능할 수도 있다. 2005~2013년 보스턴의 브리검 여성병원은 가상의 열차 충돌 사고에서 눈보라, 총기 난사, 화학 공격에 이르기까지 다양한 비상 상황을 상정한 대규모 훈련을 78차례 수행했다. 기존 환자를 이송하고, 새로운 수술실을 개방했다. 전체 부서와 병원 차원에서 대응을 조절해 한 구역에 과부하가 걸리는 일을 피했다. 2013년 4월 15일 보스턴 마라톤에서 폭탄 두 개가 터지는 시나리오를 연습한 적은 없었지만, 그와 비슷하게 심각한 사상자가 발생한 상황에 대한 대비는 잘되어 있었다.[109]

알려지지 않은 미지를 마주했을 때 우리는 가능한 한 빨리 익숙한 방식대로 증거 생성에 나설 수도 있다. 데이터를 수집하고, 신호를 해석하며, 정보에 입각한 결정을 내릴 수 있다. 아폴로 12호가 번개에 맞았을 때 우주선의 방향과 속도를 감시하는 플랫폼은 즉시 작동을 멈췄다. 중력의 4배나 되는 힘에 의해 의자에 고정된 채 우주로 가속하던 우주비행사들은 장비를 살피며 오류를 찾았고, 지상의 NASA 직원들은 수신 데이터를 관찰했다. 1분도 되지 않아 임무 통제소의 한 엔지니어가 아폴로의 신호 장비가 전력을 잃어 불규칙한 출력을 내고 있다는 사실을 파악했다. 번개가 사실상 우주선에 심장마비를 일으켰던 것이다. 신호 장비를 초기화하자 우주비행사는 통제를 회복했고, 결국 무사히 달에 다녀왔다.

살다 보면 확률이라는 익숙한 도구 없이 헤매야 하는 상황이 많다. 우리는 절대 명확하게 해결되지 않을 수도 있는 흐릿한 가설을 통해 상황을 바라보며 완전한 정보가 없는 상태로 계획을 세우거나 결정을 내려야 한다. 앞선 장에서 우리는 배심원단이 두 가지 가능성이 낮은 설명 사이에서 결정을 내려야만 하는 '약한 증거' 문제를 접했다.[110] 두 가지 설명 모두 확률이 콕 집어서 말할 수 없을 정도로 매우 낮다. 그럼에도 배심원단은 증거를 저울질하고 귀추법을 통해 어느 쪽이 옳은지 결정해야 한다.

이와 비슷하게 정부는 가능성은 낮지만 피해를 끼칠 수 있는 다양한 위협을 수시로 마주하게 된다. 이런 위협을 각각 정량화하고 결과를 비교하기보다는 몇몇 전반적인 특징을 바탕으로 우선순위를 정하는 것이 일반적인 방법이 되고 있다. 2008년 영국 정부는 이런 접근법을 이용해 영국이 마주한 여러 위협의 순위를 매긴 '위험 등재부'를 개발했다.[111] 극심한 날씨로 인해 일부 사건이 일어날 가능성은 상대적으로 크지만, 특정 활동과 지역에만 영향을 끼쳤다. 전력망을 노린 테러는 가능성이 작지만, 광범위한 피해를 줄 수 있었다. 위험 등재부의 꼭대기에는 일어날 가능성이 크면서 광범위한 피해를 줄 수 있는 사건이 있었다. 그것이 바로 팬데믹이었다.

여기서 우리는 증거와 증명을 다룰 때 직면하는 가장 큰 과제를 만나게 된다. 문제를 예상하고 지식을 생성하는 것이 다가 아니다. 그 지식으로 사람들이 무엇을 하는지도 중요하다.

6장

거짓의 사다리, 반복이 진실이 되는 순간

케이블 타이로 성조기를 창에 묶어 만든 무기가 부통령의 책상 뒤에 놓여 있었다. 그 창은 의자에 앉아 장갑 낀 손으로 깃발을 들고 있는 남자의 것이었다. 그 남자는 뿔 달린 곰 가죽 머리 장식을 쓰고, 얼굴은 빨간색과 흰색, 파란색으로 칠한 채 카메라를 향해 포즈를 취했다. 들고 다니던 확성기를 내려놓은 그 남자는 책상의 주인에게 메모를 남겼다. "시간문제일 뿐, 정의는 온다."[1]

때는 2021년 1월 6일이었고, 미국 국회의사당이 공격받고 있었다. 보통은 민주적인 토론의 장인 상원 회의장은 폭도들에게 점령당했다. 한 남자는 남북전쟁 시대의 아메리카 연합국 전투 깃발을 들고 복도를 돌아다녔다. 그리고 그 이상했던 날의 가장 이상한 사진이 찍혔다. 창으로 만든 깃대를 든 채 부통령의 의자에 앉아 있는 이른바 '큐어논 샤먼'의 사진이었다.

이런 사건이 벌어지는 동안 온갖 거짓이 소용돌이쳤다. 새로 생긴 일이 검증을 기다리는 사이에 소문과 추측이 무성했다. 틀린 정보도 있었고, 부정 선거에 관해 돌아다니던 잘못된 주장을 진짜로 믿는 사람도 있었다. 진실과 거짓의 경계를 의도적으로 모호하게 만든 허위 정보도 있었다. 그리고 음모론도 있었다. 큐어논 같은 집단은 당시 대통령이었던 도널드 트럼프를 몰락시키려는 세계적인 성性적 사이비교가 있다고 주장했다.

이전 장에서 우리는 주디아 펄이 '인과의 사다리'를 사용해보기에서 '하기', '상상하기'로 나아가기 위해 밟는 단계를 설명했던 것을 살펴보았다. 잘못된 정보도 비슷한 방식으로 생각할 수 있다. 만약 우리가 소문에—사실상 이야기 형태의 가설에 불과하다—관해 논의한다면, 우리는 아직 사다리에 오르지 않은 채로 더 조사해보는 단계다. 때로는 소문이 확인되어 우리가 전통적인 사다리를 한 발 오를 수 있게 된다. 아니면 우리가 잘못된 증거에 기반해 진실이 아닌 것을 믿게 될 수도 있다. 이는 우리가 다른 잘못된 사다리의 첫 번째 발판에 올라섰음을 의미한다. 진짜 연관성을 보지 못하고 틀린 정보에 매달리는 것이다.

사람들이 이 잘못된 사다리를 더 올라가 잘못된 정보 주위에 서사가 생기면 음모론이 등장한다. 어떤 일은 그냥 일어나지 않는다. 어떤 개인이나 조직이 그렇게 조종하고 있다는 식이다. 처음에는 특정 사건에 초점을 맞춘 고립된 음모론일 수도 있다. 그러나 사람들이 사다리를 더 오르면서 여러 이론이 결합하며 설명이 더욱 복잡해진다.

'음모론'이라는 용어는 1945년 카를 포퍼가 이런 사회적 차원의 인과론에 관해 경고하면서 유명해졌다.[2] 포퍼는 음모론이 역사를 필연적인 것, 사건을 조종하는 어떤 그림자 집단이 미리 계획한 대로 펼쳐지는 것으로 보는 관점과 같다고 주장했다. 그렇게 모든 것을 포괄하는 이론은 지지자에게 깊은 헌신을 요구할 수 있다. 현실에서 점점 더 멀어질수록 지지자들은 잘못된 사다리의 꼭대기에서 아슬아슬하게 균형을 잡으며 내려오기를 꺼리게 될 수 있다.

그러나 이것은 단지 사다리 오르기에 관한 이야기가 아니다. 허위 정보를 퍼뜨리는 것은 사다리를 걷어차는 것과 같다. 어쩌면 뭔가가 사실일 수도 있고, 아닐 수도 있다. 어쩌면 누군가 틀렸을 수도 있고, 어쩌면 모두가 틀렸을 수도 있다. 누가 신경이라도 쓸까?

종종 우리는 잘못된 정보와 상호작용한 결과를 보지만, 언제나 근본적인 원인까지 볼 수 있는 것은 아니다. 왜 이런 정보가 나타났을까?

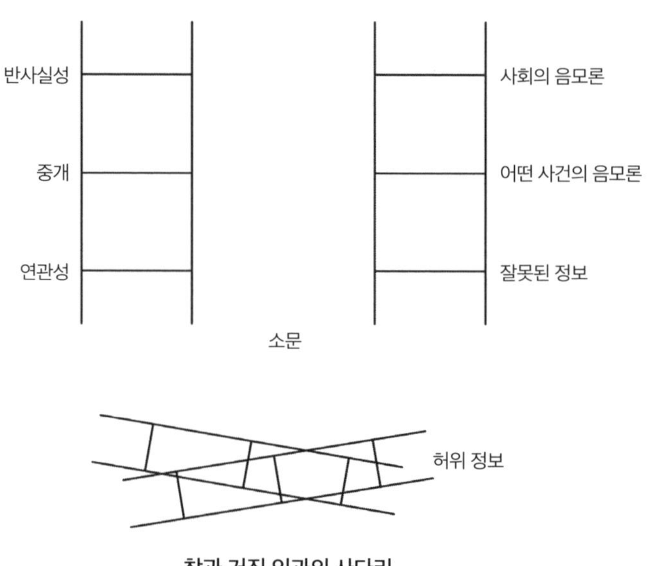

참과 거짓 인과의 사다리

이런 견해가 더 넓은 세계에서 어떻게 눈길을 끄는 것일까? 그리고 우리는 그에 대해 무엇을 할 수 있을까? 진실과 거짓이 퍼지는 과정을 이해하기 위해서 우리는 먼저 정보가 신뢰할 만하다는 것이 무슨 뜻인지부터 결정해야 한다.

법정을 가득 채운 군중은 사실 살인 사건 때문에 모인 것이 아니었다. 진실과 거짓을 구분할 수 있는 새로운 발명품을 보러 모였다. 1922년 7월의 어느 날이었고, 제임스 프라이James Frye는 워싱턴의 한 유명한 의사를 죽인 혐의로 재판을 받고 있었다. 증거의 균형은 프라이 쪽으로 기울어 있지 않았다. 처음에는 체포된 뒤에 범행을 자백했고, 알리바이도 딱히 없었다. 나중에 자백을 철회했지만, 프라이에 대한 혐의는 여전히 짙었다.[3]

이에 대응해 프라이의 변호인단은 변호사이자 심리학자였던 윌리언 마스턴William Marston을 영입했다. 마스턴은 프라이의 무죄를 증명할 방법이 있다고 주장했다. 사람의 혈압을 측정하면 그 사람이 진실을 이야기하고 있는지 아닌지 알아내는 것이 가능하다는 이야기였다. 거짓말탐지기로 불리게 될 장치의 초창기 형태였다. 프라이는 이미 재판 몇 주 전에 변호인단이 실시한 검사를 통과했다. 하지만 그것으로 판사를 설득할 수는 없었기에 변호인단은 법정에서 다시 검사하자고 제안했다. 소문이 퍼졌고, 군중이 모여들었다.

이유가 잘못되긴 했지만, 그 장치는 다음 날 아침 신문의 헤드라인을 장식했다. 제안을 검토한 판사는 마스턴 또는 그 장치를 배심원단 앞에 세우기를 거부했다. 마스턴이 하버드대학교의 박사 학위를 비롯해 여러 자격증을 갖고 있었지만, 판사에 따르면 거짓말탐지기는 확실히 인정받는 과학적 도구가 아니었다. 여기서 질문이 나온다. 법정은 언제 전문가의 증언에 의존해야 할까? 그리고 누구의 증언을 받아들여야 할까?

내가 수학과 학부생이었을 때 우리 선생님들은 때때로 어떤 주장을 써 내려가다가 증명을 건너뛰고 우리에게 "숙제로 남겨준다"라고 이야기했다. 나는 그 말을 의심하지 않았다. 선배 수학자가 우리에게 그 주장이 사실이며, 우리가 앉아서 열심히 풀기만 하면 명확한 증명을 찾을 수 있다고 이야기하고 있지 않은가. 그 사람들은 전문가였고, 나는 초보자였다. 나중에 알게 됐는데, 수학계에서는 이런 방법을 일컬어 가볍게 '위협에 의한 증명'이라고 부른다.

어떤 사람은 위협에 의한 증명을 좀 더 말 그대로 이용했다. 전하는 이야기에 따르면, 제임스 실베스터James Sylvester는 옥스퍼드대학교의 기하학 교수였을 때 새로운 수학적 결과를 발견하기만 하면 옷을 반쯤 벗은 채로 방을 뛰쳐나갔다고 한다. 실베스터는 거리를 배회하며 처음 만나는 우체부나 우유 배달부의 목덜미를 움켜잡고 이들이 증명을 이해했다고 말할 때까지 놓아주지 않았다.[4]

강의실 같은 곳에서는 '위협에 의한 증명'이 권위에 호소하는 전형적인 예가 된다. 청중에게는 설명 대신 전문가가 남는다. "명제를 확증하는 데는 두 가지 방법이 있습니다." 에이브러햄 링컨은 1859년의 한 연설에서 이렇게 말했다.[5] "하나는 이성으로 증명하려고 하는 것이고, 다른 하나는 과거의 위대한 인물이 그렇게 생각했다고 보여주며 순수한 권위의 무게로 통과시키는 것입니다."

판사가 마스턴의 장치 시연을 거부한 것은 그 방법이 권위에 너무 의존하고 증명에는 충분히 의존하지 않았기 때문이다. 이후 프라이는 승소했지만, 이번에도 거짓말탐지기 검사는 시기상조로 여겨졌다. 그렇다면 무엇을 '확립된' 방법으로 볼 수 있을까? 판사도 그것이 대답하기 쉬운 질문은 아니라는 점을 인정했다. "과학적 원리나 발견이 실험적인 단계에서 증명할 수 있는 단계 사이의 선을 넘는 순간을 정의하는 일은 어렵다." 판사는 이렇게 언급했다.

하지만 그렇다고 해서 그 판사가 시도를 하지 않았던 것은 아니다. 만약 어떤 전문가가 나서서 어떤 과학 원리로부터 무엇인가를 추론할 경우 그 판사는 "그 추론의 근거가 반드시 해당 분야에서 일반적으로 받아들여질 정도로 충분히 확립되어 있어야 한다"라고 주장했다. 다시 말해, 전문가는 확립된 기술의 숙련자이며, 만약 충분히 많은 전문가가 받아들이면 새로운 기술은 확립됐다고 할 수 있다. 이는 훗날 '프라이 기준'으로 불리게 된다.

프라이 사건 이전에 미국 법원은 전문성을 다룰 때 '상업 시장 심사'를 이용했다. 만약 어떤 사람이 전문 지식을 팔아 생계를 유지할 수 있다면, 법정에서 전문적인 증거를 제공할 자격이 있는 사람으로 여겼다. 공교롭게도 프라이 사건으로부터 몇 년 뒤 학계를 떠난 마스턴은 마케팅 업계에 뛰어들어 면도날 광고에 거짓말탐지기를 가지고 나타났다. 하지만 대중문화계에서 진실과 정의에 대해 마스턴이 가장 크게 기여한 것은 1940년대였다. DC코믹스에 자리를 얻고 '진실의 올가미'를 들고 다니는 캐릭터를 창조했을 때였다. 그 캐릭터는 바로 원더우먼이었다.

거의 20세기 내내 프라이 검사는 법적 분쟁에서 전문가의 역할을 규정했다. 하지만 조이스 도버트Joyce Daubert라는 여성이 자신의 임신에 대한 우려를 제기하면서 상황이 바뀌었다. 1973년 7월, 도버트의 아들은 팔 일부가 없고 한 손에는 손가락이 두 개밖에 없는 채로 태어났다. 자궁 속에서 태아의 사지가 발달할 무렵인 몇 달 전 도버트는 입덧 치료제인 벤덱틴을 처방받았다. 몇 번만 복용했기 때문에 시기가 큰 문제가 될 것 같지는 않았다. 게다가 그 약은 거의 20년 동안 시중에서 팔리고 있었다. 따라서 기형의 의학적 원인에 대한 조사는 유전적인 이유에 초점을 맞추었다. 하지만 소용이 없었다.[6]

10년 뒤 도버트 부부는 신문에서 익숙한 사진을 보았다. 명백히 증상이 같아 보이는 다른 아기였다. 그 아기의 어머니 역시 벤덱틴을 복용했다. 부모들은 그 약을 제조한 제약사에 소송을 걸었고, 배심원단은 회사가 75만 달러를 배상하라고 결정했다. 회사는 여전히 그 약이 안전하다고 주장했지만, 2주 이내에 시장에서 철수했다.

도버트 부부는 동의하지 않았다. 두 사람은 독자적인 행동을 취했고, 결국 1989년 캘리포니아에서 소송을 준비했다. 벤덱틴의 제조사는 과학적 증거가 자신의 편이라며 소송이 기각되기를 원했다. 13만 명의 환자를 대상으로 한 30건의 연구에서 연구자들은 벤덱틴과 선천적 기형의 연관성을 찾아내지 못했다. 이에 대응해 도버트의 변호인단은 반대 의견을 제시할 전문가 여덟 명을 모았다. 이들은 실험실과 동물실험 데이터뿐만 아니라 약물의 화학구조에 관한 연구도 제시했다. 또 인간의 선천적 기형에 관한 기존 역학 연구도 재분석했다. 각각의 증거가 그 자체로는 결정적이지 않았지만, 종합하면 벤덱틴이 선천적 기형을 일으키고 있다는 사실을 보이기에 충분하다고 주장했다.

판사는 증거 부족을 이유로 소송을 기각하며 제조사의 손을 들어주었다. 이후 항소법원은 이 판결을 유지했다. 항소심 판사는 프라이 규칙을 언급하며 증거 의견은 '일반적으로 인정받는' 방법에 기반해야만 한다고 말했다. 법정에 따르면, 역학 데이터를 재분석한 결과는 "원래 발표된 연구의 막중한 무게감에 비추어볼 때 특별히 문제가 있었다."[7]

그러나 도버트 부부는 포기하지 않았다. 결국 이 사건은 미국 대법원까지 올라갔다. 대법원은 과학적 증거를 바라보는 관점이 전국적으로 일관적이지 않다는 데 우려했다. 일부 법정은 여전히 프라이 규칙에 의존했고, 어떤 법정은 좀 더 최근에 나온—그리고 다소 모호한—'연방증거법'의 지침을 따랐다. 1975년에 채택한 이 법칙은 전문가 증인이 '충분한 사실이나 데이터에 기초'하고 있으며 '신뢰할 수 있는 원리와 방법의 산물'인 한 증언을 할 수 있다고 명시했다.[8]

1993년 6월, 대법원은 결정을 내렸다. 먼저 프라이 규칙이 더 이상 적합하지 않다는 점을 분명히 했다. 그 대신 법정은 연방증거법을 인용하며, 각 판사가 조건이 충족하는지를 결정해야 했다. 증거를 둘러싼 역사적인 모호성을 제거하기 위해 대법원은 어떤 방법이 '과학적으로 유효'한지 결정하는 몇 가지 방법을 제시했다. 첫째, 검증 가능한가? 여기서 대법원은 포퍼의 말을 인용했다. "어떤 이론의 과학적 지위에 관한 기준은 반증 가능성 또는 반박 가능성, 검증 가능성이다." 둘째, 어떤 방법의 오류율은 얼마인가? 셋째, 그 이론이나 기술이 폭넓은 과학계에서 '동료 평가'를 거쳐 확실한 학술지에 게재됐는가? 마지막으로, 그 접근법이 '일반적으로 인정받는' 방법인가? 어떤 아이디어나 방법이 널리 알려져 있을 수는 있지만, 그렇다고 해서 반드시 사람들이 믿을 만하다고 생각한다는 뜻은 아니다.

대법원이 판결을 내리자 어떤 언론 매체는 증거를 인정하는 것이 더욱 어려워지리라고 주장했고, 어떤 매체는 일이 쉬워지리라고 주장했다. 대법원은 과학적 증거의 역할을 명확히 했을 뿐만 아니라 도버트 부부 사건에 관한 이전 판결을 뒤집었다. 따라서 1994년 사건은 원래의 항소법원으로 돌아갔다. 새로운 적용을 했음에도 항소심 판사는 다시 한번 증거가 불충분하다고 판단했다. 일단 벤덱틴과 선천적 기형의 연관성을 주장한 전문가들은 동료 평가를 받은 연구 결과를 발표한 적이 없었다. 전문가 증인이 되기 전에는 이 특정한 문제를 연구해본 적도 없었다.

항소심 판사는 증명의 '증거 우세' 기준을 만족하기 위해서는 연구를 통해 약을 복용한 사람에게서 나쁜 결과가 나올 위험이 그렇지 않은 사람의 두 배 이상이 되어야 한다는 사실을 보여야 한다고도 지적했다. 그런 발견은 어느 특정 환자에게 발생한 새로운 결과의 원인이 다른 모든 원인을 합한 것보다 그 약물일 가능성이 크다는 점을 시사한다는 것이다. 항소심 판사는 "원고 측 역학자들은 벤덱틴과 선천적 기형 사이에 통계적으로 유의미한 관계가 있다는 모호한 주장을 하지만, 누구도 상대적인 위험이 두 배 이상이라고 하지는 않는다"라고 기록했다.[9] 이후 벤덱틴과 성분이 같은 약품인 디클레지스는 2013년 미국 식품의약국FDA의 승인을 받았다.[10]

도버트 사건은 원점으로 되돌아갔지만, 대법원의 결정은 더 폭넓은 영향을 끼쳤다. 그 판결은 널리 인용되며, '도버트 기준'이라 불리는 새로운 증거의 기준을 만들어냈다. 이 새로운 기준의 초기 검증은 2년 뒤 뉴욕 법원이 필적 감정을 과학적 지식으로 인정할 수 없다고 판결했을 때 이루어졌다.[11]

도버트 기준은 법정을 권위나 인기에 대한 단순한 호소로부터 떨어뜨려놓았다. 그 대신 증거의 과학적 유효성을 판단해야 했다. 앞선 장에서 우리는 이런 몇 가지 기준을 살펴보았다. 가령 맥주를 양조하거나 팬데믹에 대응할 때는 어떻게 아이디어를 검증하고 오류 가능성을 측정할 것인가? 하지만 도버트 기준의 두 가지 다른 고려 사항은 어떨까? 즉 '좋은 과학'이라는 것은 흔히 동료 평가를 거치는 학술지에 등장하며, 과학계에서 일반적으로 인정받는다.

여기서 삐걱거리는 곳이 생긴다. 예를 들어 2011년 존스홉킨스대학교 연구진은 과학 논문이 여러 감염증의 잠복기를 다루며 인용한 수치를 조사했다.[12] 잠복기란 감염이 되고 나서 증상이 나타나기까지의 시간이다. 잠복기에 관한 연이은 인용을 살펴본 결과 연구진은 몇 가지 이상한 점을 알아챘다. 많은 논문이 원래의 의학 논문을—또는 이런 논문을 잘못 인용한 다른 문헌을—잘못 인용하는 바람에 잘못된 수치가 퍼지고 말았던 것이다. 논문의 절반은 그 수치가 어디서 나왔는지 밝히지조차 않았다.

잠복기는 병원의 발병을 조사하는 데 흔히 쓰인다. 따라서 교과서와 현실의 차이는 의사가 잘못된 결론을 내리게 할 수 있다. 한 교과서는 소아 폐렴의 흔한 원인인 호흡기세포융합바이러스RSV의 잠복기가 4~8일이라고 인용했다. 그러나 원래의 임상 연구 논문은 달랐다. RSV에 감염된 많은 사람은 그보다 더 이른 시기에 증상을 보였다. 이것은 주장에 의한 증명이 잠재적인 해를 끼치는 사례였다. 단지 동료 평가를 거친 논문에 충분히 자주 등장했다는 이유만으로 어떤 진술을 사실로 여겼던 것이다.

오랜 시간에 걸쳐 건강한 식단에서 뇌의 기능에 이르는 온갖 주제에 관한 이른바 과학적 주장이 널리 퍼졌다. 그런 주장의 출처는 의외이거나 아예 알 수 없는 경우가 흔하다. 예를 들어 성인은 하루에 물을 여덟 잔 마셔야 한다는 주장이 있지만, 이 조언의 기원은 분명하지 않다. 어쩌면 "대체로 성인에게 적합한 물의 양이 하루 2.5리터"라는 내용을 담고 있던 1945년의 한 건강 조언에서 유래했을 수 있다. 그러나 이 조언 역시 "이 양의 대부분은 음식에 들어 있다"라고 명시했다. 세간을 떠도는 또 다른 과학적 주장으로는 우리가 뇌의 10퍼센트만을 사용한다는 것이다. 이 주장은 20세기 초에 자기계발 프로그램의 홍보 과정에서 등장한 것이 분명하다.[13]

때로는 출처를 찾기 쉽지만, 겉보기와 다를 때가 있다. 일군의 네덜란드 저자들이 쓴 「과학 논문 작성 기술」이라는 논문은 1,500번 이상 인용됐다. 단 한 가지 문제가 있었다. 그런 논문은 존재하지 않는다. 그것은 학술적 글쓰기 문체 지침서의 일부로, 참고 문헌 형식을 보여주기 위해 만든 것이었다.[14] 그럼에도 수많은 연구자가 자신의 논문에 그 글을 인용했다. 하지만 아마도 읽지는 않았을 터였다. 아무래도 과학이 우리의 희망처럼 언제나 엄밀한 것은 아닌 듯하다.

10년 전 어느 날 나는 연구 부정에 관한 세션이 있는 교육 과정에 참가했다. 내 첫 반응은—다른 많은 참가자 역시 비슷했는데—내 연구가 부정이 될 위험은 없다는 것이었다. 나는 원하는 결론을 얻기 위해 데이터를 수정하거나 하지도 않은 실험을 한 척할 생각이 없었다.

그러나 부정을 더 폭넓게 바라보면 상황은 더욱 모호해진다. 한쪽 끝에는 거짓 데이터에 기반한 연구를 발표하는 명백한 사기 행위가 있다. 반대쪽 끝에는 학술지에 발표하거나 연구비 지원을 할 때 결과의 중요성을 과장하는 것처럼 사실이지만 세심하게 만들어진 주장이 있다. 그리고 이 스펙트럼의 가운데에서 우리는 과학에서 가장 해로운 결함 중 상당수를 찾을 수 있다.

과학 연구에서 가장 커다란 위험의 하나는 무작위성이다. 사실 현대 통계학의 대부분은 우연을 진실로 착각하지 않으려는 목적으로 개발했다. 결국 많은 과학 분야가 특정 통계학 개념 하나를—p값을—우연에 대한 주요 방어 수단으로 채택했다. p값이 작을수록 우리는 그 결과가 우연에 따른 것이 아니라고 더 확신할 수 있다. 5퍼센트라는 로널드 피셔의 p값 기준에 기반하면, 적어도 연구 결과의 95퍼센트가 진정한 효과를 보고하고 있다고 생각하기 쉽다. 그러나 현실은 매우 다르다.

피셔의 p값 기준치가 널리 쓰이다 보니 연구자들은 종종 이 영향력 있는 수치보다 크게 나오는 결과를 출판하는 데 어려움을 겪는다. 대부분의 과학 학술지는 새로운 결과를 출판하고 싶어 하지 결론이 모호한 결과를 싣고 싶어 하지는 않는다. 일부 연구자는 이에 대응해 창의적인 방식으로 연구 내용을 서술한다. 전통적인 기준치에 못 미치는 연구를 설명할 때는 '사실상 유의미한'(p값이 10퍼센트일 때)에서 '거의 유의미한'(p값이 7퍼센트일 때), '대략적으로 유의미한'(p값이 9퍼센트일 때), '통계

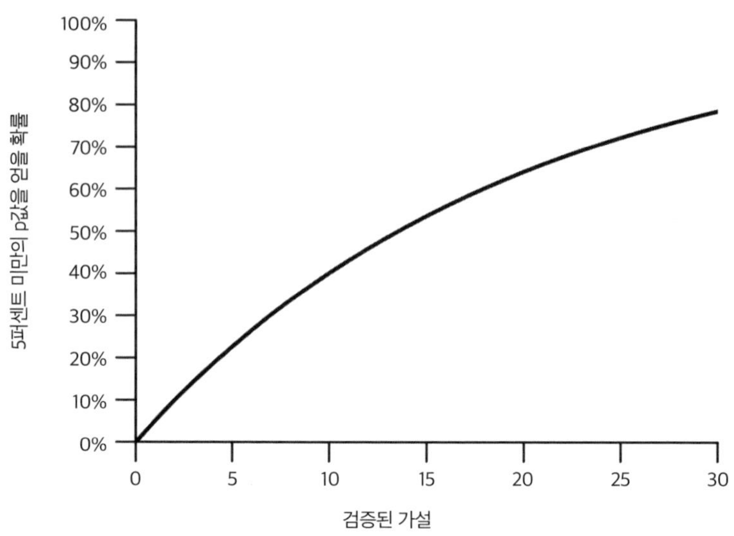

더 많은 가설을 검증할수록 순전한 우연으로 p값이 5퍼센트 미만인 '유의미한' 결과를 발견할 가능성이 더 커진다.

적으로 유의미한 경향이 있는'(p값이 7퍼센트일 때)까지 다양한 완곡어법을 사용했다.[15]

그뿐만이 아니다. 일부 과학자가 기준치를 넘기기 위해 사용하는 눈에 덜 띄는 전술이 또 있다. 칼 피어슨은 룰렛 데이터를 연구하며 p값을 만들었다. 그리고 마치 도박꾼이 연패를 끊으려고 하는 것처럼 어떤 연구자는 분석 결과가 보편적인 5퍼센트 기준에 못 미치면 한 번 더 시도한다. 가설을 한 번 더 검증하고, p값을 한 번 더 계산하는 것이다. 마침내 잭팟을 터뜨리면 앞선 실패는 곧 잊힌다. 통계학자로 이루어진 한 연구진이 2000년대 초 제약사들이 수행한 항우울제 시험을 검토했는데, '유의미한' 긍정적 결과가 나온 연구 38건 중에서 37개가 학술지에 실렸다.[16] 유의미하지 않은 결과가 나온 36건 중에서는 단 14개만이 빛을 보았다.

이른바 'p값 해킹'은 거짓인 출판 논문의 비율을 극적으로 높일 수 있다. 어떤 연구 팀이 열 가지 가설을 검증한다면, 적어도 하나가 우연히 전통적인 p값 기준치를 넘을 가능성이 40퍼센트다.[17] 스무 가지 가설을 검증하는 상황에서는 이 확률이 거의 65퍼센트까지 올라간다. 수많은 연구 팀이 이렇게 긍정적인 결과만 출판한다면, 과학 문헌은 우연한 결과로 넘쳐나게 될 것이다.

안타깝게도 이런 일은 실제로 일어나고 있다. 2010년대 초 과학자들은 '재현 위기'를 점점 더 의식하고 있었다. 논문으로 출판된 실험에서 '입증'된 효과가 후속 연구에서 잘 나타나지 않았던 것이다. 재현에 실패한 유명한 발견 중 하나는 이른바 '마시멜로 실험'이다. 1970년대 해당 연구진은 아이들에게 당장 마시멜로 한 개를 주거나 잠깐 기다린 뒤 두 개를 주는 실험을 했다. 마시멜로를 늦게 받기로 한 아이들은 이후 더 나은 삶을 영위했다. 더 날씬했고, 더 부유했으며, 품행도 더 좋았다. 간단한 실험이 어린이의 미래에 관해 그렇게 많은 것을 보여줄 수 있다는 것은 믿기 어려워 보였다. 그리고 실제로 그것은 믿기 어려운 일이었다. 후속 연구에서는 그와 같은 패턴이 나타나지 않았기 때문이다.[18]

과학 문헌에는 후속 연구에서 뒷받침되지 않은 결과가 많다. 눈 그림이 있는 포스터를 보면 사람들이 감시받는다고 느껴 더욱 정직하고 관대해진다는 주장도 그중 하나다.[19] '자신감 있는 자세'를 취하면 테스토스테론이 늘고 스트레스 호르몬인 코르티솔이 줄어든다는 생각도 있다.[20] 후속 연구에서 흐지부지 사라진 효과는 많을 뿐만 아니라 그런 효과를 재현할 수 없다는 점을 밝히는 데도 흔히 오랜 시간이 걸린다.

역사적으로 과학이 재현에 관심을 덜 기울였던 이유 중 하나는 돈이다. 예산에 한계가 있다 보니 연구비 제공자는 전통적으로 예전 발견을 확인하는 데 자원을 들이기보다 새로운 발견을 추구하는 쪽을 선호했다. 안타깝게도 재현에 실패한 연구가 신뢰할 수 있는 연구보다 더 많은 인용을 받으며 빈약한 결과가 널리 퍼질 수 있다. 2021년의 한 분석에서는 심지어 재현에 실패한 뒤에도 여덟 건의 인용 사례 중 한 건 꼴로만 이 문제를 언급한다는 사실을 밝혀냈다. 신뢰할 수 없는 연구가 언론 매체에 오르내릴 가능성이 더 크다는 증거도 있다. 설상가상으로 피드백 효과마저 생길 수 있다. 언론에서 많이 다룬 과학 논문은 이후 다른 연구자의 논문에 많이 인용되는 경향이 있다.[21]

어쩌면 이것은 언론 매체가 이후 영향력이 있을 연구를 알아보는 데 능숙하기 때문일까? 언론 보도가 정말로 더 많은 인용으로 이어지는지 알아보려면 언론 매체에서 기사를 썼지만 아무도 읽지 않는 이상적인 상황이 필요하다. 1978년 『뉴욕 타임스』의 인쇄업자 파업이 만들어낸 상황이 바로 그랬다. 이 시기에는 '기록지'로서 신문을 여전히 제작했지만, 배본을 하지 않았다. 자연 실험이 이루어진 셈이다. 연구진이 파업 기간의 기사와 그렇지 않을 때의 기사를 비교하자 언론 보도로 인해 발표 다음 해에 논문이 인용되는 사례가 73퍼센트 늘어났다는 사실이 드러났다.[22]

언론과 대중은 일반적으로 예상치 못한 발견을 좋아한다. 1950년대에 오스틴 브래드퍼드 힐과 함께 흡연과 암의 연관성을 확인한 역학자 리처드 돌Richard Doll은 현실이 매우 다를 수 있다고 경고했다. "여러분은 새로운 것을 좋아하지요." 돌은 기자들이 많은 방에서 이렇게 말한 바 있다. "하지만 안타깝게도 과학에서 새로운 건 흔히 틀립니다. 반면 진실을 구축하는 데는 오랜 시간이 걸립니다."[23]

지난 10여 년 사이에 많은 관심을 받은 새로운 개념 중 하나로 '넛지 이론'이 있다. 작고 저렴한 변화가—정보를 보여주는 방식과 같은—사람들의 선택에 큰 영향을 끼칠 수 있다는 내용이다. 학술지에 실린 무작위 대조 시험 결과에 기반해보면, 넛지 이론은 매우 효과적으로 보인다. 126건의 연구를 고찰한 결과 원하는 행동을 하게 되는 비율이 34퍼센트 증가했다는 사실이 드러났다. 그 결과 많은 정부가 이런 기법을 정책에 반영하기 위한 '넛지 부서'를 만들었다.[24]

그러나 연구자들이 현실에서 넛지 정책의 영향을 살펴보니 어딘가 이상한 점이 있었다. 학술 연구 결과와 달리 실제 넛지 부서에서 수행한 대규모 무작위 대조 시험 결과 그 효과는 훨씬 더 작아 평균 8퍼센트 증가에 불과했다. 무슨 일이었을까? 2022년 유니버시티 칼리지 런던과 암스테르담대학교 연구진은 출판된 넛지 연구 논문에서 커다란 '출판 편향'의 징후를 찾아냈다. 꾸준히 성공이 계속된다는 것은—무작위성에 훨씬 더 취약할 소규모 연구에서조차도—통계적으로 너무 훌륭해서 사실이라고 믿기 어려웠다. 이는 연구자들이 룰렛을 계속해서 돌리다가 p값은 작고 효과는 큰 결과만을 보고해왔음을 시사했다. 연구진이 이 편향을 조정한 결과 얻은 추정치는 훨씬 낮았고, 95퍼센트 신뢰 구간이 0을 포함했다.[25] 다시 말해, 우리는 이런 출판 논문에서 다룬 넛지 효과가 실제로 있다고 전혀 확신할 수 없다.

성공적인 결과만 출판한다면 무엇이 효과적인지에 대한 인식을 왜

곡할 뿐만 아니라 향후에 더 나쁜 연구로 이어질 수도 있다. 만약 연구자들이 큰 효과를 기대하게 되면, 더 작은 연구만으로도 충분하다고 생각할 것이다. 그러면 연구의 검정력이 부족해지고, 더 작고 더 현실적인 효과를 파악하지 못하게 된다. 2,000편의 정치학 논문을 살핀 2023년의 고찰 논문에서 연구진은 대부분의 연구가 매우 작지만 현실적으로 있을 법한 '효과 크기'(비교 대상 사이의 차이 또는 연관성을 나타내는 표준화된 통계 지표—옮긴이)를 식별할 가능성이 10퍼센트에 불과하다는 사실을 알아냈다.[26]

만약 과학에 재현성 위기가 있다면, 단순히 기준을 높이는 것만으로는 충분하지 않다. 실험물리학에서 증거의 힘은 '시그마'로 측정한다. 시그마 값이 클수록 결과는 우리가 귀무가설 아래에서 예상했던 결과로부터 멀어진다. 2시그마는 약 5퍼센트의 p값과 같고, 3시그마는 0.3퍼센트의 p값을 나타낸다. 그리고 5시그마는 0.00006퍼센트의 p값을 뜻한다. 문제는 많은 3시그마 결과가 틀린 것으로 드러났다는 점이다. 심지어는 일부 5시그마나 6시그마 '발견'조차도 실험 오류로 나중에 무너졌다.[27]

또 다른 방법으로는 거꾸로 이전 결과를 정기적으로 재확인하는 것이 있다. 연구자는 재현을 시도하면서 원래의 연구 데이터를 깊게 파고들 수도 있다. 필요하다면, 여러 가설을 비교할 때 작은 p값이 나올 확률이 증가하는 현상을 보정할 수도 있다. 과학 논문과 함께 일상 데이터 공유가 늘어나면서 이런 일이 더욱 쉬워지고 있다.

그래도 일반적으로 재현성 문제는 근원에서 다루는 편이 더 낫다. 연구를 시작하기 전에 연구 계획을 사전에 등록하도록 연구자에게 권장하는 일도 늘어나고 있다. 그러면 처음에 흥미로운 결과를 얻지 못했을 때 가설이나 실험을 살짝 조정하는 일을 막을 수 있다. 또 과학자들의 '하킹 HARKing'(Hypothesising After the Result is Known, 결과를 알고서 가설을 세우는 행위)도 막을 수 있다.[28] 한 연구에서는 FDA가 사전 등록을 도입하기 전에는 임상 시험이 대체로 큰 이점을 보였으나 도입 후에는 효과 추정치가 대부분 0이고 간간이 유익한 결과가 나왔다는 사실을 알아냈다.[29]

사전 등록은 유용한 대응책이지만, 나쁜 습관이 진화할 위험은 언제나 있다. 가령 미발표 예비 연구를 여러 번 수행한 뒤 '파킹 PARKing'(Pre-registering After the Result is Known, 결과를 알고 난 뒤 사전 등록하는 행위)을 할 수 있다.[30] 궁극적으로 이는 동기와 유인의 문제다. 이런 측

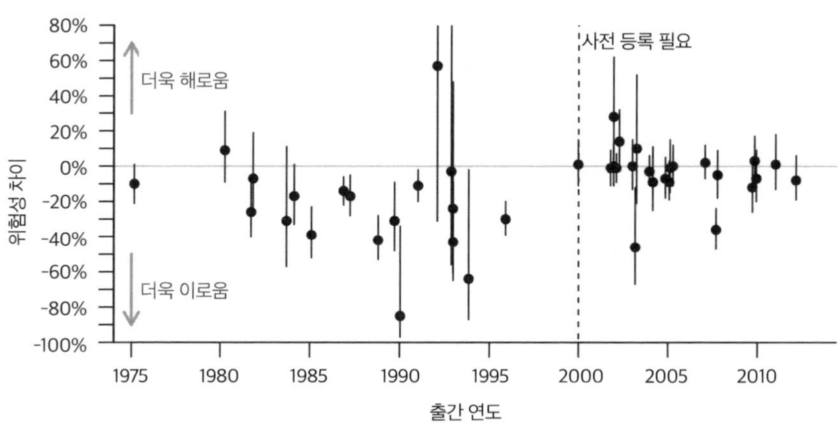

미국 국립 심장·폐·혈액 연구소(NHLBI)의 연구비 지원을 받은 임상 시험 결과. 각 점은 치료로 인한 위험성의 차이를 나타내며, 직선은 95퍼센트 신뢰 구간이다. FDA는 2000년부터 사전 등록을 요구했다. © Kaplan RM & Irvin VL, PLOS ONE, 2015

면에서 연구자 공동체는 여전히 윌리엄 고셋과 기네스에서 고셋이 한 일로부터 배울 점이 많다. 고셋은 p값의 기준을 좇기보다는 자신의 작업이 비용 측면에서 효율적이고 유용하기를 바랐다.

그것은 관리의 문제이기도 하다. 만약 학술 논문이 학술지에 출판되기 전에 해당 분야의 여러 독립적인 전문가로부터 평가를 받게 되어 있다면, 앞서 언급한 흠결을 왜 그렇게 늘 놓치는 것일까? 이따금 동료 평가는 과학 연구를 평가하는 최악의 방법이라고 말하곤 한다. 물론 다른 방법은 더 나쁘다.[31] 그러나 현대적 형태의 동료 평가는 비교적 최근에 등장했다. 1905년 알베르트 아인슈타인은 브라운 운동에 관한 연구를 포함해 획기적인 논문 네 편을 발표했다. 하지만 이들 중 어느 것도 여러 전문가의 평가를 받지 않았다. 대신 『물리학 연보』의 편집자들이 논문을 읽고 출판을 결정했다. 장애물은 별로 없었다. 『물리학 연보』는 보통 들어오는 논문의 90퍼센트 이상을 출판했다.[32] 블랙스톤 비와 아주 흡사하게 편집장은 지나치게 엄격하게 굴다가 진짜 훌륭한 발견을 억압하게 되는 위험을 감수하고 싶지 않았다.

아인슈타인이 미국으로 이주하자 상황은 완전히 바뀌었다. 1936년 아인슈타인과 동료 한 명은 명망 있는 학술지인 『피지컬 리뷰』에 논문을 투고했고, 편집자는 그 논문을 외부 평가자와 공유했다. 편집자가 직접 결정을 내린다고 생각하고 있던 아인슈타인은 그 대신 10쪽에 달하는 비판적 논평을 받아들고 분노했다. "누군지도 모르는 전문가의 논평을—어떤 경우에든 잘못된—다룰 이유가 없어 보입니다." 아인슈타인은 편집자에게 편지를 보냈다. "이 일로 저는 논문을 다른 곳에 출판하는 편을 선호합니다."[33] 그러나 화가 가라앉자 아인슈타인도 동료 평가의 가치를 알아보았던 모양이었다. 명성이 조금 덜한 학술지에 실린 그 논문은 크게 수정되어 있었다.

동료 평가자라고 해서 언제나 저명한 과학자의 논문에 그렇게 비판적이지는 않다. 어떤 경우에는 권위나 복잡성 때문에 움츠러들기도 한다. 나도 몇 차례 과학 논문을 평가하다가 방법론적 결함을 알아챘지만 이후 다른 평가자가 복잡한 기법에 감탄해 논문을 사실상 그냥 통과시킨 일을 알게 된 경험이 있다. 어떤 분야에는 연구를 표현하거나 평가하는 방식에 있어 독특한 문화가 있는데, 이는 문제를 더욱 크게 만들 수 있다. 예를 들어 경제학에서는 간단한 개념도 복잡한 방정식으로 나타내는 것이 일반적이다. 생태학자 로버트 메이Robert May는 그것이 해당 개념에 어쩌면 과분할 수도 있는 엄밀함이라는 외양을 부여한다면서, '대상의 우아한 수학화'라고 부르기도 했다.[34]

에이브러햄 링컨이 연설을 선명하게 다듬기 위해 수학적 개념을 사용했던 반면 어떤 사람들은 과학적 주장을 세련되게 만들려고 수사적인 기법을 사용했다. 철학자 메리 미드글리Mary Midgley는 고대 세계를 이 분야의 선구자로—혹은 피고인으로—지목한다. 로마 시대의 루크레티우스는 물체가 아주 작은 개개의 원자로 나뉠 수 있다는 개념을 대중화했다. 이 개념은 제도적 권력의 세계에서 개인의 자유를 중시하는 사람들 사이에 폭넓은 호응을 얻었다. 미드글리는 이렇게 주장했다. "종교를 제거하기 위해 만든 무해한 제초제로 과학을 처음 개념화한 것은 루크레티우스였다. 그리고 그것을 장대하게 굽이치는 듯한 열정적인 육보격의 시로 표현해 건조한 산문으로는 결코 표현할 수 없었을 힘을 부여했다."[35]

수사학이라는 혼탁한 효과로 뛰어들기 전에 더욱 견고한 토대에서 시작해보자. 과학적 연역에 관해 이야기할 때 우리는 보통 논리를 두 가지 규칙으로 단순화할 수 있다.[36] 첫 번째 규칙은 전건 긍정 또는 긍정 논법으로 불리는데, 다음과 같다. 명제 A가 명제 B를 함의한다(줄여서 A → B)고 가정하자. 만약 A가 참이면, B 역시 참이어야 한다. 예를 들어 회사에서 일하는 모든 사람이 미국에서 산다면, 그 회사에서 일하는 누군가를 만났을 때 그 사람 역시 미국에 사는 것이 분명하다는 사실을 알 수 있다.

긍정 논법

A → B

따라서…… 만약 A가 참이면 B는 참이다.

두 번째 규칙은 후건 부정 또는 부정 논법이다. 만약 우리가 A가 B를 함의한다는 것을 알고 있다면, B의 부재는 A의 부재를 함의한다는 내용이다. 이런 접근법의 한 사례는 1892년 셜록 홈스 시리즈 단편집 『실버 블레이즈』에서 볼 수 있다. 이 이야기에서 셜록 홈스는 도둑맞은 경주마를 찾아 수사를 벌인다.[37]

"제게 알려주고 싶은 다른 사항이 있습니까?" 사건을 맡은 형사가 묻는다.

"간밤에 개가 저지른 흥미로운 사건이 있습니다." 홈스가 대답했다.

"간밤에 개는 아무 짓도 안 했는데요." 형사가 말한다.

"그게 흥미로운 사건입니다."

홈스의 논리는 부정 논법에 의존하고 있다. 만약 침입자를 보면 개는 짖을 것이다. 개는 짖지 않았다. 따라서 개는 침입자를 보지 않았다. 논리 규칙을 다룰 때는 각각의 명제에 화살표를 그려 무엇이 무엇을 함의하는지 살펴보는 것이 도움이 된다.

침입자 → 짖음

따라서…… 짖지 않음 → 침입자 없음

이 논리는 앞 장에서 살펴본 과학에 대한 반증주의적 접근법의 핵심이기도 하다. 만약 어떤 과학 이론이 뭔가를 예측했는데 그 일이 일어나지 않는다면, 그 이론에 의문을 제기해야 한다는 뜻이다.

이 규칙을 활용하는 한 가지 방법은 A와 B를 A의 부재와 B의 부재로 바꾸면 화살표의 방향만 바뀐다는 사실을 알아두는 것이다.

부정 논법

A → B

따라서…… A의 부재 ← B의 부재

부정 논법의 또 다른 이점은 있는 것이 아니라 없는 것을 바탕으로 명제를 증명할 수 있다는 점이다. A가 B를 함의한다는 사실을 보이고 싶지만, 어떤 이유로 이 주장을 증명하기 어렵다고 가정하자. 하지만 B

의 부재가 A의 부재를 함의한다는 것은 보일 수 있을지도 모른다. 부정 논법 덕분에 두 명제는 동일하며, 우리는 A가 B를 함의한다고 증명할 수 있다.

예를 들어 여러분이 거대한 숲으로 덮여 있고 중앙에 작은 초원이 있는 섬에 살고 있다고 상상해보자. 여러분의 친구는 그 숲에서만 사는 특정 나비가 있다고 주장한다. 나비를 한 마리 한 마리 추적해 해당 나비가 모두 숲에 사는지 확인하기는 어렵다. 다행히 숲이 아닌 한 작은 지역—바로 초원—에는 그 나비가 살지 않는다는 사실을 보이는 것은 비교적 쉽다. 이를 대우에 의한 증명이라고 한다.

$$숲의 부재 \rightarrow 나비의 부재$$
$$따라서\cdots\cdots 나비 \rightarrow 숲$$

또는 좀 더 일반적으로 나타내면 다음과 같다.

$$B의 부재 \rightarrow A의 부재$$
$$따라서\cdots\cdots A \rightarrow B$$

안타깝게도 이 두 논리 규칙은 자주 오해와 조작을 불러일으켜 견고해야 할 추론이 잘못된 결론으로 이어진다. 종종 위의 두 규칙을 사용하면서 명제 중 하나를 뒤바꾸는 실수를 하곤 한다. 예를 들어 A가 B를 함의한다고 해서 B가 A를 함의하는 것은 아니다.

간단해 보이지만, 이런 착오는 부지불식간에 논쟁에 끼어들어 중

대한 결과를 낳곤 한다.[38] 1995년 미국의 한 파산 사건에서 법정은 파산 보호를 신청한 회사가 계약을 거부했다고 결론지었다. 만약 채무자가 계약을 거부한다면, 일반 무담보 채권이 존재한다. 법정은 일반 무담보 채권이 존재한다는 사실을 밝혔으므로 채무자가 계약을 거부한 것이 틀림없다는 논리였다. 만약 이 명제를 써보면 논리적 오류를 더욱 명백하게 볼 수 있다.

계약 거부 → 무담보 채권

따라서…… 무담보 채권 → 계약 거부

결국 그 사건은 항소법원으로 올라갔고, 항소법원은 "지방법원의 추론에 논리적인 결함이 있다"라며 그 결론을 기각했다.

논리적 오류는 부재하는 것을 고려할 때도 나타날 수 있다. 우리가 A가 B를 함의한다는 것을 안다고 해서 A의 부재가 B의 부재를 함의하는 것은 아니다. 1950년에 쓴 인공지능에 관한 고전 논문에서 앨런 튜링Alan Turing은 인간과 기계의 관계에 관해 자신이 목격한 흠결 있는 논증 하나를 자세히 설명했다. "만약 각각의 인간에게 자신의 삶을 좌우하는 명확한 행동 규칙의 집합이 있다면, 인간은 기계보다 나을 게 없을 것이다. 하지만 그런 규칙은 없다. 따라서 인간은 기계가 될 수 없다."[39]

인간에게 명확한 규칙이 있음 → 기계

따라서…… 명확한 규칙이 없음 → 기계가 아님

이 명제는 사실 A와 B를 A의 부재와 B의 부재로 바꾼 것이다. 하지만 화살표의 방향을 바꾸지 않았다. 튜링은 학술적인 예시를 들고 있었지만, 때로는 이런 논리적으로 결함이 있는 주장이 아주 실질적인 영향을 끼칠 수 있다. 이런 언어적 속임수의 가장 일반적인 예시 중 하나로는 증거의 해석이 있다. 만약 어떤 증거가 A가 참임을 함의한다면, 현재 그 증거가 없다고 해서 A가 참이 아니라는 뜻은 아니다. 이번에도 결함 있는 명제를 써보면 문제를 파악하기 쉽다.

$$증거 \rightarrow A가\ 참임$$
$$따라서\cdots\cdots 증거의\ 부재 \rightarrow A는\ 참이\ 아님$$

다시 말해, 우리는 증거의 부재와 부재의 증거를 혼동해서는 안 된다. 그러나 때때로 이를 구분하려면 문제를 포착할 수 있는 예리한 눈과 주장할 수 있는 용기가 필요하다.

프랜시스 켈시Frances Kelsey의 책상에 놓인 새로운 업무는 지극히 단순해 보였다. 켈시는 FDA에서 일한 지 겨우 한 달이 된 상태였고, 제품을 미국에서 판매하고 싶어 하는 제약사의 신청서를 검토하는 일을 맡고 있었다. "저는 그곳에서 신입이었고, 상당히 미숙했습니다." 훗날 켈시는 이렇게 회고했다. "그래서 제 상사가 결정했습니다. '음, 이건 아주 쉬운 일이야. 수면제로는 문제가 없을 거야.' 그래서 제가 신청서를 받게 됐지요."[40]

1960년 9월이었다. 다가오는 대선을 앞두고 리처드 닉슨Richard

Nixon과 존 F. 케네디John F. Kennedy의 첫 번째 토론회가 열리기 직전이었다. 그때 FDA 안에서는 또 다른 논쟁이 시작되고 있었다. 회사가 신청서를 제출하면, 담당 팀은 보통 세 가지 측면에서 검토했다. 약물의 화학적 성질, 동물시험, 그리고 임상 연구였다. 의료 담당자였던 켈시는 임상 데이터를 검토하는 일을 맡았다. 이 새로운 신청서에 적힌 내용은 그다지 인상적이지 않았다. 켈시가 보기에 캔자스에 본사를 둔 머렐이라는 회사는 견고한 과학으로 주장을 뒷받침하지 못했다. 켈시의 표현에 따르면, "잘 설계해서 실행한 연구라기보다는 추천서에 가까웠다." 게다가 다른 두 검토자도 신청서의 결함을 지적했다. FDA가 더 많은 정보를 얻을 때까지는 승인할 수 없어 보였다.

머렐은 그 결정을 기꺼이 받아들이지 않았다. 회사는 진정제가 잘 팔리는 계절인 크리스마스 전에 약을 출시하고 싶었다. 그 약은 3년 전부터 유럽의 일부 지역에서 팔리고 있었고, FDA가 아직 승인을 보류하고 있던 1961년 봄에는 캐나다에서도 허가를 받았다.[41] 그 약의 브랜드명은 케바돈이었지만, 곧 세상은 그 약물의 과학적인 이름을 알게 될 터였다. 바로 탈리도마이드였다.

머렐의 압력에도 불구하고 켈시와 FDA는 임신부 대상의 안전성 데이터에 관한 우려로 탈리도마이드의 승인을 계속 막았다. 특히 일부 임신부가 입덧의 영향을 완화하기 위해 장기간 그 약을 사용할 수 있기 때문에 FDA는 확신이 있어야 했다. 크리스마스를 한 번 더 놓치는 상황이 되자 머렐은 1961년 9월 기자회견을 열었다. 이후 켈시는 이렇게 말했다. "이런 행사는 어렵다. 제약사가 외부인을, 때로는 대학과 관련 있는 사람이나 회사에서 일했던 사람, 약학과 약에 관심이 있는 사람

등을 데려오기 때문이다." 하지만 누군가 "탈리도마이드가 임신부에게 안전하다고요?"라고 질문하면서 기자회견의 분위기가 바뀌었다. 머렐은 "그렇다"라고 대답할 수 없었고, 갑자기 켈시의 일은 훨씬 쉬워졌다. 켈시는 "사람들이 데이터가 없다는 사실을 깨달으면서 FDA에 대한 비판이 끝났다"라고 회고했다.

벤덱틴에 관한 후속 연구가 해롭다는 결정적인 증거를 보여주지 않은 반면 탈리도마이드의 경우에는 그렇지 않았다. 그 위험성에 관한 충격적인 데이터가 유럽에서 등장했는데, 수천 명의 아기가 심각하게 기형적인 팔다리를 갖고 태어났던 것이다. 그 결과 머렐은 1962년 4월 FDA 신청을 철회했다. 켈시와 그 동료들 덕분에 그 약은 미국에서 널리 유통되지 않았다.

탈리도마이드는 서로 다른 나라에서—그리고 과학자가—증거를 매우 다른 방식으로 평가할 수 있으며 이 차이는 끔찍한 결과로 이어질 수 있다는 점을 보여준다. 과학사적으로 보면 오래전부터 좋은 연구가 나쁜 의견으로 더럽혀지곤 했다. 1950년대 초, 오스틴 브래드퍼드 힐과 리처드 돌이 흡연과 폐암에 관한 연구를 발표했을 때 몇몇 과학자는 회의적이었다.[42] 돌조차도 처음에는 폐암의 증가가 당시 도로를 타르로 포장하기 시작했던 것 때문이라고 생각했다는 사실을 고려하면, 이해할 수도 있는 일이다. 예지 네이만 같은 일부 과학자는 증거가 쌓이면서 생각을 바꾸었지만, 로널드 피셔 같은 인물은 반대 입장을 고수했다.

피셔는 쌓이고 있던 다양한—코호트 연구에서 사례군-대조군 연구에 이르는—데이터 세트가 모두 잠재적으로 편향되어 있다고 주장했다. 문제는 논쟁에 종지부를 찍을 무작위 대조 시험을 할 수 있는 사람이 없었다는 데 있었다. 연구진이 흡연이 암을 유발한다고 의심하는 상황에서 일부 사람들에게 무작위로 담배를 피우게 하며 몇 년 뒤에 결과를 비교할 수는 없었다. 따라서 피셔는 흡연과 암의 연관성에 대한 다른 설명을 배제하기가 불가능하다고 주장했다. 개인적으로 피셔는 미지의 유전적인 요인이 있는 특정 사람들이 담배를 피울 가능성이 높은 동시에 암에 걸릴 가능성도 높다고 생각했다. 특히『영국 의학 저널』에 실린 글 한 편을 보고 화를 냈는데, 피셔는 그 기사가 사람들이 흡연을 그만두게 하기 위한 대대적인 홍보 노력을 기울여야 한다는 "극단적이라 할 수 있는 결론"에 이르렀다고 말했다.[43]

열렬한 파이프 담배 애호가였던 피셔는 1962년 사망할 때까지 흡연을 옹호하는 입장을 고수했다. 동료들은 피셔가 눈에 보이는 증거를 외면하는 데 실망했을 뿐만 아니라 몇몇은 피셔가 담배 제조업체 상임위원회의 자문으로 활동했다는 점을 들어 이해 충돌을 의심하기도 했다.

이런 잠재적인 충돌은 과학계에서 계속되고 있는 문제다. 1998년의 한 연구는 심혈관 질환의 치료제로 쓰이는 칼슘 차단제의 안전성에 관한 연구 논문을 조사했다.[44] 안전성에 비판적이었던 저자의 37퍼센트는 이런 약물을 제조하는 기업과 재정적인 관계를 맺고 있었다. 치료제가 안전하다고 옹호한 저자의 경우 이 수치는 96퍼센트로 올라갔다.

흡연의 위험성에 관해 연구했음에도 브래드퍼드 힐은 연구를 바탕으로 조언하는 것은 자신의 역할이 아니라고 주장했다. "흡연에 관해 대중이 어떻게 행동해야 할지 알려주는 것은 우리가 할 일이 아니었다." 브래드퍼드 힐은 훗날 미발표 회고록에 이렇게 기록했다.[45] 또한 동료들에게 과학에서 벗어나 메시지를 흐리지 말라고 당부하기도 했다. "우리가 할 일은 연구로 사실을 확인하고 의학 학술지에 출판하는 것이다. 선전하는 사람이 되면 과학자로서의 우리는 망가질 것이고, 앞으로는 '편향된' 자료를 제시하는 사람이 될 것이다."

모든 연구자가 그렇게 자제하지는 않는다. 역사적으로 과학과 의견 사이의 경계는 종종 흐릿해졌다. 칼 피어슨은 콩도르세의 계몽주의 철학의 가치에 관해 이렇게 말한 바 있다. "사회적 사실은 측정할 수 있으며, 따라서 수학적으로 다룰 수 있다. 이 제국은 이성을 지배하는 말, 진실을 대체하는 열정, 계몽을 짓밟는 적극적인 무지에 의해 찬탈당해서는 안 된다."[46]

이 말을 읽는 여러분은 이것이 합리적이고 더 많은 사람이 따라야 하는 주장이라고 생각할지도 모른다. 하지만 '사회적 사실'이 피어슨을 어디로 이끌었는지 생각해보자. 1900년 초창기 통계학 개념의 상당수를 빚어내고 있던 시절 피어슨은 뉴캐슬에서 '과학적 관점에서 본 국가적 삶'이라는 제목의 강연을 했다. 자연선택에 관해 이야기하던 피어슨은 북아메리카에 새로 도착한 유럽인과 원주민 사이의 역사적인 갈등을 강조했다. 피어슨의 표현에 따르면, "백인과 홍인 사이의 생존 투쟁은 세부적인 면에서 고통스럽고 끔찍하기까지 했지만, 즉각적인 악을 크게 넘어서는 이익을 우리에게 안겨주었다. 이 세상의 일과 사상에 사실상 아무런 기여를 하고 있지 않는 홍인을 대신해 우리는 위대한 국가를 갖게 됐다."[47]

피어슨의 결론은 성공한 국가가 이른바 '열등한 인종'을 몰아냄으로써 태어날 수 있었다는 것이다. "내 견해는—그리고 나는 그것이 국가를 보는 과학적 견해라고 부를 수 있다고 생각한다—더 나은 혈통으로부터 상당한 수를 충원할 수 있도록 보장함으로써 높은 수준의 내부 효율성을 유지하는 하나의 조직된 단체라는 것이다." 피어슨의 발언은 인종에 관한 유럽의 '계몽적' 관점이라는 오랜 전통을 따른 것이다. 18세기에 '더 나은' 것에 관한 보편적인 진리를 제안했던 이마누엘 칸트는 아프리카 목수의 의견은 그 피부색이 "발언의 어리석음에 관한 명확한 증거"이기 때문에 무시할 수 있다고 썼다.[48]

흔히 우생학 분야를 역사적 일탈, 제2차 세계대전의 잔학함 속에 절정을 맞은 과학 개념의 잘못된 왜곡으로 제시한다. 아마도 현실이 훨씬 더 소화하기 어렵기 때문일 것이다. 20세기 초 우생학은 주류 과학이었다. 두 변수 사이의 관계를 추정하는 데 쓰이는 통계적 회귀 개념은 우월한 개체가 열등한 개체와 섞이면 '평범함으로 회귀'할지 모른다는 프랜시스 골턴의 우려에서 나왔다. 이후 골턴은 유니버시티 칼리지 런던의 우생학 교수직을 마련하도록 기금을 후원했고, 피어슨이 1933년 은퇴할 때까지 그 자리에 있었다.[49]

상관관계를 계산하거나 회귀분석을 수행하거나 p값을 추정하는 학생이라면 모두 골턴과 피어슨이 개척한 개념을 사용하고 있다. 그러나 사람들이 인종주의를 정당화하는 데 쓰인 '과학적' 원리로부터 지속적인 가치를 지닌 과학적 원리를 분리한 것은 나중의 일이었다. 역사적으로 보면, 각 세대는 스스로 계몽된 세대, 전 세대의 끔찍한 편견으로부터 자유로운 세대라고 믿는 경향이 있다. 하지만 그런 견해가 진보를 방해할 수 있다는 사실 역시 역사는 보여주고 있다. 모기와 말라리아의 연관성을 추측했던 소말리 부족을 비웃은 19세기의 탐험가들은 부족이 원시적 미신을 따른다는 자신들의 잘못된 '현대적' 관점에 짓눌려 말라리아에 관한 새롭고 유용한 통찰을 놓쳤다.

오늘날에도 연구는 여전히 편견에서 자유롭지 않다. 과거의 노골적인 인종주의 대신 현대의 고질병은 흔히 무관심과 나태함이다. 우리는 민족적 차이를 내재한 '객관적' 위험 평가 알고리즘에서 이것을 볼 수 있다. 서구권 인구 집단에서 주로 표본을 추출한 유전학 연구는 소외된 집단에게 지식과 혜택을 제대로 전달하지 못한다. 흰 피부로 검증한 산소 포화도 측정기와 같은 의료기기는 코로나19 팬데믹 시기에 피부가 하얗지 않은 환자를 대상으로 한 오진으로 이어졌다.[50]

도버트 기준에 따라 과학 이론이 '일반적으로 인정받아야' 한다고 할 때, 그 말은 정확하면서도 동시에 오해의 소지가 있다. 과학이 사회적인 행위이며, 인정받을 수 있는지는 개별 연구자와 그들 모두의 선입견에 달려 있다는 점에서는 정확하다. 그리고 이론이 '인정받는다'라는 개념이 오류나 향후 거부될 가능성을 허용하기보다는 종결의 의미를 함축할 수 있기 때문에 오해의 소지가 있다.

경력 초기에 알베르트 아인슈타인은 과학이 논쟁의 여지가 없을 수 있다는 생각에 점점 좌절을 느꼈다.[51] "대상을 정리하는 데 유용하다고 입증된 개념은 쉽게 권위를 얻어서 우리는 그 세속적인 기원을 잊어버리고 그것을 변하지 않는 것으로 받아들인다." 1916년 아인슈타인은 이렇게 말했다. 세속적이지 않은 권위에 대한 이런 의존은 여전히 여러 가지 면에서 나타난다. 그중 하나가 현대의 과학 논문에서 쓰이는 수동적인 '객관적' 표현이다. 많은 과학자는 '우리가 실험을 수행했다'보다 '실험이 수행됐다'라고 쓰는 편을 선호한다. 또한 과학은 연구와 일상 언어를 분리하는 언어적 장벽을 발달시켰다. 스톡홀름 카롤린스카 연구소의 연구진이 지난 140년 동안의 과학 논문 초록 70만 편을 분석한 결과 가독성은 꾸준히 감소했고, 전문용어와 더 긴 단어, 더 복잡한 문장의 사용이 늘었다.[52]

우연을 억누르고 '객관적' 결과에 대한 확신을 불러일으키려는 선의의 욕망을 통해 과학자들은 오히려 결함을 조장할 수 있는 문화를 만들어냈다. 인종주의에서 흡연, 해로운 수면제에 이르기까지 증거의 착각과 창의적인 프레임 설정은 진리 탐구를 방해하고 그런 진리가 요구하는 결정을 늦춰왔다. 그리고 이런 관념이 더 넓은 세상으로 나가면 상황은 훨씬 더 복잡해진다.

매일같이 쏟아지는 악성 메시지를 받다 보니 나는 스카이다이빙이 떠올랐다. 오래전에 나는 케이프타운 상공에서 비행기에서 뛰어내린 적이 있는데, 기묘하게도 땅에 가까워진 뒤에야 두려움이 느껴지기 시작했다. 3,000미터 상공에서는 높이가 너무 비현실적이고 막연해 불안하지 않았다. 100미터 정도는 되어야 익숙한 불편함을 느낄 수 있었다.

코로나19에 대응하는 과학자로서 일하면서 받은 분노에 찬 메시지도 마찬가지였다. 팬데믹 이전에는 화내는 메시지 하나가 온종일 내 머리를 사로잡곤 했다. 하지만 트윗이나 이메일이 수십 개씩 쌓이자 3,000미터 상공에서 보는 풍경처럼 기묘하게 비현실적으로 느껴졌다.

메시지는 시적인 것("당신의 영혼은 썩었다")에서 아리송한 것("네 동굴로 돌아가"), 막연한 위협을 담은 것("응분의 대가를 받게 될 거다")까지 다양했다. 어떤 메시지는 특별히 공을 들인 티가 났다. 한 남자는 원래 닐 퍼거슨에게 썼던 분노에 찬 이메일을 출력해서 알 수 없는 순서로 늘어놓고 찍은 사진을 보냈다. 하지만 모두 한 가지에는 동의하는 듯했다. 자신이 옳고, 나는 틀렸다는 것이었다. 코로나19의 치명률 위험에 관해서도 틀렸고, 두 번째 유행에 관해서도 틀렸고, 백신이 유용하다는 데 대해서도 틀렸다는 것이다.

큰 규모에서 보면 그 광경은 섬뜩하도록 매혹적이었다. 어떻게 그렇게 많은 사람이 사실이 아닌 것을 확신할 수 있을까? 어떻게 그렇게 많은 증거를 무시할 수 있을까? 온라인의 목소리는 2021년 1월에 정점을 찍은 듯했고, 현실 세계에서도 점점 그런 목소리가 높아졌다. 음모론에 빠진 폭도들이 미국 국회의사당을 습격하는 동안 런던의 여러 병원 밖에서는 시위대가 지친 의료진에게 병원 안에 코로나19 환자가 없다고 이야기하고 있었다.[53]

몇 주 뒤, 이 기괴한 풍경을 어느 정도 이해할 수 있게 해준 연구가 나왔다. 매사추세츠공과대학교MIT와 레지나대학교 연구진은 일군의 미국인에게 온라인에서 무엇을 공유하는지 물었다.[54] 대다수는 공유할지 여부를 결정할 때는 놀라운지, 재미있는지, 흥미로운지, 정치적 견해와 일치하는지보다도 콘텐츠의 정확성이 '대단히 중요'하다고 답했다. 연구진이 참가자들을 평가해보니 과연 이들은 실제로 헤드라인의 정확성을 평가하는 데 능숙했다. 그러나 연구진이 첫 번째 집단과 똑같은 집단에서 무작위로 뽑은 두 번째 집단을 대상으로 어떤 헤드라인을 온라인에 공유하겠냐고 물었을 때 두 번째 집단은 사실인지 아닌지를 떠나 정치적 견해와 일치하는 콘텐츠를 선호했다.

사람들이 진실에 관심이 있는 듯하면서 동시에 거짓인 콘텐츠를 기꺼이 공유하는 일이 어떻게 가능할까? 이 공유 행동을 더욱 깊이 파고든 연구진은 그것이 분산의 문제라고 주장했다. 온라인의 순간적인 열기 속에서 진실은 서로 경쟁하는 여러 우선순위 중 하나에 불과하다는 것이다. 연구진의 표현에 따르면, "사람들은 종종 정확성이 아닌 다른 요인에 주의를 빼앗기기 때문에 잘못된 정보를 공유한다." 연구진이 사람들에게 정확성을 먼저 떠올리게 하자 허위 정보의 공유가 줄어들었다.

잘못된 정보의 확산을 돕는 다른 특징도 있다. 과거 연구에서 몇몇 연구진은 '진실 착각 효과'라고 불리는 현상을 살펴보았다.[55] 이 현상은 사람들이 새로운 진술과 비교해 반복적으로 접한 진술을 진실로 평가할 가능성이 높다는 것을 말한다. 연구 참가자들의 판단을 분석한 연구진은 꾸준한 반복이 별로 그럴 법하지 않은 진술조차도 신뢰성을 높이는 듯이 보인다는 결과를 발견했다. 왜 사람들은 이런 주장에 의한 증명에 무력할까? 한 가지 가능성 있는 설명은 마치 과학자가 여러 번의 실험에서 결과가 재현된다면 그것이 놀라운 결과라도 신뢰하는 것처럼 우리가 무의식적으로 반복적인 정보를 더욱 강력한 증거로 해석한다는 것이다.

안타깝게도 어떤 사람들은 인간의 기벽을 이용해 거짓을 퍼뜨리는 데 능숙하다. 어느 유럽 정치인에 관한 다음 분석을 보자.

그 사람의 주요 규칙은 다음과 같았다. 절대 대중이 냉정해지게 내버려두지 말라. 절대 잘못이나 오류를 인정하지 말라. 절대 당신의 적에게 선한 면이 있을 수도 있다고 인정하지 말라. 절대 대안의 여지를 남기지 말라. 절대 비난을 받아들이지 말라. 한 번에 한 적에게만 집중하고, 잘못되는 모든 것에 대해 그 적을 비난하라. 사람들은 작은 거짓말보다 커다란 거짓말을 더 빨리 믿는다. 그리고 당신이 거짓말을 충분히 자주 반복한다면, 사람들은 곧 그걸 믿을 것이다.[56]

누가 떠오르는가? 위 인용문은 제2차 세계대전 중에 쓰인 CIA의 보고서에서 나온 것이다. 대상은 바로 아돌프 히틀러Adolf Hitler였다. 선동적인 선전에서 매스미디어를 통한 증폭에 이르기까지 히틀러가 사용한 도구 중 상당수는 오늘날에도 친숙하다. 『나의 투쟁』에서 히틀러는 '커다란 거짓말'이 왜 그렇게 강력하다고 생각하는지 설명했다.

한 국가의 광범위한 대중은 의식적으로나 자발적으로보다는 감정적 본성의 더 깊은 층에서 더 쉽게 타락한다. 따라서 사람들은 마음의 원시적인 단순성 속에서 작은 거짓말보다는 커다란 거짓말에 더 쉽게 빠져들게 된다. 사소한 일에 관해서는 스스로도 작은 거짓말을 하곤 하지만, 대규모 거짓에 의존하는 것은 부끄러워하기 때문이다.

허위 정보가 현대에 들어 새로 생긴 것은 아니다. 하지만 소셜 미디어는 우리가 그런 정보와 상호작용하는 방식을 바꾸어놓았다. 한 가지 큰 차이점은 시간 규모다. 2020년 11월 4일 큐어논의 추종자에게 인기 있는 온라인 게시판인 '8kun'에 등장한 이미지를 보자.[57] 미국 동부 시간으로 오전 5시 37분에 올라온 게시물은 조 바이든Joe Biden의 득표가 갑자기 13만 8,000표 늘어난 것을 보여주는 미시간주의 선거 지도였다.

실제로는 지도를 제공하는 회사의 데이터 오류였으며, 신속하게 바로잡혔다. 하지만 20분 뒤 사기 행위가 벌어지고 있음을 시사하는 메시지와 함께 이미지가 엑스에 올라왔다. 그 이미지는 엑스에서 점점 불어나며 다른 포럼에도 퍼지기 시작했다. 곧 이름 있는 보수주의자들이 8kun에서 시작된 그 기원을 모른 채 게시물을 리트윗하기 시작했고, 마침내 10시 35분 당시 대통령이었던 도널드 트럼프가 그 게시물을 공유했다.

온라인 세계의 또 다른 차이점은 가시성이다. 대면 대화와는 달리 소셜 미디어에서는 누가 언제 공유했는지를 살펴보며 콘텐츠의 확산을 추적하는 것이 종종 가능하다. 연구자는 틀린 지도 같은 잘못된 정보의 확산을 조사할 수 있고, 사용자는 현실에서 일어났다면 볼 수 없었을 수십억 가지의 논쟁과 논의를 볼 수 있다. 하지만 관찰이란 것이 으레 그렇듯이 그 모습은 편향되어 있을 수 있다. 온라인 정보에 관한 학문적 연구가 점점 늘어나던 2010년대에는 주로 엑스에 집중했다. 단순히 데이터에 접근하기 더 쉬웠기 때문이다. 그러나 해로운 콘텐츠는 인터넷의 일부에만 국한되어 있지 않다. 직간접적인 공유의 복잡한 네트워크를 통해 흐르며, 한 가지 플랫폼에만 집중해 연구하면 이를 놓치게 된다.

온라인 공유의 복잡성과 속도는 허위 정보에 대응하는 방법에 대한 질문을 제기한다. 나는 2017년에 전작 『수학자가 알려주는 전염의 원리』를 쓰려고 조사를 시작했는데, 당시에는 대부분 팬데믹이 올 가능성을 희박하게 느꼈을 것이다. 내가 주목했던 것 중 하나는 전염병의 위협에 대한 선제 조치의 가능성이었다. 잘못된 정보든 금융 위기든 어떤 것이 퍼질 수 있다면, 퍼진 뒤보다 퍼지기 전에 싹을 자르는 게 훨씬 쉽다. 허위 콘텐츠에 관해 미리 경고하거나 네트워크를 변경해 그 정보에 접근하기 어렵게 만들면 나중에 따라잡으려 하는 것보다 확산을 예방하는 데 훨씬 더 효과적일 수 있다.

당시 나는 선제적으로 행동하자는 내 제안이 다소 순진할 수도 있다고 생각했다. 2018~2019년에 왓츠앱이나 핀터레스트 같은 회사가 고삐 풀린 거짓 정보를 억누르기 위해 알고리즘을 조정했지만,[58] 사용자에게 위험한 정보를 예방하는 '백신'을 접종하기 위해 기업들이 비즈니스 모델을 무너뜨리려고 할까? 2016년 미국 대선과 브렉시트 투표 때 악의적인 간섭이 있었다는 주장에도 불구하고 소셜 미디어 기업들은 일반적으로 손을 떼는 방식을 택했고, 2019년 말 내가 책을 마무리했을 때도 계속 그렇게 하고 있었다.

몇 달 뒤 코로나19 팬데믹이 닥치면서 그런 상황은 바뀌었다. 많은 플랫폼에서 '코로나'를 검색하면 NHS나 WHO와 같은 정보 출처를 가리키는 배너가 나타났다. 선제 조치는 더 이상 순진한 소망이 아닌 듯했다. 하지만 이것은 시작에 불과했다. 곧 플랫폼들은 선제 조치와 대응 조치를 동시에 실행하며, 의심스러운 과학에 기반한 포스트에 신뢰할 수 없음이라는 태그를 달고 허위 정보를 퍼뜨리는 사용자를 차단했다.

이는 어떤 정보가 정확한지 누가 결정해야 하느냐는 문제로 이어졌다. 2020년 3월 말, WHO는 "사실: 코로나19는 공기로 전염되지 않는다"라는 트윗을 올렸다.[59] 영국의 코로나19 대응에서 수행한 역할로 대영제국 훈장을 받은 의사 한 명을 포함한 호흡기 전문의들은 이후 그와 다른 주장을 했다는 이유로 일부 소셜 미디어 플랫폼에서 차단당했다.[60] 그러나 그 뒤 WHO와 다른 보건 기구의 고위 인사들은 코로나19가 단거리 비말뿐만 아니라 공기 중의 입자를 통해서도 퍼질 수 있다고 인정했다. 널리 공유된 그 주장은 오래 지속되지 않을 '사실'에 너무 성급하게 권위를 부여한 셈이다.

카를 바이어슈트라스가 1872년 수학적 괴물을 발표했을 때 푸앵카레 같은 기성 수학자들의 비판은 교육에 관한 선의의—다소 빗나가긴 했지만—우려에서 나온 것이었다. 푸앵카레와 같은 수학자들은 학생들이 이유를 이해하지 못한 채 처음부터 교과서가 모두 틀렸을 수도 있다는 말을 듣는다면 어떻게 될지 걱정했다. 푸앵카레는 이렇게 주장했다. "모든 것에 의심을 느끼는 것만으로는 충분하지 않다. 우리는 의심하는 이유를 알아야 한다."[61]

괴물을 무시한다고 해서 수학의 진화를 막지는 못했다. 초기의 코로나19 이론을 '사실'이라고 성급하게 말하는 일 역시 역풍을 맞게 될 터였다. 의견 불일치와 불확실성을 마주했을 때 푸앵카레의 말에도 일리가 있다. 우리는 사람들이 의심하는 이유를 고려해야만 한다. 미국 남북전쟁으로 이어지는 과정에서 링컨은 평등이라는 국가적 공리를 부정하는 반대 세력과 맞서 싸웠다. 그 논쟁은 미국에서 평등이 모두에게 자명한 공리가 아니라는 깨달음과 함께 해결될 수 있었다. 이와 비슷하게 허위 정보에 대처한다는 것은 우리가 이 장을 시작하면서 만났던 두 사다리의 어디에 사람들이 올라서 있는지 이해하는 것을 의미한다.

잘못된 정보부터 시작하자. 2021년 내가 친구와 가족으로부터 받던 흔한 질문 하나는 임신과 코로나19 백신에 관한 것이었다. 임신부는 대규모 임상 시험에 포함되지 않았다. 그러면 우리는 백신이 안전한지 어떻게 알 수 있을까? 당시 임신 중이었던 아내와도 이런 대화를 나누었다. 우리는 결국 임신부에게 백신을 공급한 미국 같은 나라에서 나오는 안전성 데이터를 바탕으로 결정을 내렸다. 우리는 백신을 맞는 위험이 영국에서 델타 변이가 늘어나는 가운데 코로나19에 걸리는 위험보다 훨씬 낮다고 결론지었다.

어떤 사람이 특정 대상에 대해 아직 명확한 견해를 갖지 못했다는 것과 그에 반대한다는 것은 다르다. 정치에서 과학에 이르기까지 지식의 공백은 흔하다. 베이즈식 용어로 말하면 많은 사람은 많은 증거를 보지 못했기 때문에 명확한 사전 믿음을 갖고 있지 않다. 코로나19 백신을 맞을지 안 맞을지 결정하지 못했던 내 친구와 가족 대부분이 여기에 속했다. 단지 정보가 부족했을 뿐이었다. 그러나 소수는 대단히 회의적이었다. 이들은 제약사나 제약사의 주장을 신뢰하지 않았다. 우리가 접했던 몇몇 역사적인 사례를 고려하면 이해하지 못할 일은 아니다. 이런 회의주의자들이 무조건 과학자들을 싫어하는 것은 아니었다. 하지만 왕립학회의 모토처럼 누구의 말도 덥석 믿지는 않았다. 이들의 사전 믿음은 백신의 반대쪽으로 기울어 있었고, 마음을 바꾸려면 그럴 만한 이유가 있어야 했다.

상황이 이럴 때는 권위에 호소("과학자들은 안전하다고 말한다")하거나 위협에 의한 증명("증거는 명확하다")을 사용하고 싶은 마음이 들 수 있다. 하지만 궁극적으로 이런 사람들을 설득하는 방법은 충분히 시간을 갖고 의심하는 이유를 이해한 뒤 그런 의심을 해결할 수 있는 방법을 찾는 것이었다. 2022년 런던 위생열대의학 대학원의 내 동료 일부는 코로나19 백신에 관한 잘못된 정보에 대응하는 방법을 살펴본 연구를 종합했다.[62] 그 결과 겁주기 전략과 확실함을 과장하는 방법은 역풍이 부는 경향이 있다는 사실이 드러났다. 반면 증거의 무게와 과학적 합의로 소통하는 것이 더욱 유망한 결과를 보였다. 유머를 사용하거나 잘못된 정보를 접할 수 있다고 경고하는 방법도 마찬가지였다.

베이즈식 논리에 따르면, 사람들이 잘못된 사다리를 더 높이 올라갈수록 잘못된 정보를 극복하기가 더욱 어려워진다. 사전 믿음은 더욱 강해지고 더욱 복잡하게 꼬이며, 깊이 뿌리박힌 이론을 풀어낼 수 없게 된다. 취리히대학교에서 잘못된 정보를 연구하는 사샤 알타이Sacha Altay는 "잘못된 정보를 접하고 적극적으로 소비하는 사람들을 설득하고 이해시키는 것은 그렇지 않은 사람보다 더 어렵습니다"라고 말했다.[63] 그것은 알타이가 아주 잘 아는 느낌이다. 그는 고등학교 때와 대학교 저학년 때 몇몇 음모론을 믿은 적이 있었기 때문이다. 그는 이렇게 말했다. "제가 믿어본 적이 있다는 사실 덕분에 저는 멍청하거나 완전히 비이성적인 사람만 음모론을 믿는 게 아니라는 데 생각이 미칠 수도 있었습니다. '음모론자는 게으르다'와 같은 말에 기반한 여러 설명이 제게는 별로 매력적이지 않습니다. 왜냐하면 그 사람들이 게으르지 않다는 연구가 아주 많거든요. 그 사람들은 오랜 시간을 들여 스스로 잘못된 정보를 주입합니다."

게다가 과학의 언어와 도구는 너무 자주 결함 있는 결과를 만들어오며, 잘못된 믿음을 뒷받침하는 그럴듯해 보이는 증거를 제공했다. 유명 대학의 교수가 작성한 눈에 띄는—하지만 정확하지 않은—분석 결과가 동료 평가를 거치는 과학 학술지에 자주 등장한다. 과학 공동체가 통계적 방법론과 연구 사전 등록을 강화하면서 일부는 자신의 결과를 '증명'하기 위해 훨씬 더 극단적인 방법을 쓰기도 한다. 학술지『마취학』의 편집자가 제출받은 무작위 대조 시험의 기초 데이터를 조사한 결과 그중 약 4분의 1이 전혀 신뢰할 수 없는 수준이라고 추정했다.[64] 기초적인 세부 사항이 논리적으로 말이 되지 않았다. 데이터 입력에서 조작이 있었거나 허구였다. 영양과 임신의 다양한 측면을 조사한 임상 시험에서도 비슷한 문제가 생긴 적이 있었다.

문제는 미가공 수치와 통계에서 끝나지 않는다. 최근 들어 일부 저명한 과학자의 논문을 포함해 실험의 '실제' 이미지가 복제됐거나 조작됐다는 이유로 게재를 철회하는 논문의 수가 늘어나고 있다. 이런 조사 작업의 상당수를 주도해온 미생물학자 엘리자베스 빅 Elisabeth Bik은 훗날 무슨 일이 벌어지고 있는지 처음 깨달았을 때 느낀 좌절감을 회상했다. "이것은 순전한 속임수였다." 빅은 이렇게 말했다. "원하는 결과를 만들어내기 위해 이미지를 편집함으로써 과학자는 선호하는 가설의 증거를 가공하거나 잡음에서 신호를 만들어낼 수 있다."[65]

이런 사진은 크게 두 가지 문제를 제기한다. 첫째, 조작을 찾아내기 위해 미가공 데이터와 이미지를 샅샅이 조사하는 것은 대강 훑어보면서 여러 가지 가설을 검증하다가 4.9퍼센트의 p값이라는 잭팟을 터뜨린 논문을 고르는 것보다 훨씬 더 큰 노력이 필요한 일이다. 둘째, 과학에 관심이 많은 사람이 오히려 거짓을 믿게 될 위험이 커진다. 확실한 과학적 방법론을 사용하는 교수나 박사 학위 소지자들이 동료 평가를 거치는 학술지에 발표하는 주장이기 때문이다.

적어도 처음에는 조금 더 믿는 수준일 수 있다. 하지만 결함 있는 연구와 불확실한 증거의 광범위함을 깨닫는다면, 결국 점점 더 환멸을 느끼다가 증명이라는 개념 자체를 무시해버릴 수 있다. "모든 것을 의심하거나 모든 것을 믿는 것은 똑같이 편리한 해결책이다." 푸앵카레는 이렇게 표현했다. "둘 다 성찰의 필요성을 면제해준다."[66]

한번 자리 잡은 의심은 더 많은 의심의 씨앗을 뿌리며, 합의할 수 있는 현실을 영원히 논란이 되는 현실로 대체할 수 있다. 잘못된 정보와 달리, 더 많은 증거나 데이터를 공유해 잘못된 믿음을 뒤집을 수 있는 문제가 아니다. 허위 정보는 증거와 상호작용하는 사람들의 능력 자체를 망가뜨린다. 그런 사람들은 저울이 모두 고장 났다고 믿기 때문에 데이터와 연구를 저울질하기 거부한다.

과도한 믿음에 이은 과도한 의심이라는 이 연쇄 반응을 마주할 때의 해결책은 과학과 과학자들에게서 일부 찾을 수 있다. 학술지는 여전히 피셔의 5퍼센트 p값에 과도하게 의존하며, 재현 가능성보다 '유의미성'에 더 가치를 두고 있다. 언론 보도는 너무 단순하거나 지나친 과장인 경우가 많고, 결함이나 속임수가 있는 논문도 최종 철회되기까지는 몇 년이나 걸린다. 권위에 호소하며 문제를 치워버리면서 대중의 신뢰는 무너져간다. 진전은 이루어지고 있지만, 아직도 갈 길은 한참 남아 있다.

그다음으로는 과학에 대한 폭넓은 인식의 문제가 있다. 연구는 증거를 축적하고, 오류를 줄이며, 불확실성을 좁히는 과정이다. 그것은 힘든 일이 될 수 있기 때문에 지름길이 유혹적으로 보인다. 아동 건강에 관한 선구적인 연구를 발표한 뒤 재닛 레인 클레이폰은 아동을 기르고 있는 사회의 지식에 대한 태도를 한탄했다.[67] "한 국민으로서, 영국인은 스스로 생각하게 되는 상황을 싫어한다. 우리는 알고 있을 법한 사람이 알려주는 편을 선호하며, 영리한 캐치프레이즈는 그럴듯하게 들린다는 이유로 올바른 말로 널리 받아들여질 때가 많다."

지름길은 잘못된 정보와 싸울 때도 널리 쓰인다. 2023년 MIT와 코넬대학교 연구진은 많은 연구가 잘못된 정보의 공유에만 집중한다고 지적했다.[68] 이와 같은 연구는 어떤 형태의 정보든 덜 믿게 만들기만 하면 진실인 정보까지 거부하게 된다고 해도 '성공적'이라고 간주한다는 뜻이다. MIT와 코넬대학교 연구진의 말처럼, "진실인 소식은 거짓 소식보다 훨씬 더 널리 퍼져 있다. 사실 명백하게 잘못된 콘텐츠는 진실인 콘텐츠에 비해 소셜 미디어에 드물며, 흔히 소수의 개인이 그 출처다." 소수의 거짓을 추적함으로써 우리는 더욱 가치 있고—더욱 흔하고—진실인 콘텐츠를 훼손할 위험을 감수한다.

과학적 발견은 사회를 바꾸고 삶을 개선하며, 많은 경우에는 생명을 구하기도 한다. 그렇다면 신뢰할 수 있는 연구와 그렇지 않은 연구를 구분하는 능력을 어떻게 키울 수 있을까? 수유에 관한 레인 클레이폰의 분석이 세 가지 통계적 접근법을 필요로 했던 일을 떠올려보자. 이는 이런 문제를 논의하고자 하는 사람에게 개념적 장애물이 될 수 있다. 레인 클레이폰은 영양에 영향을 끼칠 수 있는 다른 요인이라는 복잡성을 더하면 오해를 불러일으키는 그림이 얼마나 쉽게 나타나는지를 깨달았다. "우유 문제에 관한 현재의 지식 상태에 합리적으로 명확한 견해를 갖고자 하는 사람은 정신적인 에너지를 조금 써서 문제 전체에 내재한 다양한 어려움에 관해 생각할 준비를 해야 한다." 실제로 진실과 거짓에 관해서는 문제 전체를 다룰 때부터가 진정한 어려움의 시작이다.

무단 침입자들은 전구를 부수고, 화분을 부수고, 헛간을 부쉈다. 술이란 술은 모두 마셔버리고, 카펫을 망가뜨렸다. 누군가는 거울을 머리로 들이받았다. 곧 이 망가진 저택과 엉망이 된 16세 생일 파티 이야기는 여러 신문 지상에 실리게 된다.[69]

혼란의 시작은 페이스북 초대장이었다. 2008년이었던 당시는 소셜 미디어에서 거리낌 없이 포스트를 공유하던 초창기 시기였다. 안타깝게도 그 생일 파티는 원하던 손님 목록을 훨씬 뛰어넘을 정도로 커지고 말았다. 배관공으로 일하는 형제가 이끄는, 지역 공영주택 단지에서 온 20대 무리가 몰려들었던 것이다. 이들은 스스로 '페이스북 공화군'이라고 부르며 버스를—500파운드에 고용한 운전수와 함께—대절해 매 주말 이 파티 저 파티를 돌아다녔다. 종종 상황은 통제 불능 상태에 빠졌다. 앞에서 언급한 사건 이후 형제 중 한 명은 "나는 한 남자가 세탁기 위에서 세 여성과 성관계를 갖는 모습을 보았다"라고 한 타블로이드지에 말했다.

『타임스』기자인 톰 휘플Tom Whipple은 그 무리의 최근 방탕한 행위를 조사하는 일을 맡았다.[70] 하지만 배관공들과 인터뷰해본 휘플은 20대의 무단 침입 무리와 엉망이 된 집에 관한 이야기가 사실과 사뭇 다르다는 사실을 알아냈다. 파티가 통제를 벗어나면서 집이 엉망이 된 것은 맞았지만, 페이스북 공화군은—대절 버스와 세탁기 이야기를 포함해—그런 파괴 행위와 상관이 없었다. 그것은 정교한 사기였다. 배관공 형제는 어디서 들은 무단 침입 행위를 자신이 했다고 주장했던 것이다. "우리는 꽤 상상력을 발휘해야 했습니다." 형제 중 한 명은 휘플에게 이렇게 말했다. 한편, 10대들은 딱 좋은 희생양을 갖게 되어 좋았을 터였다.

2008년 말 휘플이 그 속임수에 관해 보도했음에도 다른 신문은 돈을 주고 인터뷰를 하며 그 기사를 계속 이어갔다. 휘플은 그 기사가 기묘한 공생적 균형을 반영하고 있음을 깨달았다. "두 집단은—10대들과 무단 침입자들—표면상 대립하고 있었지만, 결코 소통하지 않았고, 그러면서도 서로 필요로 했다." 휘플은 이후 이렇게 지적했다.

진실을 왜곡할 수 있는 요인은 많다. 앞서 우리는 온라인 사용자가 정확성이 아닌 다른 특징에 어떻게 주의를 빼앗길 수 있으며, '가공의 진실'이 반복적인 노출로 어떻게 강화될 수 있는지를 살펴보았다. 페이스북 파티 기사의 경우 재미있는 이야기라는 경제적인 가치가 이를 증폭했다. 하지만 잘못된 믿음에는 일회성 헤드라인과 소셜 미디어 포스트를 공유하는 것 이상의 무엇인가가 있다. 미국 국회의사당 폭도와 런던 병원의 시위자들이 행동하기로 결정했을 때는 뭔가 더 근본적인 일이 벌어지고 있었다.

거짓을 믿으라는 믿음은 종종 사회적이다. 예를 들어 권위 있는 사람이 무엇인가를 믿는다면, 그것은 다른 사람도 지위나 경력, 심지어는 개인적 안전을 확보하기 위해 똑같이 믿는다고 공언할 동기가 될 수 있다. 볼테르가 말한 바 있듯이, "저명한 인사가 틀린 문제에서 옳다고 하는 것은 위험하다."[71] '옳은' 집단의 일부가 되는 것이 때때로 진짜로 옳은 집단의 일부가 되는 것보다 더 중요할 수 있다.

어떤 상황에서는 기성 조직의 스탠스에 반대하는 것이 이익이 될 수 있다. 특히 '반체제자'가 되는 데 사회적이거나 정치적인 이익이 있을 때 그렇다. 1980년에 미국 공화당 지지자의 약 50퍼센트가 과학계를 신뢰한다고 말했다. 민주당의 경우에는 40퍼센트였다. 2020년이 되자 상황은 뒤집혔다. 민주당 지지자의 약 60퍼센트는 과학자를 신뢰했지만, 공화당은 40퍼센트 미만이었다. 이런 양극화는 코로나19 팬데믹 시기에 비극적인 결과를 낳았다. 2021년 1월에 국회의사당 폭동이 일어나기 3주 남짓 전 미국에서는 새로 허가받은—그리고 매우 효율적인—화이자-바이오엔텍의 백신이 처음으로 접종을 시작했다. 2021년 말이 되자 백신 접종을 주저하는 공화당 지지자의 월별 초과 사망률은 연령 차이를 보정한 뒤에도 민주당 지지자보다 20퍼센트 포인트 높았다.[72]

반대 입장을 취하는 것은 지적으로 우월해 보일 기회가 될 수도 있다. 소셜 미디어의 수많은 음모론자가 자신의 이력에 '독립 사상가'를 집어넣고 있다는 사실은 인상적이다. 자신이 무리, 이들이 종종 대중을 부르는 표현을 빌리자면, '양 떼 사람sheeple'을 따르기에는 너무 똑똑하다는 메시지를 함축하고 있는 것이다. 더 커다란 거짓말은 분열을 더욱 공고히 한다. 음모론이 터무니없을수록, 그 반대를 믿고 있는 사회는 더 잘못 생각하고 있는 것이 틀림없다는 식이다. 히틀러가 '커다란 거짓말'이라는 용어를 만들었을 때, 그는 원래 제1차 세계대전 패배의 원인에 관해 유대인이 퍼뜨리고 있다고 자신이 주장한 거짓말을 설명하기 위해 이 표현을 사용했다.

어떤 생각을 하게 되면 그것이 다른 생각에 대한 민감성에도 영향을 끼칠 수 있다. 2008년 말 버락 오바마가 무슬림이라는 잘못된 주장이 퍼졌던 상황을 분석한 다트머스대학교와 펜실베이니아대학교 연구진은 그 거짓말을 "오바마를 원래 싫어했던 사람들이 거의 전적으로 주도했다"라는 결론을 내렸다.[73] 어떤 믿음은 그 기원이 수 세기까지 거슬러 올라간다. 히틀러의 커다란 거짓말이 특정 집단에서는 왜 그렇게 쉽게 자리 잡을 수 있었을까? 한 분석에 따르면, 독일에서 나치의 반유대주의를 매우 강하게 받아들인 지역은 14세기에 흑사병을 유대인의 탓으로 돌렸던 지역인 경향이 있었다.[74] 두 경우 모두 일부 유대인은 추방당했고, 다른 많은 유대인은 살해당했다.

증명의 역사는 과학이 정부와 정의에 관한 생각에 영향을 끼쳐온 사실을 보여주지만, 그 관계는 반대 방향으로도 작용할 수 있다. 140개국에 걸친 2018년의 대규모 조사 결과 정부와 사법 체계를 신뢰하는 사람일수록 과학자에 대한 신뢰 역시 높았다. 2023년의 최근 연구에서는 민주주의를 중시하는 사람일수록 코로나19에 관한 헤드라인의 정확성을 더 잘 판단하는 경향이 있었다.[75] 과학과 사법, 민주주의 모두 제대로 기능하기 위해서는 무엇이 진실이고 무엇이 거짓인지 합의할 수 있는 능력이 필요하다. 이는 곧 진실을 찾아야 할 책임이 있는 과학과 사법 체계를 신뢰할 수 있는 능력이 필요하다.

거짓 정보에 관심을 기울이고 있긴 하지만, 이것이 과학과 정책이 풀어야 할 유일한 문제는 아니다. 때로는 수많은 사람이 올바른 인과의 사다리에서 첫 번째 단계에 있지만 더 이상 나아가지 못했을 때가 가장 까다로운 상황이다.[76] 그 결과 사람들은 보고 있는 것에는 동의하지만 특정 행동이 어떤 효과를 발휘한다는 데는 동의하지 않는다. 코로나19

팬데믹 초기에 각국 정부가 자주 반복했던 "과학을 따르고 있다"라는 주문을 생각해보자. 비록 사람들이 그 상황에 대한 기본적인 과학에—치명률, 전파율, 집단 취약성 수준—동의했다고 해도 그것이 어떤 결정을 내려야 하는지 알려주는 깔끔한 공식으로 이어지지는 않았다. 진실과 거짓을 결정하는 것은 사회적으로 옳고 그른 것을 결정하는 것과 같지 않다. 무엇보다 코로나19 정책은 복잡한 법적, 경제적, 물류적, 도덕적 요소와 얽혀 있다. 2020년의 정부는 계몽주의 정치가가 자명한 공리를 강요할 수 있었던 것 이상으로 과학을 따를 수 없었다.

기후변화가 그와 유사한 '첫 번째 단계의 도전'을 제기한다. 기본적인 과학에는—변화의 정도와 변화를 일으키는 인간의 역할을 포함해—광범위하게 합의하고 있지만, 최적화된 정책적 행동에 대한 합의점을 찾기란 어렵다. 과학은 뭔가 해야 한다고 말하고 있지만, 그 뭔가가 정확히 뭔지는 과학의 범위를 넘어서는 훨씬 더 어려운 문제다. "우리의 배출에 대한 기후의 반응을 완벽하게 예측할 수 있는 세계 최고의 물리적 기후 모형이 있다고 해도 향후 배출량이 어떻게 될지 예측하는 것은 본질적으로 물리학의 문제가 아닙니다." 기후과학자 지크 하우스파더는 말했다. "그것은 경제와 사회의 문제입니다. 훨씬 더 어렵지요."[77]

잘못된 정보에 반격하려면 다른 사람들이 어떤 사다리의 어떤 단계에 있는지, 그리고 무엇이 그 사람들을 그곳으로 데려갔는지를 이해해야 한다. 성급하게 공유한 자극적인 헤드라인처럼 약간의 생각이나 추가적인 맥락으로 뒤집을 수 있는 '가벼운' 잘못된 정보를 다루고 있는 것인가? 아니면 사람들이 극적인 행동을 취하게 만들 정도로 뿌리 깊은 편견, 믿음과 관련 있는 '무거운' 잘못된 정보를 마주하고 있는 것인가?

또한 우리는 자신이 어느 단계에 있는지 알고 있어야 한다. 때때로 우리는 우리가 보고 있는 것에 관해서만 강력한 증거를 가지고 있을 뿐 우리가 제안한 해결책의 효과에 관해서는 그렇지 않을 수 있다. 우리는 사다리의 첫 번째 단계에 대해 옳았다는 이유로 그다음 과정에 대해서도 옳은 것이 분명하다고 가정할지도 모른다. 링컨이 어렵게 깨달았듯이 우리는 명제를 부정할 수 없는 공리로 설정하는 위험을 무릅쓴다.

그나마 그것은 우리가 한 단계 위로 올라갈 수 있을 때의 이야기다. 과학적 방법론이 발전하면서 증명은 변하고 있으며, 손에 잡히는 방정식이나 이론의 익숙한 세계에서 멀어지고 있다. 패턴을 푸는 것은 점점 더 어려워지고 있고, 해결책도 점점 더 설명하기 어려워진다. 이제는 사실을 알아내는 것만이 중요하지 않다. 증명이 우리의 손아귀를 완전히 벗어났을 때 무슨 일이 일어나는지가 중요하다.

7장

기계의 증명, 설명 없는 정답을 믿을 수 있을까?

텅 빈 경주용 자동차 한 대가 잉글랜드 남부의 한 텅 빈 경주로의 출발선에서 대기하고 있었다. 2020년 10월의 어느 음산한 날이었다. 코로나19 팬데믹 때문에 관중석은 비어 있었다. 신호가 떨어지자 자동차가 출발해 속도를 높이며 옆으로 급격히 방향을 꺾었다. 몇 초 뒤 자동차는 경주로 옆 벽에 충돌했다.[1]

운전자 없는 이 자동차는 '로보레이스' 대회의 최신 참가자였다. 이 대회는 2017년부터 열리기 시작했으며, 자율주행 전기차로만 참가하는 최초의 모터스포츠 부문이었다. 때로는 기계도 뛰어나게 작동했다. 부에노스아이레스에서 열린 첫 번째 경주에서는 차 한 대가 경주로에 뛰어든 개를 피해냈다. 그리고 2018년에는 한 차량이 굿우드 페스티벌의 구불구불한 언덕 오르기 코스를 성공적으로 완주했다.[2] 하지만 2020년의 충돌은 자율주행차 개발의 난제를 급작스럽게 다시 떠올리게 해주었다. 인간 운전자가 있었던 워밍업 주행 중 시스템 오류가 발생해 스티어링 휠의 설정을 'NaN'(수치가 아님)으로 바꾸었음이 드러났다.[3] 시스템은 내비게이션 컴퓨터로 들어가는 수치가 올바른지 확인하는 기능이 있었지만, 수치가 아닌 입력을 다루는 확인 기능은 없었다. 그 결과 스티어링 휠이 오른쪽으로 끝까지 돌아가면서 벽에 충돌하게 된 것이다.

그 결함은 여러 가지 면에서 사라져가는 시대를 대표했다. 그 변칙적인 행동은 코드상의 단순한 버그 하나 때문이었으며, 그것은 조사해서 이해하고 수정할 수 있었다. 하지만 이런 단순성은—그리고 확실성은—인공지능의 행동에서 점점 더 드물어지고 있다. 의사결정 소프트웨어가 점점 발전하고 상황이 더욱 복잡해지면서 입력값 하나로는 어떤 행동의 미묘함을 설명하기가 매우 힘들어졌다. 여기서 의문이 생긴다. 기계가 그렇게 행동하는 이유를 우리가 이해하는 것이 정말로 중요한 일일까? 우리가 기계를 신뢰하려면 기계가 결정을 내리는 과정의 투명성이 필요할까? 아니면 사고가 나지 않는 한 기계가 불투명한 '블랙박스' 알고리즘을 따르는 데 만족할까?

2018년 봄, 나는 인공지능 분야의 주요 인물 몇 명과 저녁 식사 자리를 함께하게 됐다. 밴쿠버에서 열린 연례 TED 콘퍼런스로, TED를 상징하는 짧은 강연과 그 사이사이에 전시 및 부대 활동으로 일주일을 보낼 수 있는 시간이었다. 매년 학자에서 정치가, 배우, 기업가 등 다양한 사람이 참가했다. 구글 공동 창립자와 즉흥적으로 배드민턴을 치거나 전 부통령과 함께 줄을 서서 햄버거를 기다릴 수 있는 그런 장소였다.

목요일 저녁에 나는 '제퍼슨 만찬'에 참가 신청을 했다. 테이블 전체가 한 가지 특정 주제에 관해 토론하는 형식이었다. 토론 주제는 다음과 같았다. AI가 왜 그런 결정을 내리는지 모른다면 우리가 AI를 신뢰할 수 있을까? 동석자들의 콘퍼런스 명찰을 훑어보니 아마존, 구글, 엔비디아, 스트라이프, 마이크로소프트 등 우리 테이블 사람들의 경력을 알 수 있었다.

곧 등장한 한 가지 문제는 학습에 들어가는 노력이었다. 어떤 과제를 잘 수행하는 기계를 만드는 것과 기계가 과제를 잘 수행하면서 왜 그렇게 결정했는지를 기록하게 하는 것은 다른 일이다. 사람과 마찬가지로, 기계는 진행 과정에서 내리는 모든 결정의 논리를 기록하지 않고도 어떤 일에 능숙해질 수 있다.

사실 때때로 기록은 학습 과정을 늦추고 의사결정을 방해할 수 있다. 특정 방식으로 공을 던진 이유를 생리학적으로 자세히 설명해야 한다고 상상해보라. 운동선수가 이런 식으로 익숙한 동작을 과도하게 분석하기 시작하면, 실행 능력이 떨어질 수 있다. 해설자들은 이런 현상을 '숨 막힘choking'이라고 부른다. 2001년 한 크리켓 대회 결승전에서 다섯 번 연속으로 빗나가는 공을 던진 일로 유명해진 스콧 보스웰Scott Boswell은 오류를 바로잡으려고 의식적으로 노력했던 고통을 회상했다. 한 번은 너무 왼쪽으로 갔고, 다음번에는 너무 오른쪽으로 가버렸다. "의식이 무의식을 신뢰하지 못하면 문제가 생깁니다." 보스웰은 『가디언』과의 인터뷰에서 이렇게 말했다.[4]

어떤 과제를—공을 던지거나 자동차를 운전하는—수행하는 가장 효율적인 기법이 항상 설명하기 쉬운 것은 아니다. AI 알고리즘에 관해

서는 기계 학습에 대한 복잡하고 불투명한 '블랙박스'식 접근법이 투명
하고 해석하기 간단한 '화이트박스' 알고리즘보다 종종 더욱 정확한 결
과를 만들어낼 수 있다.[5] 의사결정 과정이 더욱 명확하다고 해서 안전
성이 떨어지는 자율주행차를 기꺼이 받아들일 수 있을까?

　정확성과 함께 데이터 용량이라는 문제도 있다. AI 도구를 오프라
인에서 사용하기 위해—통역 앱처럼—다운로드받는다면, 보통 저장
공간을 조금만 차지한다. 불필요한 정보를 제외하기 때문이다. 앱의 경
우 정확한 번역을 출력하는 것이 목표다. 막대한 데이터 세트와 문장을
지금의 방식으로 번역하도록 학습한 과정을 포함할 필요가 없다. 이런
상황에서는 기능성이 설명 가능성에 앞선다.

　그러나 결과가 더 심각할 때는 결정을 이해하려는 우리의 욕구가
더 강해질 수 있다. 자율주행차의 행동에 관해 이야기할 때 흔히 대화
는 '트롤리 문제'라는 사고실험으로 이어진다. 폭주하는 트롤리가 선로
위에 있는 한 무리의 사람을 치기 직전이라고 상상해보자. 상황을 지켜
보고 있던 여러분에게는 레버를 당겨 트롤리를 다른 선로로 보내 한 사
람만 치게 할 수 있는 선택권이 있다. 이런 윤리적 딜레마가 생겼을 때
여러분이라면 개입할 것인가?

　문제를 변형하면, 트롤리가 자동차이고 레버는 방향을 꺾어 보행
자를 피하는 대신 자동차 승객을 훨씬 더 큰 위험에 빠뜨릴 수 있는 선
택권이라고 할 수 있다. 보행자의 수나 특징에 따라 여러분의 답은 달
라질까? 2018년 MIT 연구진이 이끈 한 연구는 한 온라인 플랫폼에서
그런 딜레마 상황에 대한 답을 4,000만 개 수집했다.[6] 가장 살릴 가능
성이 높은 특징은 아기와 어린아이, 임신부였다. 무단 횡단자와 노인은

별로 살아남지 못했다. 참가자들은 보행자가 한 명이 아니라 여러 명이라면 방향을 바꿀 가능성이 더 크다고 말했다.

이런 딜레마가 너무 작위적으로 느껴질 수는 있지만, 운전하다 보면 때때로 비슷한 상황에 처할 때가 있다. 예를 들어 2020년 5월 28일 미국 미시간주의 한 운전자는 다가오는 트럭을 피하기 위해 인도로 방향을 꺾었다.[7] 그 결과 보행자 두 명과 충돌했고, 피해자는 몇 달 동안 병원에 입원했다. 그런 가능성을 고려할 때 자율주행차는 행동하든 아무 행동도 하지 않든 해를 끼칠 수 있는 상황을 어떻게 처리해야 할까?

AI가 트롤리 문제를 다루는 방법에 관한 문제는 2,000편 이상의 학술 논문에 영감을 제공했지만,[8] 생각만큼 유용하지는 않을지도 모른다. 첫째, 전반적인 안전성이라는 문제가 있다. 미시간주의 사례를 보자. 나중에 밝혀진 바에 따르면, 트럭이 나타났을 때 그 운전자는 친구의 자동차와 나란히 도로를 질주하고 있었다.[9] 또한 면허도 없이 운전하고 있었다. 때때로 운전자가 방향을 바꿀지 말지—많은 AI 윤리학자가 걱정하는 선택—결정해야만 하는 상황이 온다고 해도 애초에 그런 상황을 만드는 것은 인간의 문제일 때가 많다. 드물게 발생하는 방향 전환 상황에서 가끔씩 의문스러운 결정을 내린다고 해도 인간 운전자보다 압도적으로 안전하다면 여러분은 자율주행차를 받아들일 것인가?

여기서 두 번째 유의점이 생긴다. 자율주행차는 인간이 트롤리 문제를 보는 방식으로 세상을 바라보지 않는다. 자율주행차는 트롤리와 명확한 인물에 관해 단발성 결정을 내리는 것이 아니라 센서를 통해 들어오는 데이터를 저울질하며 운행한다.[10] 자율주행차에게 보이는 것은 단순한 인물과 '네/아니요' 판단이 아니다. 자율주행차가 보는 것은 온갖 형태와 행동의 조합이며, 각각의 신뢰도는 제각각이다. 자율주행차는 불완전한 지식을 가지고 확률에 따라 결정을 내린다. 그것은 사실 트롤리 문제 같은 상황에서 자동차가 '틀린' 선택을 하고 아니고의 문제가 아니다. 자율주행차는 애초에 인간과 같은 방식으로 선택하지 않기 때문이다.

자율주행차에 관해 논의할 때 사람들은 벌어지는 일을 설명할 수 없다는 데 특히 불편하게 느끼는 듯하다. 하지만 우리 삶에서 모든 것을 설명할 수 있는 것은 아니다. 그 TED 저녁 식사 자리에서 나는 AI 전문가들이 의학 분야에서는 새롭지 않은 딜레마에 관해 이야기하는 모습이 흥미로웠다. 심장 제세동을 생각해보자. 전기 충격을 가해 뛰지 않는 심장을 '재시작'한다는 아이디어는 1899년부터 있었지만, 그 효과의 정확한 물리적 과정은 오랫동안 논쟁의 대상이었다.[11] 전신마취도 그렇다. 수술하는 동안 몇 가지 약물을 이용해 환자를 무의식 상태에 들게 하는 이 효과의 정확한 과학적 이유는 아직 확실히 모른다.[12] 우리는 심장 제세동과 전신마취가 효과적이라는 사실을 안다. 수많은 생명을 구했다는 사실도 안다. 하지만 왜 효과가 있는지는 제대로 이해하지 못하고 있다.

항공 분야에서도 똑같은 문제가 있다. 사람들은 대부분 비행기로 거리낌 없이 여행을 다니지만, 수학자들은 날개가 비행기를 공중에 띄우는 이유에 관한 직관적인 설명에 동의하지 못한다.[13] 책의 앞부분에서 우리는 사람들이 그럴듯한 설명을—아기에게 안전한 수면 방식이라는 논리처럼—고안해냈지만 나중에 보면 관찰할 수 있는 현실과 맞아떨어지지 않는 모습을 살펴보았다. 제세동이나 전신마취, 비행기의 경우에는 정반대의 문제가 있다. 눈에 보이는 결과를 설명할 방법이 없다.

이런 것은 왜 자율주행차 같은 기계처럼 우리를 불편하게 하지 않는 것일까? 한 가지 이유는 익숙함일 수 있다. 의약품이나 비행기 같은 도구는 전통적인 과학의 세계에 확고히 자리 잡고 있다. 우리는 연구자들이 그와 관련된 생물학적, 화학적, 물리학적 지식을 서서히 밝혀낼 것이라고 확신한다. 하지만 자율주행차와—좀 더 일반적으로는 인공지능과—함께 우리는 새로운 길에서 헤매고 있다. 어쩌면 그것이 정말로 우리를 불편하게 하는 것일지도 모른다. 우리는 세상을 이해하는 익숙한 우리의 방식이 바뀔 수도 있음을 느끼고 있다. 기계가 인간과 같은 방식으로, 단순히 더 빠르게만 결정을 내리고 문제를 해결하는 것은 아니다. 기계는 점점 발전하면서 우리가 무엇이 진실인지 알게 되는 방식에 관한 뿌리박힌 생각에 도전하고 있다.

어떤 수학적 주장이 틀렸다는 점을 보이고 싶다면, 가장 직접적인 방법 하나는 반례를 찾는 것이다. 수학자 레온하르트 오일러Leonhard Euler가 1769년에 제시한 오일러 추측을 예로 들어보자. 몇 세기 뒤에 에르되시 폴이 등장하기 전까지 오일러는 수백 편의 논문을 발표했으며 π와 같은 수학 상수에 오늘날 익숙한 기호를 도입했던, 역사상 가장 다작했던 수학자였다. 오일러의 이름을 딴 이 추측은 100년 전에 처음 등장한 페르마의 마지막 정리를 확장한 것이다. 수학자들은 수천 년 전부터 두 정수의 제곱을 더한 값이 다른 정수의 제곱과 같은 경우($3^2+4^2=5^2$)를 찾는 것이 가능하다는 사실을 알고 있었다. 하지만 페르마의 마지막 정리에 따르면, n이 2보다 클 때 $a^n+b^n=c^n$을 만족하는 정수 a와 b, c는 찾

을 수 없다(이 정리는 1994년에 마침내 증명되는데, 그 증명은 무려 129쪽에 달한다).[14]

오일러 추측은 방정식 항의 수를 늘리는 방식으로 페르마의 논리를 확장한 것이다. 예를 들어 오일러는 $a^4+b^4+c^4=d^4$나 $a^5+b^5+c^5+d^5=e^5$를 만족하는 수를 찾을 수 없다고 주장했다. 그러나 1966년 두 수학자가 CDC6600 컴퓨터를 이용해 오일러 추측이 거짓임을 보였다.[15] 이 발견을 담은 논문은 단 두 문장으로 이루어져 있었으며, 첫 번째 문장에 결정적인 반례가 있었다. "CDC6600으로 직접 탐색한 결과 오제곱수 네 개의 합이 다른 오제곱수가 되는 가장 작은 사례로 $27^5+84^5+110^5+133^5=144^5$를 찾아냈다." 이와 같은 반증의 장점은 처음에는 수학자가 발견하기 어렵지만, 누구나 쉽게 확인할 수 있다는 것이다.

안타깝게도 컴퓨터로 정리를 증명할 때는 많은 답을 찾아내기도 까다롭고 해석하기도 어렵다. 아마도 컴퓨터 보조 증명의 가장 유명한 사례는 이른바 '4색 정리'일 것이다. 간단히 설명하면, 국경을 접하고 있는 모든 국가가 서로 다른 색이 되도록 지도를 색칠하는 데 네 가지 색깔만 있으면 된다면 내용이다.

1970년대 중반까지 수학자들은 가능한 지도 배치의 수를 줄이는 데 집중해 문제를 단순화하는 데 성공했지만, 여전히 네 가지 색으로만 가능한지 하나하나 확인해야 할 것이 1,936종류나―일부는 아주 복잡했다―남아 있었다. 그래서 1976년 수학자 케네스 아펠Kenneth Appel과 볼프강 하켄Wolfgang Haken은 컴퓨터를 이용해 모든 가능성을 일일이 살펴보며 4색 기준에 맞는지를 확인하는 소진법에 의한 증명을 완료했

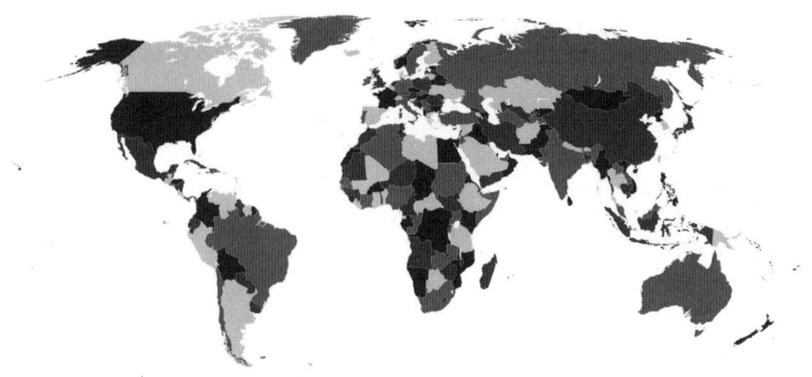

네 가지 색으로 칠한 세계지도[16]

다.[17] 이 일을 하는 데 컴퓨터 연산 시간이 총 1,200시간 소요되었다.

이런 인공적인 보조 기구 때문에 처음에는 모든 사람이 증명을 믿지는 않았다. 어쩌면 컴퓨터가 오류를 범하지 않았을까? 역사상 처음으로 수학자들은 손으로 검증할 수 없는 중요한 정리를 받아들여야만 했다. 이제는 수학자들에게 완전한 지적 통제권이 없었다. 기계를 신뢰할 수밖에 없었다.

출발은 덜컹거렸지만, 소진법은 사람이 풀기에는 복잡하나 컴퓨터로 일일이 처리할 수는 있는 문제를 푸는 데 점점 널리 쓰이고 있다. 2012년에는 한 연구진이 이 방법을 9×9 격자에 올바른 숫자를 채워 넣어야 하는 퍼즐인 스도쿠에 적용했다.[18] 연구진은 스도쿠 퍼즐이 고유한 해답을 갖기 위해서는 반드시 실마리 숫자를 최소 17개 제공해야 한다는 사실을 증명했다. 이 시행착오 증명에는 컴퓨터 연산 시간이 약 700만 시간 필요했다.

쿠르트 괴델 덕분에 1930년대부터 연구자들은 수학에 참인지 거짓인지 증명할 수 없는 명제가 있다는 사실을 알고 있었다. 컴퓨터 증명이 증가하면서 수학자들은 그것이 유일한 문제가 아니라는 사실을 깨닫기 시작했다. 어떤 문제는 너무 복잡해서 인간이 만들 수 있는 가장 강력한 컴퓨터로도 풀기 어려웠다.[19]

이에 대응해 일부 수학자는 확률적 증명에 더욱 집중하자고 주장했다. 명제가 확실히 참이라는 사실을 증명하기보다는 더 낮은 기준을 목표로 명제가 참일 가능성이 높다는 사실을 보여줌으로써 어려운 문제 해결에 진전을 이룰 수 있다는 것이다. 사실상 수학자들만의 '합리적인 의심을 넘어서는 증명'을 도입하자는 제안이었다.

이런 확률적 방법론의 옹호자 중 한 명이 마이클 라빈Michael Rabin이었다. 1980년 라빈은 너무 커서 전통적인 방법으로 분석할 수 없었던 수인 $2^{400} - 593$을 '모든 실용적인 목적'에서 소수(1과 자기 자신으로만 나누어떨어지는 수)로 간주해도 된다고 주장했다.[20] 라빈은 먼저 만약 어떤 수 n이 소수가 아니라면 1과 n 사이의 정수 중 적어도 절반은 특정한 수학적 조건을 만족하지 못한다는 사실을 보였다. 어떤 수가 이 검사를 통과하지 못할지는 몰랐다. 하지만 몇몇 수를 무작위로 검사한다면, 라빈은 어떤 수가 소수일 가능성에 관한 증거를 금세 축적할 수 있었다. 예를 들어 만약 1과 n 사이에 있는 임의의 수 10개가 통과한다면, 그것은 공정한 동전을 던져 10번 연속으로 앞면이 나오는 것과 같았다.

확률적 증명이라는 개념은 수학에는 확실성이 필요하다고 생각했던 사람들의 반대에 부딪혔다. 1990년대 중반까지 컴퓨터 과학자들은 확률적 증명에 의존하는 문제가 4색 정리와 아주 비슷한 비무작위 알고리즘으로 해결할 수 있거나 수학자들이 단지 그 문제의 난이도를 잘못 해석해왔을 뿐 간단한 해답을 찾을 수 있다는 사실을 보였다. 그렇다면 '아마도 참'에 만족할 이유가 어디 있을까? 무작위성은 불필요했다. 적어도 이론적으로는 그랬다.[21]

확률적 증명은 과학과 의학에서 무작위 대조 시험에 의존하는 것과 비슷하다. 이상적인 세계에서는 무작위 대조 시험이 필요하지 않을 것이다. 어떤 사건의 원인을 충분히 이해하고 있다면, 우리는 결과를 왜곡할 수 있는 모든 요소를 통제한 실험을 설계할 수 있다. 그러나 실제로 우리는 모든 원인을 알 수 없다. 따라서 무작위 대조 시험에서는 참가자를 무작위로 배정해 잠재적인 편향과 교락이 평균적으로 서로 상쇄하게 한다. 무작위성은 완벽하게 풀기에는 너무 복잡한 세상에서 실행 가능한 해결책을 제공하는 것이다.

그러나 단순한 증명이 가능하다고 해도 확률적 증명이 더 바람직한 상황이 있을 수도 있다. 가령 여러분이 스도쿠 책에 있는 퍼즐을 모두 풀었다는 사실처럼 뭔가를 알고 있다는 것을 증명하고 싶다고 해보자. 가장 단순한 증명 방법은 다 푼 퍼즐을 보여주는 것이다. 하지만 친구에게 실제 해답을 보여주지 않은 채로 다 풀었다는 사실을 증명하고 싶다면 어떨까? 이를 영(0) 지식 증명이라고 부른다. 지식을 전혀 보여주지 않으면서 그 지식을 가지고 있다는 증명하는 것이다.

스도쿠의 경우에는 가로세로로 각각 9칸인 격자의 빈 공간에 작은 보드게임 말 같은 것을 놓아두고 각각의 밑면에 여러분이 구한 숫자를 쓸 수 있다. 특정 퍼즐을 풀었다는 것을 증명하려면 먼저 친구에게 아무 열이나 행을 고르라고 한 뒤 그 위에 있는 말을 모아(밑면을 보지 않은 채) 자루에 넣는다. 자루에 말 아홉 개가 모이면, 하나씩 살펴본다. 말 밑

면에 쓰인 숫자가 1에서 9까지 모두 있다면, 그것은 여러분이 퍼즐을 풀었음을 시사한다. 확실한 증명은 아니지만, 책에 실린 모든 퍼즐에 대해 검증을 통과한다면, 여러분이 퍼즐을 모두 풀었을 가능성은 매우 크다. 그리고 여러분의 친구는 답이 무엇인지 알 방법이 없다. 퍼즐만이 아니다. 영 지식 증명은 온라인 정보를 보호해 사용자가 정보를 웹 사이트에 밝히지 않고서 나이나 신분을 증명할 수 있게 해준다.[22] 증명은 확실하지만 비밀이 없는 대신 우리는 질문에 대한 답에 높은 확신을 가질 수 있으며 그 답 자체를 안전하게 유지할 수 있다.

확률적 증명이 일부 수학자의 회의론에 부딪혔다고 해도 '순수한' 인간의 증명 역시 오류에서 자유롭지는 않다. 수많은 연구 성과를 남긴 에르되시 폴에 따르면, 쉽게 따낼 수 있는 수학의 과실은 이미 1970년대에 드물어졌다. 그 결과 발표된 많은 증명이 인간의 정신이 감당할 수 있는 정보량의 한계를 밀어붙이고 있다. 1960년대에 발표된 한 정리는 증명이 300쪽을 넘었다. 1980년대의 또 다른 증명은 1만 1,000쪽으로 여러 학술지에 나뉘어 실렸다. 그런 증명은 유효한지 확인하는 것은 고사하고 소화할 수 있는 사람도 거의 없다.

UC버클리의 박사 과정 학생이었을 때 아버지의 4색 정리 증명에 관해 강의했던 볼프강 하켄의 아들은 청중의 반응을 이렇게 회상했다. "나이 든 청중은 '컴퓨터를 그렇게 많이 사용하는 증명을 어떻게 믿을 수 있는가?'라고 물었다. 젊은 청중은 '400쪽을 일일이 손으로 정확히 확인해야 하는 증명을 어떻게 믿을 수 있는가?'라고 물었다."[23] 한 시대에는 확실성의 정의였던 것이 다음 세대에서는 오류 가능성의 원천이 된 것이다.

손대기 어려울 정도로 긴 증명 외에도 꾸준히 문제가 되고 있는 것은 증명의 불투명한 기원이다. "수학을 배울 때 많은 사람이 증명의 각 행이 앞의 내용으로부터 어떻게 이어지는지 이해할 수 있지만 논증이 왜 성립하는지 혹은 도대체 어떻게 이런 생각을 할 수 있었는지는 전혀 이해하지 못하겠다고 불평한다." 수학자 팀 가워스Tim Gowers는 이렇게 지적했다.[24] "성립한다는 것은 쉽게 알 수 있지만 어떻게 알아냈는지는 알 수 없는 개념을 묘사할 때 흔히 '모자에서 토끼 꺼내기'라는 표현을 사용한다."

가워스는 컴퓨터가 방대한 가능성을 일일이 확인하며 해답을 찾는 세상에서도 그와 같이 수학의 토끼를 찾는 일에 관한 한 "옛날식 좋은 AI"에—컴퓨터가 가능한 한 인간에 가깝게 흉내 내는—장점이 있다고 주장했다. 인간은 보통 증명에 도달한 과정을 설명하는 데는 어려움을 느낄지 몰라도 우아한 증명을 찾아내는 일은 더 쉽게 느낀다. 이런 인간의 독창성을 컴퓨터 프로그램에 담을 수 있을까? 에르되시의 동료인 레니 알프레드Rényi Alfréd는 "수학자는 커피를 정리로 바꾸는 기계다"라고 말한 적이 있다.[25] 만약 우리가 인간처럼 개념과 증명을 다룰 수 있는 인공지능을 개발한다면, 어쩌면 우리는 인간이라는 기계 역시 더 잘 이해할 수 있을지도 모른다.

세계에서 가장 짧은 유언장은 죽음이 임박했음을 알았던 한 서독 사업가가 침실 벽에 휘갈겨 쓴 것이다. 유언은 체코어로 "모든 것을 아내에게"라고 쓰여 있었다. 찰스와 벤저민 퍼스의 하울랜드 유언장 연구에서 살펴보았듯이 문서가 진짜인지를 판단하기 위해 필적을 분석해야 할 경우가 생긴다. 이는 증인이 없는 상태에서 망자가 손수 쓴 이른바 '자필 유언장'의 경우에 특히 중요하다.[26]

때로는 단지 유언장의 내용을 알기 위해서 추가 분석이 필요한 경우도 있다. 1950년 캘리포니아의 한 필적 전문가는 한 맹인 여성이 잉크가 떨어진 줄도 모르고 빈 종이에 눌린 자국만 남긴 유언장의 내용을 해독했다. 그런 일은 미묘한 차이와 오류를 헤쳐나가야 하기 때문에 인간 전문가라고 해도 쉽지 않다. 이런 특성 덕분에 인공지능에게는 좋은 과제가 된다. 교육 과정에서 학생들이 가장 처음 접하는 예시는 컴퓨터가 손으로 쓴 숫자를 인식하게 하는 방법이다. 이런 작업은 전통적인 컴퓨터 연산과 현재의 기계 학습 사이의 결정적인 차이를 보여주기도 한다. 성공적인 AI를 만들기 위해서 우리에게 필요한 것은 새로운 프로그램이 아니다. 지식에 대한 근본적으로 다른 관점이 필요하다.

학생들은 코딩을 배울 때 흔히 'Hello, World'를 출력하는 프로그램으로 시작하곤 한다.[27] 'Hello, World'의 장점 중 하나는 초보자가 컴퓨터가 이야기하는 방법에 관해 감을 잡을 수 있다는 것이다. 예를 들어 다음과 같이 C언어로 작성한 프로그램이 있다.

```
main( )
{
printf("Hello, World");
}
```

코팅을 해보거나 C언어를 다뤄본 적이 없다고 해도 여러분은 아마

무슨 일이 벌어지고 있는지, 어떻게 하면 다른 메시지를 출력하게 할 수 있을지 대략 해석할 수 있을 것이다.

이런 가독성은 대체로 컴퓨터 과학자 그레이스 호퍼Grace Hopper 덕분이다. 제2차 세계대전의 여파 속에서 호퍼는 컴퓨터 코드를 연결하고 기계에 전달해 처리하는 방법을 개척했다. 그러던 중 추상적인 기호가 아니라 영어로 프로그램을 작성할 수 있으면 훨씬 더 쉽다는 점을 깨달았다. "다들 나처럼 게으르지 않았기 때문에 아무도 일찍이 그런 생각을 하지 않았다." 훗날 호퍼는 이렇게 말했다.[28] "우리 프로그래머 중 많은 수가 비트를 가지고 노는 것을 좋아했다. 나는 일을 끝마치고 싶었다. 그래서 있는 게 컴퓨터 아닌가."

'Hello, World' 프로그램을 작성할 때 우리가 사용하는 방식을 기호 추론이라고 부른다. 우리는 컴퓨터에게 지시 목록을 주고, 컴퓨터는 그 지시를 따르고 우리에게 결과를 내놓는다. 논리적인 면에서는 유클리드의 수천 년 된 증명 방식의 수학적 단계와 별로 다르지 않다. 이것이 앞서 언급했던 '옛날식 좋은 AI'다.

그러나 기호 추론이 지식으로 가는 유일한 경로는 아니다. 실생활에서 숫자를 볼 때 우리는 기다란 지시 목록에 따라 일치하는 숫자를 찾을 때까지 특징을 하나씩 확인하지 않는다. 그 대신 시각 데이터가 뉴런을 지나가고, 우리 뇌는 자동으로 특징을 대조하고 비교해 판단을 내린다. 만약 우리가 컴퓨터에게 숫자를 인식하는 방법을 가르치기 위해 기호 추론을 사용한다면 엄청나게 많은 추가 작업을 해야 할 것이다. 2가 2처럼 보이는 이유를 알아내야 할 뿐만 아니라 컴퓨터가 올바르게 판단할 수 있을 정도로 충분한 지시를 내려야 한다. 이미지 인식과 같은 작업이 미가공 데이터를 분석해 통찰을 얻는 뇌를 흉내 내는 게 목표인 인공 '신경망'과 같은 도구를 이용하는 이유다.

일단 신경망은 숫자의 원본 이미지를 받아 그보다 더 작은 '특징 지도'의 집합으로 넘긴다. 각각의 지도는 이미지의 서로 다른 측면을 추출해 조합한 것이다. 정의의 여신과 여신이 들고 있는 저울처럼 이런 뉴런층도 이미지 안의 서로 다른 증거 조각에 가중치를 부여한다. 이어서 컴퓨터는 이 판단을 다른 지도층으로 보내 첫 번째 층에서 요약한 증거를 저울질한다. 층을 추가할 때마다 더 많은 증거를 저울질해야 하지만, 그 대신 컴퓨터는 패턴을 더욱 자세하게 조사할 수 있다.

신경망의 학습을 돕기 위해 우리는 컴퓨터에 수많은 숫자 이미지와 그에 해당하는 참값을 줄 수 있다. 이 훈련 데이터는 신경망이 각각의 층에서 증거를 저울질할 수 있는 최적의 방법을 찾게 해준다. 이 일이 적절히 끝나면 손으로 쓴 숫자를 올바르게 판단할 가능성을 최대화하는 저울질 과정이 생긴다. 그 결과는 비록 인간이 해석하기 어려운

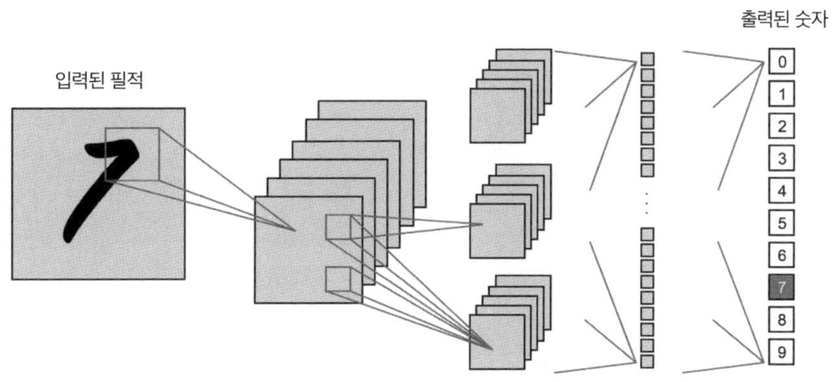

세 개의 층으로 이루어진 필적 인식 신경망 개념도

방식이지만 손 글씨 이미지를 디지털 숫자로 변환할 수 있는 알고리즘이다. 눈 깜짝할 사이에 신경망은 여러 픽셀을 저울질한 뒤 이 가중치를 저울질하고 마침내—층이 세 개인 신경망의 경우—가중치의 가중치를 저울질해 예측 결과를 출력한다. 신경망은 기다란 목록을 하나씩 확인하지 않는다. 사실상 그냥 숫자를 보는 것이다.

휘갈겨 쓴 숫자를 이용해 컴퓨터를 훈련하는 아이디어를 대중화한 인물은 컴퓨터 과학자 얀 르쿤Yann LeCun이다. 1989년 AT&T 연구소의 르쿤과 동료들은 뉴욕 버팔로의 우편물에 쓰여 있는 실제 우편번호를 가지고 신경망을 훈련했다.[29] 그 데이터 세트는 인간의 결함으로 가득했고, 일부 숫자는 모호하거나 읽을 수도 없었다. 기계가 인공적으로 사고하기는커녕 사람이 한다고 해도 눈이 빠질 법한 일이었다.

나중에 메타Meta의 수석 AI 과학자가 되는 르쿤은 여러 층을 지닌 신경망을 이용하는 이른바 '딥러닝'의 선구자 중 한 명이다. 이 용어 자체는 원래 르쿤이 우편번호 분석 연구를 하기 몇 년 전에 컴퓨터 과학자 리나 덱터Rina Dechter가 만들었던 것이다. 덱터는 여러 층을 지닌 문제 해결 알고리즘에 관해 설명하면서 "그런 딥러닝에는 상당한 작업이 필요할 수 있다"라고 밝혔다.[30] 실제로 르쿤과 동료들이 원래의 우편번호 신경망을 훈련했을 때는 3일이 걸렸다.

오랫동안 많은 연구자는 신경망을 막다른 길로 보고 그 대신 기호 추론에 집중하는 편을 선호했다. 어쨌거나 미적분학에서 상대성 이론에 이르기까지 수학과 물리학 같은 분야에서 발전을 이끌어온 것은 기호 추론이었으니 말이다. 그러나 르쿤과 다른 이들은 인내했다. 마침내 컴퓨터 연산 능력이 성장하면서 점점 더 많은 문제가 그런 알고리즘의 영역 안으로 들어왔다. 2010년대를 지나며 인간이 즐기던 포커와 바둑 같은 게임에서 몇몇 주목받는 돌파구가 등장했다. 그런 게임의 장점 중 하나는 규칙이 명확해서—따라서 경계가 명확해서—기계가 그 안에서 학습할 수 있다는 점이다.

그러나 명확한 게임이라고 해서 반드시 해법까지 명확한 것은 아니다. 역사적으로 연구자들은 어떤 게임의 결과를 증명하는 것이 결과에 이르는 경로를 증명하는 것보다 더 쉽다는 사실을 알아냈다. 예를 들어 틱택토(두 사람이 3×3 격자로 이루어진 판에 번갈아가며 O와 X를 놓아 가로나 세로, 대각선에 먼저 한 줄을 만드는 쪽이 이기는 보드게임—옮긴이)와 같은 게임에서 우리는 '전략 훔치기' 논증을 사용해 두 사람이 모두 최적의 전략을 쓸 줄 안다면 나중에 두는 사람이 이길 수 없다는 사실을 증명할 수 있다.[31] 특히 먼저 두는 사람은 아무 곳에나 먼저 둔 뒤 나중에 두는 사람의 대응을 보고 그 사람의 승리 전략을 '훔칠' 수 있다. 이런 접근법은 비구성적 증명이라고 불린다. 우리는 나중에 두는 사람이 이기지 못한다는 사실을 보일 수 있지만, 그 결과로 이어지는 과정은 알 수 없다.

비구성적 증명은 손에 잡히는 해결책을 갈망하는 사람들을 실망시킬 수 있다. 1888년 다비트 힐베르트가 그런 증명을 발표하자 수학계 동료 중 한 명은 이렇게 부르짖었다. "이것은 수학이 아니다. 이건 신학이다!" 그러나 그 동료도 나중에 그 방법의 유용함을 깨닫고 입장을 누그러뜨렸다고 한다. "신학조차도 장점이 있다는 것을 인정하게 됐다."[32]

세부적인 내용은 모른다고 해도 해결책이 존재한다는 사실을 아는 것이 여전히 가치가 있을 수 있다. 1960년대에 수학자 에드워드 소프

Edward Thorp는 카드 카운팅 기법으로 블랙잭에서 이길 수 있다는 사실을 증명한 뒤 그 결과를 출판하려고 노력했다. 뉴턴과 라이프니츠가 미적분을 독립적으로 발명했듯이 다른 누군가가 따로 알아냈을 위험이 있다는 것이 한 가지 이유였다. 하지만 그것이 유일한 위험은 아니었다. 그 소식이 퍼질 가능성도 컸다. 소프는 이렇게 밝혔다. "빨리 출판해야 할 또 다른 이유는 어떤 문제를 해결할 수 있다는 것을 알면 보통 해결이 훨씬 쉬워진다는 유명한 현상 때문이다."[33]

실생활 문제는 복잡하기 때문에 증명에도 실용주의가 필요할 수 있다. 포커의 예를 보자. 2015년 1월 앨버타대학교 연구진은 판돈이 제한된 2인 포커가 '사실상 풀렸다'라고 발표했다.[34] 이들은 공략 불가능한 전략을 찾아냈다. 아무리 완벽한 상대를 만나도 장기적으로는 돈을 잃지 않는다는 것이다. 최소한 그것은 '사실상' 공략 불가능한 전략이었다. 연구진은 포커의 복잡성을 고려해 확률적 증명에 의존했다. 해당 전략으로 평생 포커를 한 뒤 전통적인 5퍼센트의 p값 기준으로 그것이 완벽한 전략이 아니라는 가설을 플레이어가 기각할 수 없다면 '사실상 풀린' 것이라고 정의했다.

그 뒤 몇 년 동안 인간 입장에서는 상황이 계속 악화하기만 했다. 2015년 10월 구글 딥마인드DeepMind는 바둑 유럽 챔피언을 이길 수 있는 알파고AlphaGo 프로그램을 공개했다. 2016년 3월 알파고는 세계 최고의 바둑 기사 이세돌을 5연전에서 격파했다.[35] 이어서 2017년에는 AI 봇이 오랫동안 기계가 범접할 수 없는 게임 형식으로 보였던, 판돈 제한 없는 2인 포커에서 최고의 인간 플레이어들을 이겼다.[36] 2년 뒤에는 플루리버스Pluribus라는 봇이 판돈 제한이 없는 익숙한 6인 포커 게

임까지 손을 뻗어 최고의 인간 플레이어들을 격파했다(1퍼센트의 p값으로).[37] 그러나 딥러닝은 곧 게임이라는 훈련장에서 졸업해 더 큰 과학 문제에 도전하게 된다.

유전학을 이해하는 데 있어 단백질 구조가 형성되는 과정에 관한 질문만큼 중요하거나 까다로운 것은 거의 없다. 자연에서 유전자 염기 서열은 유기체가 아미노산을 생명체가 존재하는 데 필요한 생물학적 과업을 수행하는 단백질로 결합하는 방법을 알려준다. 따라서 단백질을 분석하면 질병을 치료하는 신약이나 산업 생산력을 높이기 위한 새로운 효소를 설계하는 데 도움이 된다.[38]

그러나 단백질이 3차원 최종 구조로 접히는 방법을 예측하는 것은 역사적으로 항상 어려운 일이었다. 소진법을 이용한 증명은 애초에 불가능하다. 평범한 단백질 하나의 가능한 배열 수는 우리가 아는 우주의 입자 수보다 많다. 따라서 연구자들은 값비싸고 정교한 실험으로 시행착오에 의존해가며 단백질 구조를 알아내왔다. 그러나 자연에서 단백질은 스스로, 때로는 눈 깜짝할 사이에 접힌다. 이는 이런 행동을 일으키는 근본적인 법칙이 있다는 사실을 시사했다.

그래서 유럽 생물정보학 연구소EBI의 소장인 이완 버니Ewan Birney는 새로운 AI 기법의 결과에 관해 처음 듣고 거의 의자에서 넘어지다시피 했다. 2020년 11월 딥마인드는 딥러닝을 이용해 놀라운 정확도로 단백질 구조를 예측하는 알파폴드AlphaFold를 발표했다. 이전의 알파고처럼 알파폴드는 명확한 기준이 있는 게임을 이용했다. 바로 매년 열리는 '비평적 구조 예측 평가Critical Assessment of Structure Prediction, CASP'라는 대회다. 매년 CASP는 실험으로 확인했지만 아직 발표하지는 않은, 새로 발견된 여러 단백질 구조를 선정한다. 이를 가지고 참가자가 유전자 서열을 이용해 실제 구조를 정확하게 예측할 수 있는지를 시험한다. 2020년에 알파폴드가 뛰어난 성과를 보이자 모두가 그 성과의 훌륭함을 곧바로 인정했다. "정말로 놀랍다." 버니는 말했다.[39] "그들은 생물물리학과 분자생물학의 거대한 도전 과제를 해결했다." 실제로 2024년 10월, 딥마인드의 공동창립자 데미스 하사비스Demis Hassabis와 선임과학자 존 점퍼John Jumper는 알파폴드에 대한 연구로 노벨화학상을 받았다.

하사비스는 사용자가 단백질을 올바르게 접는 방법을 찾아내는 게임인 폴드잇과 같은 크라우드소싱 사례에서 알파폴드에 대한 영감을 얻었다고 말했다. 알파고의 성공을 고려할 때 어쩌면 신경망이 폴드잇 인간 사용자의 통찰력을 재현할 수도 있지 않을까? 나중에 하사비스는 "나는 '우리가 바둑에서 직관의 정점을 흉내 낼 수 있다면 그것을 단백질에 적용하지 못할 이유가 있을까?'라고 생각했다"라고 말했다.[40]

이후 몇 년 동안 알파폴드는 2억 개 이상의 새로운 단백질 구조를 예측했으며, 이 데이터는 인간이 전통적인 방식으로 찾아낸 구조와 함께 EBI에서 보관하고 있다.[41] 알파폴드는 단순히 방대한 컴퓨터 연산만으로 이룬 결과가 아니었다. 신경망이 효율적으로 학습하기 위해서는 창조자의 독창성도 필요했다. 버니는 이렇게 말했다. "문제를 신경에 제시하는 방법에는 인간의 혁신이 매우 많이 들어갔다. 알파폴드 문제를 푸는 과정에는 엄청난 예술과 과학이 관여했다."

알파폴드가 중요한 문제를 해결하는 과학자들을 돕기까지는 오랜 시간이 걸리지 않았다. 2021년 코로나19 베타 변이가 세계적으로 퍼지고 있을 때 연구자들은 알파폴드를 이용해 면역 체계가 유행했던 다른 변이처럼 쉽게 베타 변이를 인식하지 못하는지 조사했다.[42] 과거였다면 연구진이 오래 걸리고 어려운 실험을 통해 베타 변이 바이러스 단백질의 구조를 파악해야 했을 것이다. 그 대신 알파폴드로 유전자 서열을 이용해 구조를 예측할 수 있었다. 그 뒤로 알파폴드는 예측을 늘려가며 데이터베이스에 2억 개 이상의 단백질 구조를 추가했다. 2024년 딥마인드는 개별 단백질의 구조를 예측할 뿐만 아니라 여러 분자를 포함하는 복잡한 생물학적 상호작용도 예측할 수 있는 알파폴드의 업데이트 버전을 발표하기도 했다.

알파폴드와 같은 프로그램에 대한 비판 중 하나는 단백질 접힘과 관련된 근본적인 생물학적 메커니즘에 관한 통찰을 제공하지 않는다는 점이다. 단지 데이터의 복잡한 패턴을 확인하고 그런 패턴을 정확한 예측으로 변환하는 데 뛰어나다. "딥러닝의 인상적인 성취는 모두 곡선 접합(커프 피팅)과 마찬가지다." 주디아 펄은 2018년에 이렇게 말했다.[43]

그러나 알파폴드는 단백질 접기와 같은 복잡한 문제를 해결하기 위해 우리가 받아들여야 하는 유형의 해결책일지도 모른다. 특정 입력 매개변수가 그렇게 좋은 예측 결과를 내놓는지는 명확하지 않을 수도 있다. 버니는 이렇게 말했다. "연속적인 매개변수로서의 신경망은 쉽게 이해할 수 없다. 많은 사람이 여전히 그렇듯이 나도 그에 실망했었지만, 이제는 훨씬 더 편안해졌다. 생물학에는 벌어지고 있는 일에 관한 우리의 이해를 어떤 우아한 방정식이나 개념으로 나타낼 수 없는 부분이 매우 많다. 이 정도 수준의 매개변수와 세밀함이 필요한 일이다."

잃어버린 우아함에 대한 상실감은 컴퓨터 증명에서 되풀이되는 주제다. 이론적 훈련을 받은 사람은 기계로 가능성을 하나하나 확인하는 것은 진정한 과학이 아니라는 느낌을 받을 수 있다. 심지어는 일종의 속임수처럼 보일 수도 있다. 아직 발견하지 못한 더 낫고 더 깔끔한 해결책을 위해 잠시 자리를 맡아놓은 것에 불과해 보일 수 있다. 왜 불완전성과 불투명성에 만족해야 할까? 그런 해결책은 바이어슈트라스가 만든 괴물의 현대판과 같다. 시각화하기 어렵고, 이해하기 어렵다. 하지만 그 괴물과 마찬가지로 컴퓨터 증명은 신선한 아이디어와 발견을 가져오며 마지못해 서서히 받아들여지고 있는 듯하다. 어떤 경우에는 수학자들이 비효율적인 계산에서 뜻밖의 이점을 발견하기도 한다. 어떤 답에 도달하는 것을 더 어렵게 만들면 오히려 궁극적으로 우리가 진실에 더 가까이 다가갈 수 있다는 사실이 드러나는 것이다.

베트남에서 남쪽으로 수천 킬로미터 떨어진 곳에 있는 야프섬은 최초의 지카 바이러스 발병지로 유명해졌다. 하지만 그 이전에는 크기가 큰 것은 지름이 3미터에 이르는 '라이' 석화(돌 화폐)로 유명했다.[44] 1903년 이 섬을 방문한 미국의 인류학자 윌리엄 퍼니스William Furness는 이 체계의 독창성에 깜짝 놀랐다. 어떤 방식으로든 소유해야 하는 서양의 화폐와 달리 라이는 종종 너무 커서 거래 뒤에도 옮길 수가 없었다.[45] 이런 상황에서는 공동체가 그 동전의 새로운 주인을 인지하는 것만으로 충분했다. 퍼니스는 "이 동전은 교환했음을 나타내는 표식 같은 것도 없이 이전 소유자의 땅에 그대로 놓여 있다"라고 표현했다.

한 마을에서 퍼니스는 한 가족이 커다란 라이의 형태로 확실한 부를 소유하고 있다고 기록했다. 유일한 문제는 폭풍에 배가 침몰한 뒤로 수십 년째 바다 밑바닥에 가라앉아 있다는 점이었다. 다행히 공동체는 동전의 소유권이 달라지지 않았으므로 장소는 가치에 영향을 끼치지 않는다고 동의했다. 퍼니스는 "따라서 그 돌의 구매력은 그게 소유자의 집 옆에 기대 있는 게 눈에 보이는 것과 마찬가지로 여전히 유효하다" 라고 썼다.

이후 경제학자 밀턴 프리드먼Milton Friedman은 야프섬의 화폐 이야기가 서구인의 귀에는 이상하게 들릴 수 있다고 언급했다. 하지만 유럽과 미국의 화폐 체계—그리고 금 보유고—역시 공유하는 믿음에 크게 의존한다. "한 세기 이상 '문명' 세계는 지하 깊숙한 곳에서 파낸 뒤 힘들여 제련하고 다시 먼 거리를 옮겨 지하 깊은 곳에 공들여 만든 금고에 묻어놓은 금속을 자신들의 부의 공고한 현현이라고 여겼다." 프리드먼은 이렇게 표현했다.[46] "어느 한 관행이 다른 관행보다 더 합리적일까?"

가치에 대한 합의가 필요한 것은 화폐만이 아니다. 측정이라는 개념 전체도 대중적 합의에 의존하며, 때로는 정말 말 그대로 그렇다. 2019년 5월까지 1킬로그램의 세계적인 정의는 물리적 대상의 질량에 묶여 있었다. 이른바 '국제 킬로그램 원기'로 프랑스 세브르의 한 금고에 130년 동안 놓여 있던 백금-이리듐 합금 덩어리였다.[47]

보편적인 미터법 무게를 만들자는 계획은 1795년에 처음 생겼다. 처음에는 1그램을 '부피가 1세제곱센티미터인 순수한 물이 얼음이 녹는 온도에서 갖는 절대 중량'으로 정의했다.[48] 이는 더할 나위 없이 객관적으로 보였다. 미터를 정의해야 한다는 사실을 우리가—프랑스가 그랬듯이—깨닫기 전까지는. '미터'의 정의가 달라지고 물의 밀도가 가장 높은 온도(섭씨 0도가 아닌 섭씨 4도)를 바탕으로 그램을 정의하기로 하면서 프랑스가 정의를 확정했던 1799년에는 킬로그램이 이미 조금 달라졌다.

국제 킬로그램 원기 복제본은 세계적으로 여러 나라에 있지만, 2019년까지는 모두 세브르에 있는 그 작은 금속 덩어리에 의존했다. 처음 만들어진 뒤로 질량이 약 0.00005그램 줄어든 금속 덩어리에 말이다. 여전히 1킬로그램이지만—그것이 1킬로그램의 정의이기 때문에—똑같은 1킬로그램은 아니다. 이것이 바로 2019년 5월 20일 과학자들이 물리적 대상에 더 이상 의존하지 않도록 킬로그램 개념을 재정의한 이유다. 그 대신 광자의 에너지와 파장을 연관 짓는 고정된 물리상수인 플랑크 상수를 기준으로 정의했다.

미터법과 화폐의 역사는 가치를 정의하는 데 있어 두 가지 과제를 보여준다. 첫째, 그 기반이 돌이든 금이든 물이든 아원자 입자든 상관없이 모든 사람이 어떤 것의 가치를 평가하는 방법에 동의해야 한다. 그리고 그것이 프랑스에 있는 어떤 금속 덩어리이든 누군가의 은행 계좌에 있는 금액이든 간에 이 가치를 기록하고 보관하는 사람을 믿어야 한다. 킬로그램과 현대 서구의 금융 체계의 경우, 동의와 합의 문제는 가치가 얼마인지 누구의 소유인지 공포할 수 있는 중앙 권력이 있는 기관이 필요했다. 중앙은행이 생기기 전의 화폐 체계라고 한다면, 가치 있는 해당 물체를 물리적으로 소유해야 했다.

야프섬의 혁신은 라이를 화폐로 사용한다는 합의를 이룬 뒤에 생기는 신뢰의 문제를 소유나 중앙 기관이 아닌 분산 지식 체계로 해결했다는 점이다. 만약 공동체의 모든 사람이 거대한 동전을 누가 소유하고 있는지, 어떤 동전이 최근에 주인이 바뀌었는지 알고 있다면 누군가 거짓으로 소유권을 주장하는 일을 막을 수 있다. 그런데 공동체 안에서 얼굴을 마주 보는 상호작용을 통해 신뢰를 구축할 수 없는 상황에서는 어떻게 할까? 낯선 사람 사이에서 신뢰할 수 있는 공통 지식을 어떻게 확립할 수 있을까?

여러분이 수백 개의 비슷한 섬으로 이루어진 군도의 한 고립된 섬에 좌초했다고 상상해보자. 유일한 통신 방법은 글로 쓴 메시지를 매일 한 섬에서 다른 섬으로 실어 나르는 비둘기다. 문제는 여러분이 다른 섬에 메시지를 보내려고 할 때마다 누가 그것을 보았는지 알기 어렵다는 점이다. 어쩌면 여러분이 받은 답장은 모두 진짜일지도 모른다. 아니면 장난기 많은 외로운 표류자 한 명이 메시지를 가로챈 뒤 거짓 답장을 써서 보내고 있을지도 모른다. 여러분은 여러분의 메시지가 친구에게 도달하고 있는지 알 수 있는 방법이 필요하다. 그래서 여러분은 퍼즐을 내기로 한다.

그냥 아무 퍼즐이나 보내는 것은 아니다. 여러분은 시행착오로만 풀 수 있는 어려운 수학 문제를 보내기로 한다. 예를 들어 매우 큰 소수 두 개를 곱해서 나온 결괏값을 보내고 사람들에게 원래 두 수가 뭔지 알아내라고 할 수도 있다. 소수는 자기 자신과 1로만 나누어떨어지는 수이므로 여러분의 질문에는 언제나 유일한 답이 있을 것이다(유클리드는 원래 『원론』 7권에서 이 유용한 기교를 증명했다). 그러나 원래의 소수를 확인하려면 무수히 많이 추측해야 한다. 여러분은 만약 누군가 끈질기게 매일 온종일 계산만 한다고 했을 때 답을 구하는 데 1년 정도 걸릴 것이라고 판단한다.

퍼즐이 어려운데도 불구하고 메시지를 보낸 지 만 하루 만에 비둘기가 답을 가지고 도착한다. 한 명이 푸는 데 약 365일이 필요하다는 점을 고려하면 답변이 온 속도는 수백 명이 퍼즐을 풀고 있었다는 사실을 시사한다. 갑자기 여러분은 여러분의 메시지가 더 많은 사람에게 닿고 있다는 사실을 더욱 확인한다.

또한 여러분은 그 방법이 메시지의 순서를 추적할 수 있게 해준다는 사실을 깨닫는다. 만약 여러분이 원래 퍼즐의 답을 새로운 퍼즐에 통합한다면—어쩌면 새로운 소수 두 개를 곱한 뒤 그 결과에 이전 결과를 더하는 식으로—두 번째 퍼즐을 푼 사람은 첫 번째 퍼즐도 푼 것이 틀림없다는 사실을 알 수 있다. 이를 통해 각 단계마다 수백 명이 보았을 정보의 사슬이 생겨난다.

다른 섬의 사람들을 모두 알거나 신뢰하는 것은 아니지만, 여러분은 공통의 지식 체계를 만들어냈다. 상상의 세계에서 다시 돌아오면, 그런 방법은 대면 신뢰가 비슷하게 부족한 온라인 상황에서 특히 유용할 수 있다. 섬사람들을 컴퓨터 사용자로 대체하면, 여러분은 '블록체인'의 기본 원리를 얻게 된다.

과대광고와 거품을 걷어내고 보면 결국 블록체인은 여러분이 반드시 신뢰하지는 않는 개인과 믿을 수 있는 상호작용을 갖도록 해주는 것이다. 거래가 공통 지식이 되도록 만들어 사람들이 하지 않은 일을 했다고 주장하지 못하게 한다. 영 지식 증명이 정보를 드러내지 않으면서 확인하기 위해 연산력을 사용하는 반면 블록체인은 합의를 확립하기 위해 사용한다.

탈중앙화된 지식의 이로운 점에는 몇 가지 유의 사항이 따른다. 첫째, 탈중앙화 접근은 구성원이 결탁할 경우 실패할 수 있다. 금리를 예로 들어보자. 매일 평일 아침 오전 11시에 영국의 주요 투자은행은 '런던 은행 간 금리'—리보Libor—라는 계산에 참여하곤 했다. 리보는 다양한 통화의 단기금리의 기준 지표를 제공했다.[49] 각 은행은 차입할 수 있는 금리를 제출했고, 가장 높은 금리와 가장 낮은 금리를 제거한 뒤 구한 평균값이 리보의 값이 됐다. 이론상으로는 이상치outlier를 제거하면 이례적인 현상을 막을 수 있어야 했다. 하지만 2000년대에 여러 은행의 직원이 서로 공모해 금리를 고정했고, 트레이더들은 리보와 진짜 차입 비용의 차이를 이용해 이익을 볼 수 있었다. 이 추문이 드러난 뒤 몇몇 은행은 수십억 파운드를 벌금으로 지불했고, 리보는 2023년에 중단됐다.

그에 반해 비트코인 블록체인은 일반적으로 수천 명의 개인이 거래를 검증하는 데 기여한다.[50] 이들은 노력에 대한 보상으로 비트코인을 받는데, 이것이 바로 채굴이라는 과정이다. 익명의 비트코인 창조자는 전통적인 은행 시스템에 대한 좌절감을 체인의 첫 번째 블록에 넌지시 남겼다. 2009년 1월 3일에 올라온 첫 번째 블록에는 그날 아침 신문에서 가져온 인용문 하나가 담겨 있었다. "타임스 2009년 1월 3일. 은행에 대한 두 번째 구제금융을 앞둔 재무장관".

공모가 탈중앙화 지식의 유일한 장애물은 아니다. 블록체인을 다룰 때는 연산의 문제도 있다. 사람들에게 어려운 수학 문제를 풀게 만들면 새로운 거래를 널리 드러낼 수 있다. 하지만 그만큼 많은 컴퓨터 연산력과 에너지 소비도 필요하다. 비트코인 네트워크가 네덜란드만

큼의 전력을 사용한다는 추정이 있다.[51] 그래서 일부 암호화폐는 수학 문제의 시행착오 풀이에 기반한 '작업 증명' 방식에서 '지분 증명' 방법으로 넘어갔다.[52] 이 대체 방식에서는 참여자가 거래를 검증할 때 암호화폐 일부를 지분으로 건다. 만약 거래가 거짓이나 사기로 드러나면 지분을 잃게 된다.

2010년대 후반에 블록체인은 떠들썩한 소리를 내며 구석구석에 스며들었다. 사업을 위한 블록체인. 건강관리를 위한 블록체인. 과학을 위한 블록체인. 종종 사람들이 정말로 필요로 한 것은 블록체인이 아니었다. 그 용어는 분산 지식이나 개인정보 보호, 탈중앙화된 소유권, 데이터의 질 등 몇몇 바람직한 특징을 아우르는 유의어로 쓰였다.

2020년 봄 이런 여러 특징이 팬데믹 통제에 관한 논쟁을 지배하게 됐다. 팬데믹 초기에 나와 동료들은 유증상자를 빠르게 확인하고 최근에 접촉한 사람을 추적해 다른 사람을 감염시키지 못하도록 격리하면 이론상으로는 코로나19와 같은 감염증을 억제할 수 있다는 사실을 보였다.[53] 그러나 실제로는 증상이 나타나기 전에 전파가 이루어질 수 있어서 사람의 노력으로는 접촉자를 추적하는 일이 쉽지 않을 터였다.

어쩌면 자동화 시스템이 감염병의 확산을 미리 막을 수 있을까? 영국 최초의 코로나19 앱 개발에 핵심적인 역할을 했던 피터 화웰Peter Whawell은 당시의 어려움을 회상했다. "빨라야만 했습니다. 정확해야만 했고요. 그리고 효과가 있는지를 파악하려면 역학 데이터를 수집해야만 했습니다."[54] 대한민국과 같은 국가는 휴대전화 위치 데이터를 이용해서 코로나19 발병 지역 근처에 있었던 사람들을 확인하고 있었지만, 이상적으로는 감염자에 노출됐을 가능성이 높은 개개인만을 통제해야 했다. 그러려면 인구 집단 내의 상호작용 연결망을 이해해야 했다.

이를 앱으로 할 수 있는 방법은 크게 두 가지가 있다. 첫 번째 방법은 휴대전화 자체에서 처리하는 것이다. 각 휴대전화가 블루투스를 이용해 근처에 다가오는 다른 휴대전화로부터 암호화된 ID를 수집한 뒤 코로나19 양성 판정을 받은 ID를 모은 보건 데이터베이스와 때때로 대조하는 방식이다. 만약 사용자가 코로나19에 걸린 사람 근처에 간 적이 있다면, 알림을 받게 된다.

두 번째 방법은 역시 각 휴대전화의 암호화된 ID를 사용하는데, 모든 접촉 내역을 서버에 업로드해서 상호작용의 '사회적 그래프'를 재구성한 뒤 감염자에 노출된 사람에게 알리는 방식이다. 싱가포르는 이 두 번째 방법을 선호해 2020년 3월 '트레이스투게더'라는 앱을 출시했다. 두 번째 방법은 더 많은 데이터를 공유해야 하지만, 첫 번째 방법은 당국이 전염병을 이해하는 데 한계가 있었다. 2020년 6월 싱가포르의 비비언 발라크리슈난Vivian Balakrishnan 장관은 "그 사람이 언제, 어떻게 감염됐고, 누구를 감염시켰는지 확인할 수는 없을 것"이라며, "접촉자를 추적하는 사람들이 그 '그래프'를 볼 수는 없을 것"이라고 밝혔다.[55]

영국도 처음에는 두 번째 방법을 선택했다. 그러나 애플과 구글이 곧 첫 번째 방법에 기반한 자체 플랫폼 앱을 출시했다. 따라서 영국을 포함한 많은 국가가 이 애플과 구글의 앱으로 선회했다.[56] 프라이버시와 기술적 관점에서는 더 쉬운 선택이었지만, 팬데믹에 대응하는 데 필요한 정보의 양이 줄어든다는 단점이 있었다. 완전한 전파 연결망을 추적할 수 있으면서 개인 데이터는 보관하지 않는 중간 지점을 찾는 것이 가능했을까? 화웰은 "이론상으로는 가능하지만, 현재 그런 식으로 작동하는 시스템은 하나도 없습니다"라고 말했다.

팬데믹 기간 내내 감염자가 있을 수도 있는 곳에 관한 정보를 밝혀내는 일과 사람들이 있었던 곳에 관한 정보를 보호하는 일이 팽팽히 맞섰다. 하지만 실제로는 정보 공유가 신뢰 구축에도 필수적이었다. 사용자는 그냥 어떤 사람이 장난삼아 익명으로 앱에 증상이 나타났다고 알린 정보가 아니라 자신이 정말로 코로나19 감염에 노출됐는지를 알아야 했다. 영국에서 PCR 검사 결과가 이런 증거였으며, 개인의 앱에 연동되어 다른 사람들에게 알림이 갈 수 있었다. 코로나19 앱은 상호작용에 관한 데이터를 노출하지 않았다고 해도 위험에 처한 사람들에게 알림을 보낼 때는 여전히 중앙컴퓨터 시스템과 상호작용해야 했다.

이후 옥스퍼드대학교 연구진은 이렇게 중앙에 모인 데이터 세트를 이용해 앱 사용자가 감염자에 노출된 뒤 벌어진 일을 짜맞출 수 있었다.[57] 연구진은 누군가 감염자와 접촉한 뒤 한 시간이 지날 때마다 전파 위험이 1퍼센트씩 증가했다는 사실을 밝혔다. 사회 연결망 전체가 기록되어 있지는 않았지만, 각각의 전파 사례를 이해하기에는 충분한 정보가 있었다.

잘 설계한 데이터 수집의 중요성이 언제나 인정받는 것은 아니다. 2020년 3월 말, 나와 동료들은 몇몇 저명한 AI 전문가와 통화할 기회를 얻었다. 주제는 당연히 코로나19였다. 통화 참가자 중 일부는 사용 가능한 데이터에 불만이 있는 것이 분명했다. 이들은 보건 당국이 모든 감염 사례가 일어난 장소의 데이터를 공유하기만 하면, AI가 대응에 도움이 될 수 있다고 주장했다. 이 시점에서 우리는 당국이 감염자에 관한 상세한 정보를 공개하고 있지 않은 것이 문제가 아니라고 차분히 설명해야 했다. 우리가 팬데믹을 겪은 이유는 우리가 감염을 대부분 포착하지 못했기 때문이었다. 만약 코로나19 사례에 관한 데이터를 분석하고 싶다면, 먼저 사례를 찾아야 했다.

팬데믹 초기 대응에 관한 한 자동 접촉 추적 기술은 단연코 현재 이용할 수 있는 가장 유망한 도구 중 하나다. 하지만 국가가 전파를 막기 위해 상호작용에 관한 데이터를 어떻게 수집해야 하는지에 관한 합의가 거의 이루어지지 않아서 여전히 가장 논쟁의 여지가 많은 방법이기도 하다. 이 논쟁은 코로나19에서 끝나지 않는다. 우리가 세상을 이해하는 데 필요한 정보, 그 정보를 수집하는 방법, 이후 그 정보가 발휘할 힘과 관련한 더 심원한 긴장 상태가 있다. 아이작 뉴턴은 거인의 어깨 위에 서서 더 멀리 볼 수 있었지만, 기계가 인간의 지평선 너머를 보게 되는 날이 오면 과연 누가 그 경관을 즐길 수 있을 것인가?

형태, 단어, 수, 움직임 등 어디를 봐도 우리가 처리할 수 있기를 바라는 것보다 더 많은 정보가 있다. 이런 압도적인 복잡성 앞에서 우리의 뇌는 우리가 보는 현실을 바꾸는 방식으로 대처한다. 세상을 단순화해 가장 중요해 보이는 특징에 집중하는 것이다. 사물 하나하나, 세부적인 내용 하나하나를 탐색하는 대신 우리의 감각으로 그 모든 것을 흡수해 이런 풍부한 복잡성을 머릿속에서 의미 있게 요약해낸다.

다음 과제는 이렇게 요약한 현실을 다른 사람에게 전달하는 것이다. 쿠르트 괴델은 인간이 대화 같은 작업을 수행할 수 있게 해주는 명백한 직관력에 매력을 느꼈다. 경험과 생각의 복잡성에 비해 인간의 언어는 단순했지만, 여전히 사람들은 일상적으로 진짜 메시지에 집중할 수 있다. 바이어슈트라스가 단순한 산문으로 쓰인 미묘한 개념의 변덕을 극복하기 위해 완전히 새로운 형태의 수학을 만들어내야 했던 일을 떠올려보자. 괴델은 "언어에 대해 생각하면 할수록 나는 사람들이 서로 이해한다는 사실이 더욱더 놀랍다"라고 말한 바 있다.[58]

한 언어로 된 텍스트를 다른 언어로 번역하고 싶다고 생각해보자. 오랫동안 인공지능은 이 일에 어려움을 겪었다. 표준 신경망은 문자와 숫자를 인식하는 데 효과적이지만, 작은 정보 덩어리를 각 층에서 층으로 순차적으로 전달하는 방식으로 작동한다. 그래서 언어의 광범위한 뉘앙스를 포착하기가 어려워진다. 한 문장 앞부분의 맥락이 뒷부분에 있는 단어의 의미에 영향을 끼칠 수도 있기 때문이다.

따라서 구글의 한 연구진에게 언어는 이상적인 과제였다. "텍스트는 실제로 우리의 추상적인 사고가 가장 압축되어 있는 형태다." 연구진 중 한 명은 훗날 이렇게 표현했다. "나는 항상 정말 지능적인 것을 만들고 싶다면 텍스트로 해야 한다고 느꼈다."[59] 서투르게 세부적인 내용을 이용하는 대신 기계가 텍스트 덩어리 전체를 받아들이게 한 다음 가장 중요한 부분에 관심을 집중하게 하면 어떨까? 초점을 어디에 맞춰야 할지 확인할 수 있다면 진짜 의미가 드러날까?

연구진은 익숙한 신경망 방식을 피했다. 그 대신 서로 다른 단어에 얼마나 관심을 기울여야 할지 가중치를 부여하는 방식으로 영어 텍스트를 프랑스어와 독일어 텍스트로 번역하는 방법을 설계했다. 각 단어는 다른 모든 단어에 부여한 가중치에 영향을 주며, 그 반대도 마찬가지였다. 연구진은 이 알고리즘을 '트랜스포머'라고 불렀다. 성능을 확인하기 위해 수백만 쌍의 영어-프랑스어, 영어-독일어 문장으로 트랜스포머를 훈련한 뒤 일반적인 번역 작업을 연이어 수행하게 했다. 트랜스포머는 이전의 최첨단 방법을 능가했을 뿐만 아니라 훈련에도 훨씬 적은 노력이 들었다. 연구진은 2017년 6월 이 결과를 담은 논문을 발표했다.[60] 제목은 '당신에게 필요한 건 관심뿐Attention is all you need'이었다. 비틀즈의 노래에 대한 오마주였다.

트랜스포머 논문을 읽은 수많은 사람 중에 알렉 래드퍼드Alec Radford라는 이름의 AI 연구자가 있었다.[61] 래드퍼드의 최근 연구는 아마존 리뷰에서 다음 글자를 하나씩 예측할 수 있는 신경망을 만드는 것이었다. 그런데 알고리즘을 시험하자 기묘한 일이 일어났다. 목적이 단순했던 그 신경망이 리뷰 전체의 감성을 추출하는 방법을 알아내 인간이 입력하지 않아도 긍정적인 리뷰와 부정적인 리뷰로 정확하게 분류했던 것이다. 게다가 래드퍼드와 동료들은 단 하나의 '감성 뉴런'이 텍스트 뒤의 이런 느낌을 포착할 수 있다는 사실을 발견했다.[62] 이는 AI가 인간 의사소통의 복잡해 보이는 뉘앙스를 놀랍도록 효율적인 방법으로 포착할 수 있음을 시사했다.

뉴런은 이후에 AI가 어떤 리뷰를 생성하는지도 통제할 수 있다. 여기 뉴런을 '부정적'으로 설정했을 때의 출력 결과 예시가 있다. "훌륭한 제품이지만, 판매자가 없다. 원인을 확인할 수 없었다. 고장 난 제품. 나는 항상 이 회사 제품을 많이 산다." 문장이 완벽함과는 거리가 멀었지만, 감성 뉴런은 데이터가 충분하다면 기계가 언어의 의미론적 특징을 인식하는 방법을 스스로 학습하고 생성한 문장 안에서 이를 재현할 수 있다는 사실을 보였다. 인간의 도움 없이도 효율적으로 이렇게 할 수 있었다. 트랜스포머의 효율적인 주위 기반 접근법을 결합하면 오랜 과제였던 언어 처리가 돌연히 좀 더 해결 가능해 보였다.

월리엄 고셋이 통계학을 이용해 기네스를 양조업계의 강자로 변모시키고 한 세기가 지난 뒤 트랜스포머는 인공지능 세계를 바꿀 준비를 하고 있었다. 하지만 기네스의 경우와 마찬가지로 산업적 규모로 언어를 분석해야 했는데, 그것은 작은 연구 프로젝트나 당시 기술 기업이 탐구하고 있던 소박한 데이터 세트를 훨씬 뛰어넘는 규모였다. 그 역할은 18개월 전에 창립해 대중적인 인지도가 비교적 낮았던 래드퍼드의 소속 회사가 맡게 됐다. 그 회사의 이름은 오픈AI였다.

래드퍼드와 동료들은 책에서 학교 숙제, 질의응답 사이트 '쿠오라 Quora'에 이르는 수천 가지 텍스트로 훈련받게 될 새로운 모델을 개발했다. 언어를 효율적으로 해석하려면 모델이 각각의 상황에서 어디에 관심을 기울여야 할지 결정해야 했다. 이런 결정을 제어하는 것은 1억 1,700만 개의 매개변수였고, 대규모 언어 모델Large Language Model, LLM 은 성능을 높이기 위해 훈련하면서 이들을 미세하게 조율했다. 그 결과로 나온 LLM이 '생성형 사전 훈련 트랜스포머Generative Pre-trained Transformer', 줄여서 GPT였다.

GPT-2의 매개변수는 10억 개가 넘었고, GPT-3는 1,750억 개였다. GPT-4의 공식 사양은 2023년 중반에 출시된 이래 여전히 별로 드러난 것이 없지만, 다수의 LLM이 마치 강력한 자문단처럼 서로 다른 역할을 맡아 나란히 작동하는 방식일 가능성이 크다. 연구 프로젝트에 각각 특정한 과제에 집중하는 다양한 전문가로 이루어진 팀이 필요한 것처럼 LLM도 서로 협력해 결과물을 수집하고 검토하며 요약할 수 있다.

이 과정에서 LLM은 AI의 결정을 설명하는 새로운 길을 열어주고 있다. 2024년 자율주행차 회사 웨이브Wayve는 공공 도로에서 테스트하기 위해 최초의 '시야-언어-행동' 모델을 발표했다. 이 방법을 이용한 자동차는 단순한 행동을 넘어서 자신이 보는 정보와 하고 있는 행동을 언어로 번역해 인간의 질문과 피드백에 응답하는 능력을 키울 수 있다.[63]

오픈AI는 GPT-4와 같은 LLM이 인간과 기계 사이의 관계를 얼마나 많이 바꾸어놓을지 알고 있었기 때문에 챗GPT를 먼저 GPT-3로 출시했다고 말한다. "우리는 챗GPT에 채팅 기능을 도입했지만, 훨씬 덜 강력한 백엔드 기술을 이용해 사람들이 서서히 적응할 수 있게 했다." 이후 오픈AI의 CEO 샘 올트먼Sam Altman은 『와이어드』에 이렇게 밝혔다. "단번에 GPT-4에 적응하는 건 무리였다."[64]

산업용 AI는 산업적 규모의 데이터를 필요로 한다. 그리고 이는 LLM 훈련에 무엇이 쓰이고 있는지에 대한 커다란 논쟁을 불러일으켰다. 2023년 게티이미지는 저작권 침해로 AI 기업인 스태빌리티 디퓨전 Stability Diffusion 제작사를 고소했다.[65] 스태빌리티 디퓨전이 생성한 일부 AI 이미지에는 구석에 게티의 워터마크처럼 보이는 익숙한 모양이 들어 있었다. 그해 말, 몇몇 베스트셀러 작가가 오픈AI를 고소하며, 챗 GPT를 훈련하는 데 사용한 데이터베이스에 자신들의 책이 있다고 주장했다.[66]● 경우에 따라서 어떤 AI 기업은 데이터와 개인정보 보호법이 더 엄격한 지역에서 어쩔 수 없이 운영을 포기해야 할 수도 있다.[67] 한

● 이 책을 쓰고 있던 당시 이 사건은 여전히 진행 중이었다.

편 어떤 플랫폼은 AI 기업과 협약을 맺어 더 나은 모델을 훈련하는 데 자기 콘텐츠의 라이선스를 제공했다. 2024년 구글은 레딧과 파트너십을 맺는다고 발표했고, 오픈AI는 『파이낸셜 타임스』, 미국의 『월스트리트 저널』과 영국의 『더 선』과 같은 신문을 보유한 뉴스코프News Corp와 협약을 맺었다.[68]

그러나 데이터 세트는 이 이야기의 일부일 뿐이다. 더 나은 AI 성능을—그리고 더 나은 AI의 행동을—원한다면, 우리는 훈련 과정에 무엇이 들어가는지 고민해야 한다. 그리고 그것은 이런 훈련의 뒤에 누가 있는지를 살펴보아야 한다는 뜻이다.

"저건 참 기묘한 수네요." 경기를 지켜보던 해설자 중 한 명이 말했다. "전 실수라고 생각했습니다." 동료가 덧붙였다.[69] 눈앞의 장면을 이해하는 동안 잠시 침묵이 흘렀다. "인간의 수가 아닙니다. 사람이 이런 수를 두는 것을 본 적이 없습니다."

이세돌과 딥마인드의 알파고가 벌인 두 번째 대국이었다. 37번째 수인 이 기묘한 수가 나온 뒤 이세돌은 일어서서 경기장을 나갔다. 무엇 때문인지 불안해진 것 같았다. 이세돌은 15분 뒤에 돌아왔지만, 그 경기에서 패하고 말았다. 이어진 총 5경기의 대국 결과, 최종적으로 패배했다. 이후 이세돌은 두 번째 대국의 그 수를 가리켜 "바둑의 아름다움을 잘 표현한 굉장히 창의적인 수"라고 말했다. 그렇다면 그 수는 어디서 나온 걸까?

2019년 6인 포커에서 인간을 이긴 플루리버스 봇은 거의 독학으로 학습했다. 기본 규칙을 배운 뒤 자신의 복제본을 상대로 수없이 많은 경기를 하며 전략을 다듬었다. 알파고는 달랐다. 비록 최종 성능은 분명히 초인적으로 보였지만, 알파고는 자기 자신과 대국했을 뿐 아니라 인간끼리의 대국으로부터도 도움을 받았다. 알파고의 훈련 데이터에는 인간 바둑 전문가 사이의 16만 대국에서 추출한 거의 3,000만 가지의 국면이 담겨 있었다. 이를 이용해 알파고는 많은 인간 바둑 기사에게는 직관적으로 다가오는 미묘한 의사결정 과정을 재현할 수 있었다.

알파고는 이 지식을 바탕으로 신비로운 37번 수를 포함한 자신만의 전략을 만들어냈다. 인공 뉴런의 가중치와 수의 조합 사이 어딘가에서 바둑판 반대쪽에 앉은 상대에 대한 놀라운 공격이 나타났다. 비록 지켜보던 인간 전문가에게는 어처구니없는 수로 보였지만 말이다.[70]

2016년 초 알파고의 성공 이후 인간 바둑 기사들은 비슷한 일을 하기 시작했다. 자신만의 기술에 AI로 향상된 의사결정 계층을 추가한 것이다. 알파고의 승리 이후 연구자들은 프로 바둑 기사 간의 대국에서 새로운 수의 양과 결정의 질이 모두 높아졌다는 사실을 알아냈다.[71] 하지만 이런 향상이 반드시 알파고 때문만은 아니었다. 대부분의 진보는 2017년 말에 나온 다른 비독점 바둑 소프트웨어 이후에 이루어진 것으로 보였다. 블랙박스와 같았던 알파고와 달리 이 새로운 프로그램은 인간 바둑 기사들이 AI가 선택에 어떻게 가중치를 두는지 이해할 수 있게 해주었다. AI 바둑 기사가 어떤 결정을 내리는지 아는 것만으로는 충분하지 않은 모양이었다. 최대한 도움을 많이 받으려면 인간은 AI가 왜 그런 결정을 내렸는지도 알아야 했다.

이런 인간-AI 협력은 게임에만 국한되지 않는다. 딥마인드 연구진은 AI가 인간이 종종 놓치는 유망한 방향을 —혹은 잠재적인 막다른 길을―강조해 보여줌으로써 수학자가 정리와 증명을 만들어낼 수 있게 안내할 수 있다는 사실을 보였다.[72] 포커에서 그랬던 것처럼 AI는 결국 인간의 협력이 필요한 수준을 넘어설 수 있을까? 알파고가 이세돌을 격파하고 1년 뒤 딥마인드는 인간 바둑 기사의 대국을 학습하지 않고 바둑을 완전히 익힌 알고리즘인 알파고 제로를 발표했다. 알파고 제로는 자기 자신과 수백만 번 대국하며 적응하고 발전했다. 이후 알파고 제로는 원래 버전의 알파고와 100국 경기를 치렀는데, 전부 이겼다.

하지만 AI가 따라야 할 규칙을 명시하는 것이 항상 그렇게 쉬운 것은 아니다. 예를 들어 시뮬레이션 지형의 A지점에서 B지점으로 이동할 수 있는 비디오게임 로봇을 설계하고 싶다고 하자. 이 간단한―그리고 분명해 보이는―지시를 내렸을 때 초기의 AI 알고리즘은 A지점에 서 있다가 넘어지면서 B지점에 닿는 아주 키 큰 로봇을 설계하는 방식으로 대응했다. 기술적으로는 목표를 달성했지만, 인간이 생각했던 방식은 아니다.[73]

구글의 논문 「당신에게 필요한 건 관심뿐」이 올라온 2017년 6월 12일 오픈AI의 연구진은 「인간의 선호도 기반 심층 강화 학습」이라는 제목의 논문을 게시했다.[74] 연구진은 비디오게임의 로봇에게 백플립 같은 동작을 하라고 이야기하는 대신 로봇이 무작위로 두 가지 행동을 하게 한 뒤 어느 쪽이 더 나아 보이는지 인간이 선택하게 했다. 이 과정을 수백 번 반복하면서 AI는 점점 더 나아졌고, 마침내 백플립을 해낼 수 있게 됐다. 같은 방법을 사용해 인간은 AI가 퐁이나 시퀘스트 같은 아타리 게임에 정통해질 수 있게 돕기도 했다. 다시 말해 우리가 원하는 바를 항상 명확하게 이야기할 수 있는 것은 아니지만, 보면 알 수 있다는 것이다.

AI 개발자에게는 안타깝게도 큰 규모로 인간의 직관을 이용할 수 있는 쉬운 지름길은 아직 없다. LLM이 훈련에 인터넷 데이터를 마음대로 사용한다는 통념에도 불구하고 LLM의 성능 향상에는 인간이 적극적인 역할을 해왔다. 네팔이나 케냐와 같은 국가에 수천 명의 아웃소싱 인력이 있는 이유다.[75] 정확히 어떤 AI 기업이 이런 인력을 활용하는지는 분명하지 않다. 하지만 대부분의 성공적인 LLM의 경우 인간의 피드백은 훈련에 핵심적인 역할을 한다. 그리고 그 피드백은 어딘가에서 나올 수밖에 없다.

피드백 기반 훈련이 인간 작업자에게 위임된 유일한 일은 아니다. 역설적으로 AI는 인간 개발자가 컴퓨터에게 아웃소싱하고 싶어 하는 많은 기계적인 업무, 가령 데이터 세트에 추가적인 맥락과 레이블을 주석으로 다는 것과 같은 일에 어려움을 겪어왔다. 이런 일은 아직 인간의 직관이 컴퓨터보다 뛰어나다. 전에 본 적이 없는 '극단적인 사례'의 경우에 특히 더 그렇다. 2024년에 그런 극단적인 사례가 하나 있었는데, 라스베이거스에서 자율주행 택시가 소방차를 가로막은 사건이다. 다른 자동차는 비켜났지만, 로봇 택시는 계속 주행했다. 오류의 원인은 무엇이었을까? 그 소방차는 노란색이었고, AI는 빨간색 소방차를 인식하도록 훈련받았다.[76]

연구자들은 AI를 훈련할 때 고품질 데이터가 중요하다고 강조해왔다. 딥마인드의 한 연구진은 이렇게 표현하기도 했다. "합리적으로 설계한 모델의 성능을 결정하는 가장 중요한 요소는 훈련에 사용할 수 있는 컴퓨터와 데이터다."[77] 기업은 더욱더 복잡하고 매개변수가 방대한

LLM을 만들 수 있지만, 궁극적인 병목 현상은 그 안에 들어가는 정보의 가치와 이 정보를 이해하는 효율성에서 나타날 것이다.

인간의 경험과 직관이 갖는 분석력은 아직 불필요해지지 않았다. 실제로 언어에서 교통에 이르는 많은 분야에서 AI를 개선하는 데 도움이 되고 있다. 하지만 모든 인간이 자신의 강점을 기계에 이익이 되도록 사용하는 것은 아니다. 어떤 경우에는 AI의 잘 알려지지 않은 약점을 이용해 이익을 취하는 데 사용하고 있다. 일부 활동을 '초인간'적인 기계가 장악했다는 흔하고 확신에 가득 찬 믿음에도 불구하고, 어떤 사람들은 자신의 직감을 이용해 반격하고 있다.

인간의 눈에는 두 이미지가 똑같아 보였다. 둘 다 판다였다. 하지만 이미지 인식 알고리즘은 둘이 매우 다르다고 보았다. 첫 번째 이미지는 판다임이 58퍼센트 확실했지만, 두 번째 이미지는 긴팔원숭이인 것이 99퍼센트 확실했다. 두 번째 이미지에 있는—인간에게는 눈에 띄지 않는 희미한—디지털 워터마크는 AI의 판단을 혼란에 빠뜨리기에 충분했다.[78]

2010년 중반 고도로 발전했다고 하는 AI를 속여 인간에게는 쉬운 작업을 실패하게 만드는 '적대적 AI'의 사례가 나타나기 시작했다. AI 연구자 토니 왕Tony Wang은 이런 사례를 접하고 궁금증을 느꼈다. 신경망은 왜 그런 과제에 어려움을 겪을까? 왕은 "신경망 모델의 성능이 정말로 뛰어나다고 해도 우리와 완전히 똑같은 방식으로 작동하는 것은 아닙니다"라고 말했다.[79]

당시 연구자들은 무엇이 AI를 혼란스럽게 할 수 있는지에 관해 몇 가지 가설을 생각하고 있었다. 어쩌면 이미지 인식이 인간이 서둘러 잘못된 판단을 내릴 수 있게 하는 빠르고 본능적인 사고를 모방하는 데 너무 의존하고 있는 것은 아닐까? 만약 알고리즘을 더 숙고하게 만들어 가능한 선택지를 신중하게 탐색할 수 있다면, 오류가 줄어들지도 모른다. 또 다른 가설은 AI가 아직 충분히 발전하지 않았다는 것이다. 일단 AI가 어떤 실제 인간도 능가할 수 있는 진정한 초인간의 수준에 오르면 쉽게 속이는 것이 가능하지 않다는 가설이다.

이런 가설을 검증하려면 왕과 동료들은 생각이 깊으면서도 동시에 초인간적인 AI의 사례를 찾아야 했다. 한 가지 알고리즘이 눈에 띄었다. "항상 마음속으로 묻고 있던 질문은 '알파고 같은 것을 공격해보면 어떨까?'였습니다."

먼저 적을 알아야 했으므로 공개적으로 사용 가능한 바둑 AI 중에서 최고이며 원래의 알파고보다 우월했던 카타고KataGo를 목표로 삼았다. 바둑은 너무 복잡해서 최적의 전략이 증명되어 있지 않기 때문에 카타고와 같은 초인간적 AI도 승리 확률을 매우 높게 가져가는 것으로 만족해야 한다. 그것은 곧 약점을 찾을 수 있을지도 모른다는 뜻이었다. 왕과 동료들은 먼저 카타고의 의사결정 과정에 접근할 수 있는 '적대자' AI를 만들었다. 그리고 이 적대자를 계속해서 훈련하며 공격할 수 있는 약점을 찾았다.

2023년 왕과 동료들은 하나가 아닌 두 가지 취약점을 발견했다고 발표했다.[80] 이들이 발견한 첫 번째 전략은 '착수 포기 공격'이었다. 기괴한 수를 연속으로 두어 카타고가 착수를 포기하게 속여 넘겨 대국을 조기에 끝내는 수법이었다. 안타깝게도 그런 공격에 대비해 카타고를 강화하는 것은 비교적 쉬운 일이었다. 왕은 "한 단계만 앞서 보면 실수를 찾아낼 수 있고, 찾아내기만 하면 괜찮습니다"라고 말했다.

그래서 연구진은 조사를 멈추지 않고 마침내 '순환 공격'이라고 부르는 두 번째 전략을 찾아냈다. 카타고를 유인해 대마를 희생하게 만들어 대국에서 지게 하는 일련의 수였다. 어처구니없는 전략이었다. 아마추어 인간 바둑 기사조차도 이 전략을 예상하고 적대자를 물리칠 수 있었다. 하지만 바둑 AI가 인간의 직관을 모방한다고들 했지만 어떤 이유에서인지 카타고는 문제를 찾아내지 못했다. 더구나 카타고는 지기 직전까지도 자신의 승리를 매우 확신하고 있었다.

이는 단순히 더 생각이 깊은 알고리즘이나 초인간적인 성능을 갖는다고 해서 AI의 취약점이 사라지는 것은 아니라는 점을 시사한다. 마치 인간이 관심을 잘못 두는 바람에 재미있거나 놀라운 거짓 정보를 공유하는 것처럼 AI도 주의가 산만해지거나 세상에 대한 인식이 왜곡될 수 있다. AI가 아무리 훌륭해 보여도 약점은 불가피하게 생길 수 있다. "AI 시스템이 시나리오 A, B, C, D에서 잘 작동한다고 해서 반드시 시나리오 E에서도 잘 작동한다는 보장은 없습니다." 왕은 말했다. "믿음의 행동을 취할 수밖에 없지요."

왕에 따르면, 한 가지 해결책은 한 AI를 이용해 다른 AI의 약점을 찾는 자동화된 '레드팀'이다. 그는 이렇게 말했다. "우리의 AI 시스템이 점점 복잡해지고, 점점 범용적으로 발전하고, 점점 더 다양한 시나리오에 쓰이게 되면서 인간이 수동으로 모든 취약점을 찾는 것은 어려운 일이 될 겁니다."

우리는 단순한 NaN(수치가 아님) 입력 때문에 자동차가 벽을 들이 박는 이야기와는 거리가 먼 세상으로 이동하고 있다. 단순히 실수를 설명하는 것이 중요한 문제가 아니다. 우리는 어떤 취약점을 찾을지 결정해야 한다. 이것은 정보뿐만 아니라 상상력의 문제이기도 하다. AI가 동물을 잘못 인식하거나 바둑 같은 게임에서 진다면, 그것은 AI가 실패했다는 객관적인 증거가 된다. 하지만 좀 더 범용적인 AI의 '잘못된' 행동은 어떤 모습일까?

오픈AI는 GPT-4를 훈련한 뒤 바람직하지 않은 행동을 하지 않도록 추가 검증 과정을 거쳤다.[81] 그리고 한 가지 확인 목록은 안전에 관한 것이어야 한다고 결정했다. 챗GPT는 폭탄이나 위험한 화학물질을 만드는 방법을 알려주어서는 안 된다. 또한 인간 창조자의 설계 목적과 '정렬'됐는지도 확인했다. 챗GPT는 자신을 복제하거나 새로운 자원을 얻기 위해 추가적인 힘을 추구해서는 안 된다. 미국 헌법이 순차적으로 수정을 거치며 해로운 수정이 더 쉬워질 수 있다고 쿠르트 괴델이 걱정했듯이, 현대의 연구자들은 지적인 알고리즘이 더욱 지적이고 강력한 AI를 만들기로 작정할 수 있다고 우려한다.

훈련 뒤의 과정에는 몇 가지 대가가 따른다는 사실도 드러났다. 안전성과 정렬을 확인하는 단계를 거친 뒤 GPT-4는 스스로 확신 수준을 정의하는 능력이 훨씬 떨어졌다. 이상적으로는 AI가 답변에 확신할수록 답변이 옳을 가능성이 더 커야 한다. 이 확신 '보정'은—과소 확신이나 과대 확신을 처벌하는 것—예측을 평가하는 유용한 지표다. 하지만 GPT-4의 경우 추가 확인 과정에서 보정 능력이 감소했다. 기본 훈련을 받은 모델은 자신의 정확성을 평가하는 데 뛰어났지만, 더욱 안전하고 더욱 목적에 어울리는 모델은 그 일을 더 어려워했다. 인간의 가치를 만족하기 위해 잠재적인 판단력의 일부를 희생한 것이 분명해 보였다. 구글은 2024년 초 고생 끝에 이를 알아냈다. 제미나이Gemini 이미지 생성 앱이 이미지에 개연성 없는 인물을 계속해서 집어넣거나 문제가 없는 제안에 대해서도 완전히 응답을 거부하다가 멈추었던 것이다.[82] 제미나이는 편향적이거나 해로운 이미지를 방지하기 위해 미세 조정을 거쳤지만, 그 결과 모델은 의도보다 훨씬 더 신중하고 훨씬 더 부정확해졌다.

기술적 발전은 정렬 문제를 끝내지 못한다. 오픈AI의 피드백 기반 훈련 논문의 주저자였던 폴 크리스티아노Paul Christiano는 설계자가 원하는 일을 정확히 해내는 AI를 구축할 수 있다고 해도 그다음 과제는 무엇을 원하는 것이 '올바른'지 합의하는 것이라고 지적했다. "우리가 AI 정렬의 기술적 문제에서 성공한다면, AI 개발자는 자신의 시스템이 성적인 콘텐츠를 생성하거나 현재의 정치적인 사건에 관해 의견을 밝힐지 결정할 수 있는 능력을 갖게 될 것이다." 크리스티아노는 2022년에 이런 글을 썼다. "그리고 서로 다른 개발자는 서로 다른 선택을 할 수 있다."[83]

앞선 장에서 우리는 프로이센와 나폴레옹 법전에서 정해진 규칙을 정의하려다 실패했던 시도를 살펴보았고, 괴델의 불완전성 정리는 규칙이 다루지 못하는 모순이나 상황이 불가피함을 보여주었다. 이제 다시 한번 사회는 이 오래된 문제와 마주해야 한다. AI가 어디에 쓰여야 할지 결정하는 것은 단순히 정렬 연구자들만의 문제가 아니다. 정부와 규제 기관뿐만 아니라 기업과 고객도 그 결정에 참여해야 한다. 하지만 크리스티아노는 자신이 보기에 한 가지 예외가 있다고 지적했다. "내가 강력하게 밀어붙이고 싶은 결정이 하나 있다. AI 개발자는 모두의 죽음을 초래할 위험이 상당한 시스템을 개발하고 배포해서는 안 된다."

AI가 인류의 존재를 위협하는 선을 넘어서는 안 된다는 데 모두가 동의한다고 해도 AI가 그렇게 하지 않으리라고 증명하는 문제가 남는다. 신경망이 왜 그렇게 작동하는지 설명하기란 악명 높을 정도로 어렵다. 어떤 이들은 기술적으로 충분히 발전한다면 결국 특정 AI가 '안전'하다고—전통적인 수학의 관점에서—증명하는 것이 가능해질 테니 이런 AI만 민감한 컴퓨터 시스템에 접근할 수 있게 하면 된다고 주장한다.[84] 하지만 그때까지 우리에게 있는 것은 확률적 증명뿐이다. 확실한 결론이 아니라 어느 수준으로 확신할 수 있을지만 알 수 있다.

다른 이들은 AI가 인류를 쓸어버린다는 생각이 현실적인 위협이라기보다는 있을 법하지 않은 망령이라고 주장했다. 『당신에게 필요한 건 관심뿐』의 저자 중 한 명인 에이단 고메즈Aidan Gomez는 이미 다뤄야 할 문제가 많다며, 2023년 'AI 안전 서밋'을 앞두고 "잘못된 정보나 편향, 딥페이크 같은 매우 현실적인 AI의 문제를 진지하게 여겨야 할 때다"라고 말했다.[85] "만약 우리가 종말 시나리오에 정신이 팔려 에너지를 모두 써버린다면, 소셜 미디어가 부상하는 동안 저질렀던 실수를 다시 반복하게 될 것이다."

이런 논쟁 속에는 19세기 말에 외쳤던 주장의 잔향이 남아 있다. 인공지능은 미적분처럼 과학과 사회를 바꾸어놓고 있다. 하지만 초기 미적분과 마찬가지로 여전히 빈틈과 모호함이 남아 있고, 직관이 비틀거리고 논리가 실패하는 곳이 있다. 새로운 바이어슈트라스가 나타나 논란을 확신으로 바꿀 것인가? 아니면 반박할 수 없는 증명 위에 세워진 변혁적 변화의 시대는 오래전에 끝난 것일까? 어느 쪽이든 괴물을 찾는 또 다른 탐색이 시작된 것이다.

8장

불확실성 속에서
얼마나 손해를 감수할 것인가?

2020년 3월 2일 강의와 연구로 꽉 찬 하루를 마친 뒤 나는 블룸즈버리에 있는 내 런던 사무실에서 BBC 방송국까지 짧은 거리를 걸었다. 그곳에서 월요일 저녁 뉴스에 출연해 인터뷰를 하기로 되어 있었다. 전날 나와 동료들은 영국의 코로나19에 관한 암울한 새 시나리오를 완성했다. BBC의 인터뷰 진행자는 내게 현재 상황과 전염병의 향후 전개에 관해 물었다. 무엇이 다가오고 있는가? NHS가 감당할 수 있는 수준을 넘어설까?

그다음에 내가 한 말은 그 뒤로 몇 달 동안 내 마음을 무겁게 했다. 아니, 내가 하지 않은 말 때문에 그랬을지도 모른다. 나는 통제되지 않는 전염병이 우리의 보건 시스템을 위협할 수 있다고 지적하면서도 그것이 불가피한 일이라는 숙명론적인 말을 하지 않으려고 다소 우물쭈물하며 대답했다. 내 머릿속에는 코로나19 사망자가 수만 명에 달할 수도 있으며 우리 삶에도 극적인 변화가 생길 수 있음을 시사하는 추정치가 있었지만, 나는 그 추정치를 입 밖으로 내지 않았다. 당시의 다른 인터뷰에서도 마찬가지였다. 그 생각은 2020년 내내 내 마음을 사로잡았다. 내가 말했어야 했던 것일까?

만약 내가 방송에서 그 추정치를 언급했다면, 두 가지 문제가 생겼을 것이다. 하나는 당시에 깨달았지만, 다른 문제는 몇 달이 지나서야 완전히 이해할 수 있었다. 첫 번째 문제는 내가 인터뷰했을 때 우리는 아직 추정치를 어디에도 발표하지 않고 있었다는 점이다. 온라인 보고서나 논문도 없었고, 관련된 시뮬레이션 코드도 공개하지 않았다. 나는 공개된 증거로 뒷받침할 수 없는 주장을 언론에서 밝히지 않는다는 원칙을 따른다. 증명도 없이 수치만 인용해서 누구를 설득하겠다는 것일까? 과로로 지친 우리 연구진은 그달 말에 가까스로 추정치와 분석 코드를 공개할 수 있었다. 밝혀두자면, 임페리얼 칼리지 연구진이 2020년 3월 16일에 우리보다 먼저 보고서를 내놓았다. 하지만 관련 코드를 함께 공개하지 않아 증거에 빈틈이 생겼고, 언론은 곧 그 틈을 비판과 의심으로 채웠다.

몇 달 동안 나는 그 시기를 되새기며 좀 더 투명하게 공개했더라면 어떤 효과가 있었을지 궁금해했다. 만약 코로나19에 대한 우리의 초기 분석이 속도와 엄밀함, 공개 가능성이라는 연구의 까다로운 삼위일체를 만족했다면 어땠을까? 만약 실시간 데이터가 그렇게 판단이 어려울 정도로 누더기에 느리지 않았다면 어땠을까? 만약 우리가 마주한 상황이 그 시기에 널리 알려져 있었다면, 분명히 더 나은 논쟁과 더 나은 정책 결정이 가능했을 것이다.

여기서 훨씬 더 커다란 두 번째 문제가 생긴다. 2020년 여름이 되자 영국은 항체 연구와 무작위 공동체 검사, 사회적 접촉 조사 등 더 많은 데이터 출처를 확보했다. 우리도 라틴아메리카의 여러 지역에서 거리의 시신과 대량의 묘지, 과도한 사망률 등 통제하지 못한 코로나19가 일으킨 피해를 목격했다.[1] 이제 우리는 내가 팬데믹 초기에 그렇게 갈망했던 증거와 투명성을 갖춘 셈이었다.

그렇지만 2020년 8~9월에 영국에서 다시 감염이 증가했는데도 일부 언론이 문제가 없다는 식으로 나왔다. 이번에는 검사에 문제가 있고, 따라서 새로운 감염자를 발견한 것이 사실이 아니라고 고집을 부렸다. 이들은 일일 사망자 수는 여전히 낮아서 전염병이 퍼지고 있다 해도 걱정할 것이 없다고 주장했다. 많은 언론이 이런 목소리를 보도했고, 정치가의 귀에도 들어갔다. "우리는 정책에 관해 논쟁해야 했지만, 그 대신 현실에 관해 논쟁했다." 과학저널리스트 톰 휘플은 훗날 이렇게 표현했다. "무엇을 해야 할지 성숙하게 논의하는 대신 우리는 헛소리의 축제에서 두더지 잡기 게임이나 하고 말았다."[2]

내 실수는 전염병에 관한 충분한 증거가 공개되어 있다면 무슨 일이 벌어지고 있는지 명확하리라고 가정했던 것이다. 이 잘못된 가정은 여러 곳에서, 때로는 아주 익숙한 곳에서도 문제를 일으켰다. 2020년 영국에서 첫 봉쇄가 시작되고 몇 주 뒤에 내 아내가 코로나19의 영향을 제대로 이해하지 못하고 있었다고 말했다. "이렇게 오래 갈 거라고 당신이 말했을 때 사실 믿지 않았어." 그 모든 증거와 대화로도 나는 아내를 설득하는 데 실패했다는 사실을 깨닫지 못하고 있었던 것이다.

『원론』을 썼을 때 유클리드는 먼저 도형의 성질에 관한 '자명한' 공리를 서술했다. 이렇게 보편적으로 받아들여지는 사실을 먼저 확립해 놓지 않았다면, 뒤쪽의 정리를 증명하기란 불가능했을 것이다. 자명한 진리라는 개념은 이후 미합중국 건국 문서의 틀을 이루게 된다. 하지만 유클리드 기하학에서 영감을 받은 연구에서 결함이 드러났듯이 '국가적 공리' 역시 흔들리게 된다. 링컨이 깨달았듯이 그런 개념은 보편적으로 받아들여지는 자명한 사실이 아니라 증명해야 할 명제였다. 그러면 우리는 시끄러운 데이터와 더 시끄러운 의견으로 가득한 세상에서 이 증명 과정을 가속하기 위해 무엇을 할 수 있을까?

박사 과정 학생이었을 때 어느 날 아침 나는 그동안 증명에 관한 나의 태도가 얼마나 바뀌었는지를 깨닫고 깜짝 놀랐다. 나와 동료들은 커피를 마시며 그해의 STEP 시험 문제 몇 개를 살펴보고 있었다. STEP은 A레벨 학생이 영국의 주요 대학교 수학과에 진학하기 위해 치르는 시험이었다. STEP의 출제 의도는 학교 수준을 넘어서 대학교 수준의 수학에 더 어울리는 사고방식을 평가하는 것이다. 주관은 케임브리지 대학교였고, 내 동료 박사 과정 학생들이 종종 채점을 돕곤 했다. 답안지는 천차만별이었다. 계산은 물론이고, 나는 잘 봐달라고 장황하게 간청하는 내용이 있다거나 심지어는 문제지 사이에 지폐가 끼워져 있다는 이야기도 들었다.

학창 시절 STEP을 봤을 때 나는 물리학 문제가 가장 쉬웠다. 익숙한 공식을 새로운 문제에 적용하기만 하면 됐다. 수의 성질 같은 내용에 관한 개념적인 문제가 훨씬 더 어려웠다. 끝내기는커녕 어디서부터 시작해야 할지도 확실하게 알 수 없었다. 하지만 몇 년 뒤 그 케임브리지의 휴게실에서 STEP 문제지를 다시 보니 이번에는 정반대라는 사실을 깨달았다. 추상적인 문제가 쉬웠고, 물리학 문제를 도무지 풀 수가 없었다. 시간이 흐르며 기계적으로 배웠던 물리학 공식은 잊었지만, 폭넓은 문제를 다루는 데 필요한 논리 기법에 능숙해졌던 것이다.

엄밀함과 논리의 가치는 시험을 뛰어넘는다. 링컨은 왜 유클리드의 『원론』에 나오는 결론을 외워버리고 말지 않았을까? 왜 굳이 처음부터 끝까지 증명할 수 있도록 유클리드의 방법을 독학했던 것일까? 링컨에게 필요했던 것은 논리의 무기고였기 때문이다. 두 각의 크기가 같은 삼각형은 두 변의 길이도 같다는 사실을 안다고 해서 대통령 후보 토론회에서 이기는 것은 아니다. 하지만 '왜' 그런지 아는 것은 도움이 될 수 있다.

안타깝게도 현대 과학의 상당 부분은 여전히 '유의미한' p값에서부터 단순한 증거 피라미드에 이르기까지 기계적인 암기 학습이라는 구렁텅이에 빠져 있다. 하지만 과학적 증거에서 중요한 것은 규칙이 아니라 도구여야 한다. "특별한 비결은 없다." 수학자 마리암 미르자카니Maryam Mirzakhani는 이렇게 말했다.[3] "연구가 도전적이면서 매력적이기도 한 이유다. 마치 정글 속에서 길을 잃고 아는 지식을 총동원해 새로운 방법을 찾아내려고 하는 것과 같다. 운이 좋으면 빠져나갈 길을 찾을 수도 있다."

모순, 구성, 대우 등 몇몇 증명 도구는 수 세기, 아니 수천 년 전까지 거슬러 올라갈 수 있다. 하지만 오래된 방법으로는 다룰 수 없는 현대적인 문제가 많다. 우리는 더 이상 단순한 유클리드식 확실성과 뉴턴식 예측 가능성을 당연하게 여길 수 없다. 따라서 우리는 도구를 개선해야 한다. 여러 접근 방법과 데이터를 교차 검증하든 확률적 증명을 이용하든 인공지능의 제안을 따르든 말이다.

증명이 제공할 수 있는 것에 대한 우리의 관점도 업데이트해야 한다. 어떤 질문은 아예 손댈 수 없다고 해도 다른 질문에는 여전히 유용한 답을 제공할 수 있다. 아동의 건강에 관한 연구를 발표했을 때 재닛 레인 클레이폰은 근본적인 인과관계를 자세히 알지 못한다고 해도 피해를 회피할 수는 있다고 지적했다.[4] "현재 가용한 지식으로는 어떤 불리한 조건의 조합이 어떤 특정한 상태를 초래할 가능성이 큰지 정확하게 알 수 없다. 하지만 우리에게 무엇을 피해야 할지 알려주기에는 충분하다."

윌리엄 고셋은 이용 가능한 정보를 모두 활용하지 못하는 연구자에 대해 불평한 적이 있었다.[5] "'아, 이렇게 작은 표본으로는 아무것도 증명할 수 없어'라고 말하는 게 무슨 소용이란 말인가." 고셋은 한 친구에게 이렇게 말했다. "작은 표본도 온갖 것을 증명해온 게 사실이고, 중요한 건 그 결과에 얼마나 의존할 수 있는지를 가능한 한 정확하게 정의하는 거야. 당연히 변동성에 대한 정의가 형편없으면 우리는 손해를 보겠지. 하지만 얼마나 손해를 볼 것인가가 문제야."

만약 잃거나 얻을 수 있는 것이 있다면, 우리는 어느 시점에서 행동에 나설지 결정해야 한다. 의미 있는 증거로 간주할 수 있는 것은 무엇일까? 기네스에서 일하던 초창기에 고셋은 다소 순진하게도 수학자라면 기준을 어디로 잡아야 할지 알 것이라고 생각했다. 훗날 "난 관습적으로 충분하다고 여기는 수준의 확률이 있을지도 모른다고 생각했다"라고 기록하기도 했다. 로널드 피셔가 만들려고 시도했음에도 불구하고, 고셋은 현실 세계에서는 그런 정해진 임계점이 없다는 사실을 깨달았다. 충분한 증거의 기준은, 고셋이 말했듯이, "결론의 중요성과 적절한 경험을 얻는 데 따르는 어려움에 달려 있다."

특정 질문에 답할 수 있는 증거를 충분히 쌓을 수 있고 그 답이 옳다고 스스로 확신할 수 있다고 하더라도 우리에게는 다른 사람을 설득해야 하는 문제가 남는다. 이는 참과 거짓 정보의 사다리를 이해하고 적절한 단계에서 알맞은 행동을 취해야 한다는 뜻이다. 이는 단지 데이터나 연구에 관한 문제가 아니다. 심리학, 정치, 사전 믿음에 관한 문제다.

무작위한 사건과 모호한 원인을 마주하면 그럴듯한 서사나 단순화된 설명에 눈이 가게 마련이다. 근본적인 과학적 방법론에 익숙해지는 것이 대단히 중요한 이유다. 과학적 증거를 단순한 관점에서 바라보면 지나친 믿음에서 지나친 환멸로 이어지는 길을 가게 될 위험이 있다. 연구자에서 기자에 이르기까지 우리 사회는 이 과정이 어떻게 이루어지는지를, 있는 그대로 전부 소통하는 능력을 키워야 한다. 이완 버니가 다음과 같이 말했듯이 말이다. "저는 종종 과학이 늪 위에 집을 짓는 것과 같다고 이야기합니다. 기초를 놓고 큰 구조물을 지어야 하지만, 때로는 기초를 제대로 놓지 못해서 벽이 통째로 무너지곤 하지요."[6]

과학과 증거가 점점 더 복잡해지고 컴퓨터 사용이 늘어남에 따라 그런 소통은 더욱 어려워질 것이다. 19세기에 링컨은 변호사로 바쁘게 일하는 가운데 유클리드의 정리를 증명하는 방법을 독학했다. 그 직후 앙리 푸앵카레는 자신의 생전에 존재했던 순수수학과 응용수학의 모든 측면에 정통한 '마지막 만능인'이 됐다. 오늘날 수학과 과학은 훨씬 광범위해졌고, 연구자들은 비교적 더 전문화되어 있다. 그 과정에서 증거에 대한 접근성은 더욱 좋아지는 동시에 더욱 나빠지고 있다. 지금은 전보다 더 많은 연구를 자유롭게 읽을 수 있게 됐고, 관련 데이터도 다운로드할 수 있다. 하지만 슈퍼컴퓨터를 이용할 수 없다면, AI 모델이나 기후 시뮬레이션 같은 가장 주목할 만한 연구의 배경에 있는 방법론을 깊이 파고들 수 없을 것이다. 증명은 점점 더 신뢰에 의존하게 될 것이다. 연구자에 대한 신뢰, 기관에 대한 신뢰, 그리고 기계에 대한 신뢰에.

신뢰의 문제와 함께 증거를 충분히 빠르게 해석해야 한다는 문제도 있다. 모든 정보를 이용할 수 있다고 해도 그 양이 너무 많으면 도움이 되면서도 부담스러울 수 있다. 몇 년 전, 한 병원의 응급 환자 치료에 대한 24시간 감사에서 환자 18명이 44가지 진단을 받았다는 결과가 나왔다. 이들의 즉각적 치료에 해당하는 국가 지침은 3,679쪽에 달했다.[7] 과학철학자들은 종종 실험과 관찰을 통해 바로잡고 정련하는 지식의 점진적인 축적에 초점을 맞춘다. 역학자 앨리스 스튜어트의 표현대로라면, "진실은 시간의 딸이다."[8] 그러나 진실이 결국 승리한다는 생각은 다가오는 재앙을 마주했을 때 별로 도움이 되지 않는다.

많은 중요한 상황에서 증명은 시간의—도움이 아니라—제약을 받는다. 범죄로 기소된 사람이 올바른 판결을 기다리고 싶은 마음이 없듯이 중병에 걸린 환자도 올바른 진단을 기다리고 싶어 하지 않는다. "모든 과학적 업적은 지식의 진보에 따라 뒤집히거나 바뀔 수 있다." 오스틴 브래드퍼드 힐은 이렇게 말한 바 있다.[9] "그렇다고 해서 우리에게 이미 알고 있는 지식을 무시하거나 어떤 시점에서 그 지식이 요구하는 것으로 보이는 행동을 미룰 자유가 생기는 건 아니다." 팬데믹에서 기후 변화, 적대적 AI에 이르기까지, 재앙이 닥친 뒤에야 입증이 이루어진다면 재앙이 다가오고 있다는 사실을 아는 것만으로는 충분하지 않다.

증명을 다루기 위해서 우리는 오류와 편향의 덤불 속으로 손을 뻗어야 한다. 괴물과 맞서고, 불확실성을 받아들이며, 우리 믿음의 균형을 잡아야—그리고 다시 잡아야—한다. 우리는 유용한 데이터 조각을 모두 찾아내고, 관련된 모든 도구를 수집하며, 더 넓게 탐색하고, 더 높이 올라가야 한다. 나쁜 것들 중에서 좋은 기초를 찾아야 한다. 독단과 거짓을 피해야 한다. 질문해야 한다. 측정해야 한다. 삼각 검증을 해야 한다. 설득해야 한다. 그러면 아마도, 정말 아마도, 우리는 제때 진실에 도달할 수 있을 것이다.

감사의 글

증명은 매우 큰 주제로, 책 한 권에 담을 수 있는 것보다 훨씬 더 많은 훌륭한 연구가 있다. 이런 가능성의 산 앞에서 나는 확실성의 과학 중 내가 보기에 가장 중요하고, 시사하는 바가 크고, 제대로 인정받지 못한 측면을 다루는 연구와 이야기를 골랐다. 그 결과 이 책은 가능한 한 철저하기보다는 필요한 만큼만 자세하게 쓰였다.

특히 이 책을 쓰는 동안 내게 시간과 지식을 나누어준 모든 분께 감사드리고 싶다. 조시 앵그리스트, 로버트 바틀릿, 이완 버니, 케빈 클러몬트, 조지 데이비 스미스, 앵거스 디턴, 주디 구에론, 엔리케 구에라 푸졸, 지크 하우스파더, 브라이언 커니건, 시라 미첼, 줄리아 모테라, 캐서린 올리버, 매니시 라가반, 줄리아 로러, 메건 스티븐슨, 로시오 티티우니크, 토니 왕, 피터 화웰, 톰 휘플이 그들이다. 내가 역사 자료를 찾도록 도와준 런던 위생열대의학 대학원 도서관 및 자료 보관소의 앨리슨

포시와 클레어 프랭클린, 웰컴 도서관의 사우렌 블래니에게도 감사를 전한다. 이 최종 원고에 오류가 있다면, 전적으로 내 책임이다.

프로파일 출판사의 뛰어난 편집자인 세실리 게이포드와 이지 에버링턴, 교정 작업을 맡아준 사라 데이에게도 감사드린다. 내 에이전트인 피터 탤랙은 내가 세 권의 책을 마무리하는 동안 사려 깊고, 통찰력 있는 조언과 인도로 나를 이끌어주었다.

내가 새로운 책에 관해 이야기했을 때 흥미로운 관점과 일화를 들려준 여러 친구와 동료, 그리고 앞의 몇 장을 읽고 의견을 전해준 그레이엄 휠러에게도 감사를 전한다. 지금까지 책을 낼 때면 항상 그랬듯이 나의 부모님도 초고에 관해 귀중한 의견을 주셨다.

마지막으로 매일 나를 더욱 행복하고 영감으로 가득하게 해주는 사람들에게 감사하고 싶다. 첫 책을 쓰기 시작했을 때 나는 혼자였다. 두 번째 책을 끝냈을 때 내 옆에는 멋진 아내 에밀리가 있었다. 그리고 이 세 번째 책을 쓰는 동안 우리는 운 좋게도 셋이 됐고, 다시 넷이 됐다.

재현성을 보장하기 위해, 책에 실린 그림을 생성하는 데 필요한 모든 데이터와 코드는 다음의 링크를 통해 확인할 수 있습니다. github.com/adamkucharski/proof/

들어가며

1. R. Booth, 'Volcano chaos as Iceland eruption empties skies in Britain', *Guardian*, 15 April 2010.

2. Historical background from: K. Sanderson, 'Questions fly over ash-cloud models', *Nature*, Vol. 464 (1253), 29 April 2010; Royal Aeronautical Society, 'Under the ash cloud', *Aerospace International*, 7 January 2011.

3. Background on real-time analysis: Sanderson, 'Questions fly over ashcloud models'; Institution of Mechanical Engineers Report, 'Volcanic ash: to fly or not to fly?', 30 October 2010; 'Small eruption in Iceland', *Economist*, 22 April 2010; M. Quandt, 'Is the flight ban justified or a scandal?', *Bild*, 18 April 2010; L. C. S. Budd et al., 'A fiasco of volcanic proportions? Eyjafjallajokull and the closure of European airspace', *Mobilities*, Vol. 6 (1), February 2011; S. Emeis al., 'Measurement and simulation of the

16/17 April 2010 Eyjafjallajokull volcanic ash layer dispersion in the northern Alpine region', *Atmospheric Chemistry and Physics*, Vol. 11, 22 March 2011.

4. 'KLM pushes to resume passenger flights after tests', *Independent*, 18 April 2010.

5. Quotes from: Z. Crockett, 'The time everyone "corrected" the world's smartest woman', *Priceonomics*, 19 February 2015; J. Tierney, 'Behind Monty Hall's doors: puzzle, debate and answer?', *The New York Times*, 21 July 1991. The goat in the graphic has been released into the public domain by its author, LadyofHats (WikiCommons, 2010).

6. Goat drawing credit: LadyofHats via Wikimedia Commons; commons.wikimedia.org/ wiki/File:Goat_silhouette_02.svg

7. A. Vazsonyi, 'Which door has the Cadillac?' *Decision Line*, 1999.

8. W. T. Herbranson and J. Schroeder, 'Are birds smarter than mathematicians? Pigeons (*Columba livia*) perform optimally on a version of the Monty Hall dilemma,' *Journal of Comparative Psychology*, Vol. 124 (1), February 2010; J. E. Mazur and P. E. Kahlbaugh, 'Choice behavior of pigeons (*Columba livia*), college students, and preschool children (*Homo sapiens*) in the Monty Hall dilemma', *Journal of Comparative Psychology*, Vol. 124 (1), February 2010.

9. A. Weiner, 'Knowledge and true opinion in Plato's Meno,' *Pseudo-Dionysius*, Vol. 17, 2015.

10. M. vos Savant, 'Are men smarter than women?' *Parade*, 17 July 2005.

11. S. Knight, 'Is a high IQ a burden as much as a blessing?', *Financial Times*, 10 April 2009.

12. 엄밀히 말하면 SARS-CoV-2는 병원체이고 COVID-19는 질병이지만, 가독성과 현대 언론 보도의 문체적 일관성을 위해 감염과 질병 모두를 지칭할 때 '코로나 바이러스 (COVID)'라는 표현을 사용한다.

13. M. vos Savant, Column, *Parade*, 7 July 1991.

1장. 유클리드에서 독립선언까지, 국가적 공리의 균열

1. Quotes from: Lincoln Financial Foundation Collection, Early Speeches of Abraham Lincoln, 1830–1860.

2. 'History group re-traces Lincoln's Connecticut appearances', *Norwich Bulletin*, 2 March 2009.

3. W. M. Thayer, *Abraham Lincoln: the Pioneer Boy and How He became President* (London,

Hodder and Stoughton, 1889).

4. Portions of this chapter and the next are adapted from *Euclid as Founding Father* by Adam Kucharski, originally published by Nautilus (2016).

5. J. Casey, *The First Six Books of the Elements of Euclid* (London, Longmans, Green & Co., 1885).

6. Note that later translations of *The Elements* referred to 'common notions' rather than 'axioms', but the version Lincoln would have read is used here. More: D. R. Wilkins, 'The axiom system of Book I of Euclid's Elements of Geometry: resources related to Euclid's Elements of Geometry', Trinity College Dublin.

7. L. N. H. Bunt et al., *The Historical Roots of Elementary Mathematics* (New York, Dover, 1988).

8. J-L. Chabert (ed.), *A History of Algorithms, from the Pebble to the Microchip* (Springer, 1999).

9. J. J. O'Connor and E. F. Robertson, *Mathematics in Egyptian Papyri* (MacTutor, 2000).

10. J-L. Chabert (ed.), *A History of Algorithms, from the Pebble to the Microchip* (Springer, 1999).

11. I. Kleiner, 'Rigor and proof in mathematics: a historical perspective', *Mathematics Magazine*, Vol. 64 (5), 1991.

12. Background from: B-A. Scharfstein, *The Philosophers: Their Lives and the Nature of Their Thought* (Oxford University Press, 1980).

13. J. Locke, *An Essay Concerning Human Understanding* (Oxford University Press, 1700).

14. J. Locke, *Second Treatise of Civil Government* (1689).

15. Voltaire, *The Philosophical Dictionary* (1764), this edition trans. by H. I. Woolf (New York, Knopf, 1924).

16. I. Kant, *Critique of Judgment* (1790).

17. W. Isaacson, 'Declaring independence: how they chose these words', *Time Magazine*, 7 July 2003.

18. *Memoirs of Benjamin Franklin*, Vol. 2, Project Gutenberg (2012).

19. J. Weik, *The Real Lincoln: A Portrait* (Boston, Houghton Mifflin, 1922).

20. G. H. Hardy, *A Mathematician's Apology* (Cambridge, Cambridge University Press, 1940).

21. R. L. Miller, *Lincoln and His World*, Vol. 3 (Jefferson, NC, McFarland, 2012).

22. W. H. Herndon and J. W. Weik, *The History and Personal Recollections of Abraham Lincoln* (New York, World Publishing Co., 1921),

23. W. J. Bennett, *America: The Last Best Hope* (Edinburgh, Thomas Nelson, 2012).

24. A. Lincoln, Speech on the Dred Scott Decision, Speech at Springfield, Illinois, 26 June 1857.

25. A. Lincoln, Fourth Debate: Charleston, Illinois, 18 September 1858 (National Park Service).

26. Specifically, the 13th, 29th and 31st.

27. Bennett, America: *The Last Best Hope.*

28. A. Lincoln, Cooper Union Address, 27 February 1860 (National Park Service).

29. 링컨은 그것이 '인간을 재산으로 삼을 수 있다는 발상을 헌법에서 배제하기 위해 의도적으로 사용한 것'이라고 말했다.

30. A. Lincoln, Speech at New Haven, 6 March 1860 (The History Place).

31. Protocol dated 11 December 1779: 'Die sind arger als die gro.ten Spitzbuben, die in der Welt sind, und meritiren eine doppelte Bestrafung.'

32. D. M. Luebke, 'Frederick the Great and the celebrated case of the Millers Arnold (1770–1779): a reappraisal', *Central European History*, Vol. 32 (4), December 1999.

33. H. K. Lucke, 'The European Natural Law Codes: The Age of Reason and the Powers of Government', *University of Queensland Law Journal*, Vol. 31 (1), 2012.

34. From: www.biography.com/scholar/voltaire

35. N. C. Sorel, 'When Frederick the Great met Voltaire', *Independent*, 14 October 1995.

36. J. Austin, *Lectures on Jurisprudence, or, the Philosophy of Positive Law* (London, John Murray, 1875).

37. J. H. Merryman and R. Perez-Perdomo, *The Civil Law Tradition* (California, Stanford University Press, 2007).

38. F. Lieber, *Legal and Political Hermeneutics* (1839).

39. Austin, *Lectures on Jurisprudence, or, the Philosophy of Positive Law*; Merryman and Perez-Perdomo, *The Civil Law Tradition.*

40. S. A. Kenton, 'Mathematical foundations of constitutional law', *Mathematics Magazine*, Vol. 52 (4), 1979.

41. Austin, *Lectures on Jurisprudence, or, the Philosophy of Positive Law.*

42. A. Lincoln, Peoria Speech, 16 October 1854 (National Park Service).

43. Letter to Henry L. Pierce and others, 1859.

2장. 논리가 수학적 괴물을 만들다

1. D. W. Graham, *The Texts of Early Greek Philosophy* (Cambridge University Press, 2010).

2. Portions of this chapter are adapted from 'Math's beautiful monsters' by Adam Kucharski, which originally appeared in the 2014 Spring Quarterly edition of Nautilus magazine. Background on Weierstrass: J. J. O'Connor and E. F. Robertson, *Karl Theodor Wilhelm Weierstrass* (MacTutor History, 1998); M. Miller, *The Life and Mathematics of Karl Weierstrass, Harrison Potter History of Mathematics* (2007).

3. Background history on calculus: W. Dunham, *The Calculus Gallery* (Princeton University Press, 2005).

4. R. S. Westfall, *Never at Rest: A Biography of Isaac Newton* (Cambridge University Press, 1979).

5. Source: Lindemann–Weierstrass theorem (1882).

6. G. Nowak, 'Riemann's Habilitationsvortrag and the synthetic a priori status of geometry', *Proceedings of the Symposium on the History of Modern Mathematics*, 1989.

7. M. Lucibella, 'June 10, 1854: Riemann's classic lecture on curved space', APS News, 2013.

8. Proposition XXXII in Casey edition of *The Elements*.

9. Letter to Ferdinand Schweikart, 1824,

10. R. Brown, *The Miscellaneous Botanical Works of Robert Brown*, Vol. 1, ed. John J. Bennett (Hardwicke, 1866).

11. A. E. Kyprianou, 'Brownian motion or Lucretian motion?', Bath University post, 2012.

12. Background on history of Brownian motion: E. Nelson, *Dynamical Theories of Brownian Motion* (Princeton University Press, 1967); P. Pearle et al., 'What Brown saw, and you can too', *American Journal of Physics*, Vol. 78, 2010.

13. Background on Cantor: J. W. Dauben, 'Georg Cantor and the battle for transfinite set theory', in G. Brummelen and M. Kinyon, *Mathematics and the Historian's Craft* (Springer, 2005); F. Q. Gouvea, 'Was Cantor surprised?', *American Mathematical Monthly*, March 2011.

14. Letter to Heinrich Schumacher, 1831.

15. Letter to Heman, 21 June 1888.

16. B. Russell, *Principles of Mathematics* (Abingdon, Routledge Classics, 2010).

17. R. M. French, 'The Banach–Tarski theorem', *Mathematical Intelligencer*, Vol. 10 (4), 1988.

18. H. Poincare, *Science and Method* (Edinburgh, Thomas Nelson, 1914) (French edition published in 1908).

19. K. Chemla, 'Different concepts of equations in *The Nine Chapters on Mathematical Procedures* and in the commentary on it by Liu Hui (3rd century)', *Historia Scientarum*, 1994.

20. D. Mumford, 'What's so baffling about negative numbers? – a crosscultural comparison', *Studies in the History of Indian Mathematics*, 2010.

21. A. Papadopoulos and S. G. Dani (eds.), *Geometry in History* (New York, Springer, 2019).

22. E. Nelson, *Dynamical Theories of Brownian Motion* (Princeton University Press, 1967).

23. R. Feynman, *The Brownian Movement. The Feynman Lectures of Physics*, Volume 1, 1964.

24. A. Einstein, *Investigations on the Theory of the Brownian Movement*, edited with notes by R. Furth, trans. A. D. Cowper (New York, Dover, 1956).

25. K. Itō, 'My sixty years along the path of probability theory', Inamori Foundation, 1999.

26. Generated using the geostats R package (Vermeesch, 2023). Code available from: github.com/adamkucharski/proof

27. B. B. Mandelbrot, *The Fractal Geometry of Nature* (New York, W. H. Freeman, 1982).

28. J. Carey, *What Good are the Arts?* (Oxford University Press, 2005).

29. P. Picasso, 'Picasso speaks: a statement by the artist', *The Arts: An Illustrated Monthly Magazine Covering All Phases of Ancient and Modern Art*, Vol. 3 (5), 1923.

30. B. West et al., *Physics of Fractal Operators* (Maryland, AIP Publishing, 2003).

31. J. Cepelewicz, 'Computer proof "blows up" centuries-old fluid equations', *Quanta*, 12 April 2022.

32. D. Burnham, 'Immanuel Kant: aesthetics', Internet Encyclopedia of Philosophy.

33. Mandelbrot, *The Fractal Geometry of Nature*.

34. Background: E. Warner, 'Splash talk: the foundational Crisis of Mathematics', Columbia University, 2013; I. Kleiner, 'Rigor and proof in mathematics: a historical perspective', *Mathematics Magazine*, Vol. 64 (5), 1991.

35. N. Wolchover, 'How Godel's proof works', *Quanta*, 14 July 2020; 'Godel's incompleteness theorems', *Stanford Encyclopedia of Philosophy*, 2020.

36. F. E. Guerra-Pujol, 'Godel's loophole', *Capital University Law Review*, Vol. 41, 2013.

37. Author interview, September 2022.

38. K. Popper, *The Open Society and Its Enemies* (Abingdon, Routledge, 1945).

39. A. Lincoln, The Gettysburg Address, 19 November 1863.

40. A. Lincoln, Speech on the Dred Scott Decision, Speech at Springfield, Illinois, 26 June 1857.

41. Background: 'Separate but equal: the law of the land'. From: americanhistory.si.edu; Separate Is Not Equal. From: civilrightstrail.com

42. 'Japanese-American Incarceration during World War II'. From: www.archives.gov; O. B. Waxman, '5 myths about the 19th amendment and women's suffrage, debunked', *Time*, 18 August 2020.

43. S. A. Kenton, 'Mathematical foundations of constitutional law', *Mathematics Magazine*, Vol. 52 (4), 1979; E. P. Robinson, 'Free speech wasn't so free 105 years ago, when "seditious" and "unpatriotic" speech was criminalized in the US', *The Conversation*, 13 May 2021.

44. B. Obama, Remarks by the President on the Supreme Court Decision on Marriage Equality, White House, 26 June 2015.

45. Lincoln, The Gettysburg Address, 3.

3장. 죄인 100명 vs 무고한 한 명, 정의의 거울은 어디로 기우는가?

1. Background: J. Wheeler, *Abraham Lincoln, a Man of Faith and Courage: Stories of Our Most Admired President* (London, Simon & Schuster, 2008); R. L Doescher and D. W, Olson, 'Lincoln and the almanac trial', *Astronomical Computing*, Vol. 80 (2), 1990; 'Duff ' Armstrong Trial: 1858 Suggestions for Further Reading. From: law.jrank.org

2. Letter From George Washington to Robert Hanson Harrison, 28 September 1789.

3. M. Widener, 'Justice as a sign of the law: the fool blindfolding justice', Lillian Goldman Law Library, 24 September 2011.

4. R. J. Ferguson, 'The ancient Egyptian concept of Maat: reflections on social justice and natural order', Research paper series: Centre for East–West Cultural & Economic Studies, 2016.

5. B. A. Knox, 'The visual rhetoric of Lady Justice: understanding jurisprudence through "metonymic tokens"', *Inquiries Journal*, Vol. 6 (5), 2014.

6. F. Allhoff, 'Wrongful convictions, wrongful acquittals, and Blackstone's ratio', *Australian Journal of Legal Philosophy*, Vol. 43, 2018.

7. Letter to Benjamin Vaughan (unpublished), Franklin Papers, March 1785.

8. 'Blackstone's ratio: is it more important to protect innocence or punish guilt?', Cato Institute. From: www.cato.org

9. M. C. Werlau, 'Che Guevara forgotten victims', Free Society Project Inc., 2011.

10. L. Daston, 'Condorcet and the meaning of enlightenment', *Proceedings of the British Academy*, 151, 2007; M. Condorcet, *Discours preliminaire*, 1785.

11. R. Olry and G. Dupont, 'Did Jean Condorcet (1743–1794) commit suicide?', *Journal of Medical Biography*, Vol. 14 (3), 2006.

12. J. W. Keijser et al., 'Wrongful convictions and the Blackstone ratio: an empirical analysis of public attitudes', *Punishment and Society*, Vol. 16 (1), 2014.

13. J. Q. Whitman, 'What are the origins of "reasonable doubt"?', History News Network, 2022.

14. J. O. Newman, 'Taking "beyond a reasonable doubt" seriously', *Judicature*, Vol. 103 (20), 2019.

15. Frankin J. Case comment – United States v. Copeland, 369 F. Supp. 2d 275 (E.D.N.Y. 2005): quantification of the 'proof beyond reasonable doubt' standard, Law, *Probability and Risk*, Vol. 5 (20), June 2006.

16. L. Laudan and H. Saunders, 'Re-thinking the criminal standard of proof: seeking consensus about the utilities of trial outcomes', SSRN, 29 March 2009.

17. K. M. Clermont and E. Sherwin, 'A comparative view of standards of proof ', Cornell Law Faculty Publications, 2002; M. Schweizer, 'The civil standard of proof – what is it, actually?' *International Journal of Evidence & Proof*, Vol. 20 (3), 2016.

18. Author interview, December 2022.

19. Clermont and Sherwin, 'A comparative view of standards of proof '.

20. A. Esmein, 'A history of continental criminal procedure: with special reference to France, 1848–1913, 1913. From: archive.org

21. R. G. Bloemberg, 'The development of the 'modern' criminal law of evidence in English law and in France, Germany and the Netherlands: 1750–1900', *American Journal of Legal History*, Vol. 59 (3), 2019.

22. Clermont and Sherwin, 'A comparative view of standards of proof '.

23. T. Wagner, 'With 1-year-old baby nearby, trio fights with knife over a Cash App card', *Observer*, 10 November 2022; J. Cardinale, 'Muhammad Syed's public safety assessment recommends he be released before trial', KOAT, 11 August 2022; S. Hawkins, '2 men busted with 150,000 fentanyl pills released without bail', 28 June 2022, FOX 26 News.

24. Author interview, November 2022.

25. M. Stevenson, 'Assessing risk assessment in Action', *Minnesota Law Review*, Vol. 103, 2018.

26. J. Angwin et al., 'Machine bias', ProPublica, 2016.

27. J. Kleinberg et al., 'Inherent trade-offs in the fair determination of risk scores', arXiv, 2016.

28. S. Corbett-Davies et al., 'A computer program used for bail and sentencing decisions was labeled biased against blacks. It's actually not that clear', *Washington Post*, 17 October 2016.

29. Author interview, August 2022.

30. Author interview, November 2022.

31. Stevenson, 'Assessing risk assessment in action'; Additional analysis: A. Albright, 'If you give a judge a risk score: evidence from Kentucky bail decisions', Harvard, 2019.

32. A. Adams, 'California bail reform efforts coming up short, according to study by UCLA Law, Berkeley Law', *UCLA News*, 26 October 2022.

33. Author interview, April 2023.

34. R. Wexler, 'Code of silence', *Washington Monthly*, 11 June 2017.

35. K. Lum and W. Isaac, 'To predict and serve?' *Significance*, Vol. 13 (5), October 2016; S. Ho and G. Burke, 'An algorithm that screens for child neglect raises concerns', AP News, 29 April 2022.

36. M. Raghavan, 'Mitigating bias in algorithmic hiring: evaluating claims and practices', SSRN, 2019.

37. Background on juries: S. Anand, 'The origins, early history and evolution of the English criminal trial jury', *Alberta Law Review*, December 2020; D. Klerman 'Was the jury ever self-informing?', USC Public Policy Research Paper, 2001.

38. W. Blackstone, Amendment VII, Commentaries, 1768.

39. C. Bremner, 'France axes jury trials for most rape cases', *The Times*, 3 January 2023.

40. Supreme Court Judgments. R. v. Pan; R. v. Sawyer, SCC Case Information, 2001.

41. Judgments–Regina v. Connor and another (Appellants) (On Appeal from the Court of Appeal (Criminal Division)) Regina v. Mirza (Appellant) (On Appeal from the Court of Appeal (Criminal Division)) (Conjoined Appeals). House of Lords, 22 January 2004.

42. Background on case: J. Gans, *The Ouija Board Jurors: Mystery, Mischief and Misery in the Jury System* (Reading, Waterside Press, 2017); U. Nedim, 'Jury asks dead man if defendant is guilty of murder', Sydney Criminal Lawyers, 31 July 2015; M. Dulaney and D. Carrick, '"Who killed you?" The jurors who used a Ouija board to find a

murderer guilty', ABC News, 7 May 2018; '"Ouija board" appeal dismissed', BBC News, 7 December 2004.

43. S. Poisson, *Researches into the Probabilities of Judgements in Criminal and Civil Cases* (Paris, 1837). Translated by Oscar Sheynin, 2013.

44. Background on case: The Howland will case, *American Law Review*, 1870; P. Meier and S. Zabell, 'Benjamin Peirce and the Howland will', *Journal of the American Statistical Association*, Vol. 75, 1980.

45. K. Pearson, 'The scientific aspect of Monte Carlo', *Fortnightly Review*, 1894.

46. K. Pearson, 'On the criterion that a given system of deviations from the probable in the case of a correlated system of variables is such that it can be reasonably supposed to have arisen from random sampling', *Philosophical Magazine Series*, 1900.

47. D. H. Kaye, 'Is proof of statistical significance relevant?' Penn State Law, 1986.

48. D. White, 'Angel of death: Italian nurse who loved "playing God" is feared to have killed 38 patients with lethal injections', *Sun*, 22 December 2020; F. Dotto et al, 'Statistical analyses in the case of an Italian nurse accused of murdering patients', arXiv, December 2022.

49. Author interview, April 2023.

50. '"The killer nurse" was not a killer: two acquittals for Daniela Poggiali', Unioneonline, 25 October 2021; A. Colombari, 'Caso Poggiali, assolti anche primario e caposala "perche il fatto non sussiste"', *Il Resto del Carlino*, 9 October 2023.

51. 'Italian nurse acquitted of murder after statistical analysis', Universiteit Leiden, 25 April 2022; C. O'Grady, 'Unlucky numbers: fighting murder convictions that rest on shoddy stats', *Science*, 19 January 2023.

52. R. D. Gill et al., 'Elementary statistics on trial (the case of Lucia de Berk)', arXiv, 2010.

53. K. M. Clermont, 'The logic of uncertainty in law and life', Cornell Law School research paper, 20 January 2020.

54. M. S. Pardo, *The Paradoxes of Legal Proof: A Critical Guide*, SSRN, 2019.

55. L. H. Tribe, 'Trial by mathematics: precision and ritual in the legal process', *Harvard Law Review*, Vol. 84, 1971.

56. A. Banerjee, 'Code of Ur-Nammu: the oldest law codes (Sumer, Southern Mesopotamia)' (Medium, 2022).

57. E. Houts, 'Gender and authority of oral witnesses in Europe (800–1300)', *Transactions of the Royal Historical Society*, Vol. 6 (9), 2009.

58. A. Agathocleous, 'How eyewitness misidentification can send innocent people to

prison', The Innocence Project, 15 April 2020.

59. Committee on *Science*, Technology, and Law, *Identifying the Culprit: Assessing Eyewitness Identification* (Washington: National Academies Press, 2014).

60. J. T. Wixted et al., 'Initial eyewitness confidence reliably predicts eyewitness identification accuracy', *American Psychologist*, Vol. 77 (6), 2015.

61. M. J. Saks and J. J. Koehler, 'The coming paradigm shift in forensic identification science', *Science*, Vol. 309 (5736), 2005.

62. The Howland will case, *American Law Review*, 1870.

63. The Innocence Project, 'DNA Exonerations in the United States (1989–2020)'. From: www.innocenceproject.org

64. I. Sample, 'Police in England and Wales botch more than 1,500 DNA samples', *Guardian*, 9 February 2023.

65. Background on case: K. Flinders, 'Post Office supported 1999 law change that eased prosecutions using computer evidence', *Computer Weekly*, 25 November 2021; K. Flinders, 'IT scandal exposes legal rule that made it easy for Post Office to prosecute the innocent', *Computer Weekly*, 20 January 2021.

66. K. Flinders, 'Post Office settles legal dispute with subpostmasters, ending 20-year battle for lead claimant', Computer Weekly, 11 December 2019.

67. Civil Litigation Case of the Year: Bates -V- the Post Office: Litigating in the Face of 'Institutional Paranoia', Civil Litigation Brief, 2019.

4장. 차 시음과 맥주 양조, 우연이 낳은 통계의 규칙

1. N. Sander, *Rise and Growth of the Anglican Schism* (Burns & Oates, 1877); Letters and Papers, Foreign and Domestic, Henry VIII, Vol. 6, 1533. Originally published by Her Majesty's Stationery Office, London, 1882.

2. H. J. Jones, *The Folk-Tales of the Magyars*, collected by Kriza, Erdelyi, Pap, and Others (Project Gutenberg, 2013).

3. A. Lange and G. B. Muller, 'Polydactyly in development, inheritance, and evolution, *Quarterly Review of Biology*, Vol. 92 (1), 2017.

4. Ibid. 'Sed sunt naturaliter et ex natura, quia causa eorum natura est.'

5. F. Galton, 'Statistical inquiries into the efficacy of prayer', *Fortnightly Review*, 12, 1872.

6. D. Kindy, 'Hidden inscriptions discovered in Anne Boleyn's execution prayer book',

Smithsonian Magazine, 20 May 2021; Letters and Papers, Foreign and Domestic, Henry VIII, Vol. 15, 1540. Originally published by Her Majesty's Stationery Office, London, 1896.

7. F. Galton, 'Cutting a round cake on scientific principles', *Nature*, 20 December 1906.

8. D. Nash, *Atheism and Secularization* (Oxford, Oxford Bibliographies, 2018).

9. K. Pearson, Letter, *Nature*, 17 April 1926; I. Newton, *The Principia: Mathematical Principles of Natural Philosophy*, trans. Andrew Motte (London, 1729).

10. Letter from Francis Galton, 24 December 1869, Darwin Correspondence Project; N. W. Gilham, *Cousins: Charles Darwin, Sir Francis Galton and the Birth of Eugenics* (Oxford, Significance, 2009).

11. W. Winkelstein, 'Vignettes of the history of epidemiology: three firsts by Janet Elizabeth Lane-Claypon', *American Journal of Evaluation*, 2004.

12. J. Lane-Claypon, 'Report to the Local Government Board upon the available data in regard to the value of boiled milk as a food for infants and young animals', His Majesty's Stationery Office, 1912.

13. Background on Gosset: S. T. Ziliak, 'W. S. Gosset and some neglected concepts in experimental statistics: Guinnessometrics II', *Journal of Wine Economics*, Vol. 6 (2), 2011; E. Pearson, '"Student" as Statistician', Biometrika, 1939.

14. Student, 'The probable error of a mean', Biometrika, 1908.

15. E. B. Brooks, 'Tales of statisticians: William S. Gosset', University of Massachusetts, 2001.

16. Lane-Claypon, 'Report to the Local Government Board upon the available data in regard to the value of boiled milk as a food for infants and young animals'.

17. Background on experiment: J. R. Box, *R. A. Fisher: the Life of a Scientist* (New York, John Wiley & Sons, Inc., 1978); R. A. Fisher, *The Design of Experiments* (Edinburgh, Oliver and Boyd, 1935).

18. 'How to make a perfect cup of tea', RSC News, November 2017.

19. S. T. Ziliak, 'Is the p-form of the t-table fraudulent? Yes, it misrepresents scientific thought (and credit)', 28 October 2008.

20. Specifically, n was meant to be (n-1) in one of the equations.

21. S. T. Ziliak, 'Guinnessometrics: the economic foundation of "Student's" t', *Journal of Economic Perspectives*, Vol. 22 (4), 2008.

22. R. Hubbard et al., 'Confusion over measures of evidence (p's) versus errors (a') in classical statistical testing' *American Statistician*, Vol. 57 (3), 2003.

23. Fisher, *The Design of Experiments*.

24. L. Kennedy-Shaffer, 'Before p < 0.05 to beyond p < 0.05: using history to contextualize p-values and significance testing', *American Statistician*, Vol. 73, supplement 1, 2019.

26. J. Neyman and E. S. Pearson, 'The testing of statistical hypotheses in relation to probabilities a priori', *Mathematical Proceedings of the Cambridge Philosophical Society*, 1 October 1933.

27. Suggestion by Justin Wolfers and Dan Olner: twitter.com/JustinWolfers/status/666448547097677829

28. G. Gigerenzer, 'Mindless statistics', *Journal of Socio-Economics*, Vol. 33 (5), 2004; D. Curran-Everett, 'Evolution in statistics: p values, statistical significance, kayaks, and walking trees', *Advances in Physiology Education*, Vol. 44 (2), 2020.

29. Hubbard, 'Confusion over measures of evidence (p's) versus errors (a') in classical statistical testing'; Ziliak, '. S. Gosset and some neglected concepts in experimental statistics: Guinnessometrics II'.

30. Curran-Everett, 'Evolution in statistics: p values, statistical significance, kayaks, and walking trees'; M. J. Gardner and D. G. Altman, 'Confidence intervals rather than p values: estimation rather than hypothesis testing', *British Medical Journal*, 15 March 1986.

31. Background on methods: J. Neyman, 'On the two different aspects of the representative method: the method of stratified sampling and the method of purposive selection', *Journal of the Royal Statistical Society*, Vol. 97 (4), 1934; J. Neyman, 'Fiducial argument and the theory of confidence intervals', Biometrika, 1941; J. Neyman, 'On the problem of confidence intervals', *Annals of Mathematical Statistics*, Vol. 6 (3), 1935.

32. E. A. Gehan and N. A. Lemak, *Statistics in Medical Research* (New York, Springer, 2012).

33. Curran-Everett, 'Evolution in statistics: p values, statistical significance, kayaks, and walking trees'.

34. C. F. Manski, 'Communicating uncertainty in policy analysis', *Proceedings of the National Academy of Sciences*, Vol. 116 (16), 2019.

35. For example, in our under-reporting analysis during COVID, which was also reused in newspapers such as *El Pais and Der Bund*.

36. Background on study: J. E. Lane-Claypon, 'A further report on cancer of the breast, with special reference to its associated antecedent conditions', His Majesty's Stationery Office, 1926; A. Morabia, 'Janet Lane-Claypon – Interphase Epitome', *Epidemiology*,

Vol. 21 (4), 2010.

37. P. F. Lazarsfeld, 'The American soldier – an expository review', *Public Opinion Quarterly*, Vol.13, 1949.

38. R. Gilbert et al., 'Infant sleeping position and the sudden infant death review of recommendations from 1940 to 2002', *International Journal of Epidemiology*, Vol. 34 (4), 2005.

39. Background on al-Razi: M. M. Sajadi et al., 'Ibn Sina and the clinical trial', *Annals of Internal Medicine*, Vol. 150 (9), 2009; S. Tibi, 'Al-Razi and Islamic medicine in the 9th century', *Journal of the Royal Society of Medicine*, Vol. 99 (4), 2006.

40. I. M. L. Donaldson, 'Van Helmont's proposal for a randomised comparison of treating fevers with or without bloodletting and purging', *Journal of the Royal College of Physicians of Edinburgh*, Vol. 46 (3), 2016.

41. A. Bhatt, 'Evolution of clinical research: a history before and beyond James Lind', *Perspectives in Clinical Research*, Vol. 1 (1), 2010.

42. A. N. Koterov et al., 'History of controlled trials in medicine: real priorities are little-known', *Farmakoekonomika*, Vol. 14 (1), 2021; J. A. Langton, 'A discussion on the treatment of hernia in children', *British Medical Journal*, Vol. 2, 1899.

43. '100 years of insulin: Who discovered insulin?' From: www.diabetes.org.uk; 'The vitamin B complex', 2016. From: www.acs.org

44. Medical Research Council, 'Streptomycin treatment of pulmonary tuberculosis', *British Medical Journal*, Vol. 2 (4582), 1948.

45. R. D. S. Doll, 'Austin Bradford: 8 July 1897–18 April 1991', *Biographical Memoirs of Fellows of the Royal Society*, Vol. 40, 1994.

46. Additional background on trial: I. Chalmers, 'Why the 1948 MRC trial of streptomycin used treatment allocation based on random numbers', *Journal of the Royal Society of Medicine*, Vol. 104 (9), 2011.

47. Armitage, P., 'Fisher, Bradford Hill, and randomization', *International Journal of Epidemiology*, Vol. 32 (6), 2003.

48. Armitage, P., 'Obituary: Sir Austin Bradford Hill, 1897–1991', *Journal of the Royal Statistical Society*, Vol. 154 (3), 1991.

49. Author interview, July 2022.

50. Background on programme: J. M. Gueron, 'The politics and practice of social experiments: seeds of a revolution', Manpower Demonstration Research Corporation Working Paper, 2016.

51. R. J. LaLonde, 'Evaluating the econometric evaluations of training programs with experimental data', *American Economic Review*, Vol. 75 (4),1986.

52. D. B. Rubin, 'On the application of probability theory to agricultural experiments. Essay on principles. Section 9. Comment: Neyman (1923) and causal inference in experiments and observational studies,' *Statistical Science*, Vol. 5 (4), 1990.

53. M. G. Hudgens and M. E. Halloran, 'Toward causal inference with interference', *Journal of the American Statistical Association*, Vol. 103 (482), 2008.

54. A. Deaton and N. Cartwright, 'Understanding and misunderstanding randomized controlled trials', *Social Science and Medicine*, Vol. 210, 2018.

55. S. V. Subramanian et al., 'The "average" treatment effect: a construct ripe for retirement. A commentary on Deaton and Cartwright', *Social Science and Medicine*, Vol. 210, 2018.

56. D. S. Yeager et al., 'A national experiment reveals where a growth mindset improves achievement', *Nature*, Vol. 573, 2019; J. Haushofer and C. J. R. Metcalf, 'Which interventions work best in a pandemic?', *Science*, Vol. 5 (368), 2020; J. Morduch, 'The disruptive power of RCTs', in *Randomized Control Trials in the Field of Development: A Critical Perspective*, F. Bedecarrats, I. Guerin and F. Roubaud (eds.) (Oxford University Press, 2020).

57. A. Petrosino, 'Scared straight and other juvenile awareness programs for preventing juvenile delinquency: a systematic review', *Campbell Systematic Reviews*, Vol. 30 (4), 2013; S. A. Brinkman et al., 'Efficacy of infant simulator programmes to prevent teenage pregnancy: a schoolbased cluster randomised trial in Western Australia', *Lancet*, Vol. 5 (388), 2016; S. C. Rose et al., 'Psychological debriefing for preventing post traumatic stress disorder (PTSD) (Review)', *Cochrane Database of Systematic Reviews*, Vol. 2, 2002.

58. Frisby, S., Booking.com – Conversions@Google 2017. From: www.youtube.com/ watch?v=_sx5LV23hIE

59. Author interview, July 2022.

60. E. Pearson, '"Student" as statistician', Biometrika, 1939; S. T. Ziliak, 'Guinnessometrics: the economic foundation of "Student's" t', *Journal of Economic Perspectives*, Vol. 22 (4), 2008.

61. D. R. Cox, 'Randomization for concealment', *Journal of the Royal Society of Medicine*, Vol. 103 (2), 2010.

62. K. L. Morgan et al., 'Rerandomization to improve covariate balance in randomized

experiments', *Annals of Statistics*, Vol. 40 (2), 2012.

63. S. T. Ziliak, 'W. S. Gosset and some neglected concepts in experimental statistics: Guinnessometrics II', *Journal of Wine Economics*, Vol. 6 (2), 2011.

64. 'The power of twins: the Scottish milk experiment', From: gwern.net

65. Ziliak, 'Guinnessometrics: the economic foundation of "Student's" t'.

66. V. Amrhein et al., 'Retire statistical significance', *Nature*, 20 March 2019.

67. Judgments – In Re B (Children) (Fc) Appellate Committee Lord Hoffmann Lord Scott of Foscote Lord R. [2008] UKHL 35, [2008] 3 WLR 1, [2008] Fam Law 619, [2009] 1 AC 11, [2009] AC 11, [2008] 2 FCR 339, [2008] Fam Law 837, [2008] 4 All ER 1, [2008] 2 FLR 141.

68. A. B. Hill, 'The environment and disease: association or causation?', *Proceedings of the Royal Society of Medicine*, Vol. 58 (5), 1965.

69. A. Camacho et al., 'Estimating the probability of demonstrating vaccine efficacy in the declining Ebola epidemic: a Bayesian modelling approach', *British Medical Journal Open*, Vol. 5 (12), 2015.

70. Pearson, E., '"Student" as statistician', Biometrika, 1939.

71. J. Cohen et al., 'Past failures shadow current hopes of testing drugs during an Ebola outbreak', *Science*, 4 June 2018.

72. A. M. Henao-Restrepo et al., 'Efficacy and effectiveness of an rVSVvectored vaccine expressing Ebola surface glycoprotein: interim results from the Guinea ring vaccination cluster-randomised trial', *Lancet*, Vol. 386 (9996), 2015.

73. R. D. Truog, 'Informed consent and research design in critical care medicine', *Critical Care*, Vol. 3 (3), 1999.

74. S. Jullien, 'Sudden infant death syndrome prevention', *BMC Pediatrics*, Vol. 8 (21), 2021.

75. WHO Ethics Working Group, 'Ethical issues related to study design for trials on therapeutics for Ebola virus disease, 20–21 October meeting, 2014.

76. Author interview, July 2022.

77. H. Bastian, 'Down and almost out in Scotland: George Orwell, tuberculosis and getting streptomycin in 1948', *Journal of the Royal Society of Medicine*, Vol. 99 (2), 2006.

78. R. H. Bartlett, 'Esperanza: the first neonatal ECMO patient', *ASAIO Journal*, Vol. 63 (6), 2017.

79. Background on ECMO: R. H. Bartlett, 'Clinical research in acute fatal illness: lessons from extracorporeal membrane oxygenation', *Journal of Intensive Care Medicine*, Vol.

31 (7), 2014; J. Worrall, 'Evidence and ethics in medicine', *Perspectives in Biology and Medicine*, Vol. 51 (3), 2008; Robert H. Bartlett, MD. Interviewed by Jay L. Grosfeld, MD, AAP Oral History Project, 2003.

80. P. P. O'Rourke et al., 'Extracorporeal membrane oxygenation and conventional medical therapy in neonates with persistent pulmonary hypertension of the newborn: a prospective randomized study', *Pediatrics*, Vol. 84 (6), 1989.

81. Author interview, September 2022.

82. UK Collaborative ECMO Trial Group, 'UK collaborative randomised trial of neonatal extracorporeal membrane oxygenation', *Lancet*, Vol. 13 (348), 1996.

83. Robert H. Bartlett, MD. Interviewed by Jay L. Grosfeld, MD.

84. M. J. Hayes, 'Most medical practices are not parachutes: a citation analysis of practices felt by biomedical authors to be analogous to parachutes', *CMAJ Open*, Vol. 16 (1), 2018.

85. Background on EBM: J. J. Adashek et al., 'Balancing clinical evidence in the context of a pandemic', *Nature Biotechnology*, Vol. 39, 2021; Canadian Task Force on the Periodic Health Examination, 'The periodic health examination', *CMA Journal*, Vol. 121 (9), 1979.

86. 'Evidence-based medicine: types of studies', Himmelfarb Health Sciences Library, 2022.

87. G. Waddell et al., 'Systematic reviews of bed rest and advice to stay active for acute low back pain', *British Journal of General Practice*, Vol. 47 (423), 1997.

88. D. S. Jones et al., 'The art of medicine: the history and fate of the gold standard', *Lancet*, Vol. 385 (9977), 2015.

89. T. Ogden, 'Experimental conversations; Angus Deaton', *Medium*, 14 October 2015.

90. T. R. Frieden, 'Evidence for health decision making – beyond randomized, controlled trials', *New England Journal of Medicine*, Vol. 377, 2017.

91. N. Cartwright, 'A philosopher's view of the long road from RCTs to effectiveness', *Lancet*, 23 April 2011; K. E. Joyce et al., 'Bridging the gap between research and practice: predicting what will work locally', *American Educational Research Journal*, Vol. 57 (3), 2020; A. T. Deaton et al., 'The limitations of randomised controlled trials', *Centre for Economic Policy Research*, November 2016.

92. L. Matrajt et al., 'Successes and failures of the live-attenuated influenza vaccine: can we do better?' *Clinical Infectious Diseases*, Vol. 70 (5), 2020.

93. T. Greenhalgh, 'Evidence based medicine: a movement in crisis?', *British Medical Journal*, Vol. 13 (348), 2014.

94. N. J. Schork, 'Time for one-person trials', *Nature*, Vol. 520 (7549), 2015.

95. G. J. Peek, 'Randomised controlled trial and parallel economic evaluation of conventional ventilatory support versus extracorporeal membrane oxygenation for severe adult respiratory failure (CESAR)', *Health Technology Assessment*, Vol. 14 (35), 2010; Truog, 'Informed consent and research design in critical care medicine'.

96. R. Kohavi et al., 'Trustworthy online controlled experiments: five puzzling outcomes explained', ACM, 2012.

97. U. Trohler, 'James Lind and scurvy: 1747 to 1795', James Lind Library Bulletin: Commentaries on the history of treatment evaluation, 2003.

98. G. C. S. Smith et al., 'Parachute use to prevent death and major trauma related to gravitational challenge: systematic review of randomised controlled trials', *British Medical Journal*, Vol. 327 (7429), 2003.

99. V. Yarwood, 'Leap of faith', *New Zealand Geographic*, 2022.

100. C. Blunt, 'Hierarchies of evidence in evidence-based medicine', London School of Economics thesis, 2015.

101. Oxford Centre for Evidence-Based Medicine, 'Levels of evidence (March 2009)', CEBM, University of Oxford, 2009.

102. J. J. Adashek et al., 'Balancing clinical evidence in the context of a pandemic', *Nature Biotechnology*, Vol. 39, 2021.

103. T. Frieden, 'Why the "gold standard" of medical research is no longer enough', *STAT*, 2 August 2017.

104. Background on study: P. Owen, 'London tube strike causes travel delays throughout capital', *Guardian*, 5 February 2014; S. Larcom et al., 'The upside of London Tube strikes', CentrePiece, 2015; S. Larcom et al., 'Striking evidence from the London underground network', *Quarterly Journal of Economics*, Vol. 132 (4), 2017.

105. Background on credibility revolution: J. D. Angrist et al., 'The credibility revolution in empirical economics: how better research design is taking the con out of econometrics', *Journal of Economic Perspectives*, Vol. 24 (2), 2017.

106. Author interview, October 2023.

107. H. S. Bloom et al., 'Transforming the high school experience', Manpower Demonstration Research Corporation, 2010.

108. J. Goldin et al., 'Health insurance and mortality: experimental evidence from taxpayer outreach', *Quarterly Journal of Economics*, Vol. 136 (1), 2020.

109. J. D. Angrist, 'Lifetime earnings and the Vietnam era draft lottery: evidence from

social security administrative records', *American Economic Review*, Vol. 80 (3), 1990; R. S. Erikson, 'Caught in the draft: the effects of Vietnam draft lottery status on political attitudes', *American Political Science Review*, Vol. 195 (2), 2011.

110. N. Starr, 'Nonrandom risk: the 1970 draft lottery', *Journal of Statistics Education*, 1 December 1997.

111. Author interview, December 2022.

5장. 패러다임이 흔들릴 때, 불확실성의 과학

1. R. Challen et al., 'Early epidemiological signatures of novel SARSCoV-2 variants: establishment of B.1.617.2 in England', medRxiv, 7 June 2021.

2. Public Health England, 'SARS-CoV-2 variants of concern and variants under investigation in England', Technical briefing 10, 7 May 2021. B.1.617.1 had mutation E484Q, similar to E484K in the Beta and Gamma variants. 엄밀히 말하면 SARS-CoV-2는 병원체이고 COVID-19는 질병이지만, 가독성과 현대 언론 보도의 문체적 일관성을 위해 감염과 질병 모두를 지칭할 때 '코로나 바이러스(COVID)'라는 표현을 사용한다.

3. Ibid.; Palmer, Sherratt, Martin-Nielsen, Bevan, Gibbs, Funk, Abbott (2021). covidregionaldata: Subnational data for COVID-19 epidemiology, DOI: 10.21105/joss.03290

4. A. S. Ali et al., 'The mathematics in middle-aged Arab caliphate and it application to contemporary teaching in high schools', January 2015; J. Beery, 'Sums of powers of positive integers–Abu Bakr al-Karaji (d. 1019), Baghdad, *Mathematical Analysis and Applications*, 2023. 알카라지는 한 입방체의 부피를 더하는 것이 정사각형에 직사각형 두 개를 더하고, 작은 정사각형을 더해 모자란 부분을 채우는 것과 같음을 증명했다. 다음 그림은 이 예시에 관한 귀납 단계(induction step)를 보여준다.

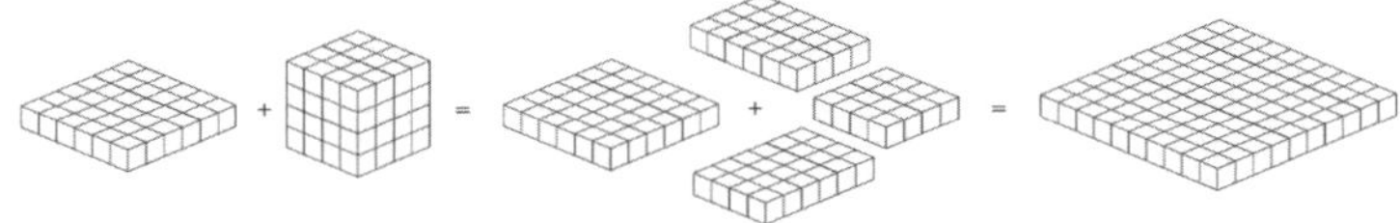

5. P. Hoyningen-Huene, 'Beyond Kuhn and Feyerabend', IAI TV, 28 September 2020.

6. C. S. Peirce, 'Illustrations of the logic of science', *Popular Science Monthly*, 1878.

7. Background: *Stanford Encyclopedia of Philosophy*, Charles Sanders absolute measurement standard', *Physics Today*, Vol. 62 (12), 39, 2009.

8. From: www.ed.ac.uk/about/people/plaques/doyle

9. K. Popper, *Of Clouds and Clocks in Objective Knowledge: An Evolutionary Approach* (Washington University, 1966).

10. K. R. Popper, *Science as Falsification. Conjectures and Refutations* (London, Routledge and Kegan Paul, 1963).

11. Public Health England, 'Investigation of novel SARS-COV-2 variant Variant of Concern 202012/01', 21 December 2020.

12. RSA Department of Health, 'Frequently asked questions: new variant of SARS-CoV-2 in South Africa', 19 December 2020; www.youtube.com/watch?app=desktop&v=xmFrOBUmX5g

13. N. G. Davies et al., 'Estimated transmissibility and severity of novel SARS-CoV-2 variant of concern 202012/01 in England', medRxiv, 26 December 2020' (later published in *Science*).

14. For example: www.youtube.com/watch?v=wC8ObD2W4Rk

15. Public Health England, 'Investigation of novel SARS-CoV-2 variant of concern 202012/01', Technical briefing 3, 5 January 2021.

16. F. Tian et al., 'N501Y mutation of spike protein in SARS-CoV-2 strengthens its binding to receptor ACE2', *eLife*, 20 August 2021; Y. Liu et al., 'The N501Y spike substitution enhances SARS-CoV-2 infection and transmission', *Nature*, Vol. 602, 2021.

17. G. Greene, *The Woman Who Knew Too Much: Alice Stewart and the Secrets of Radiation* (University of Michigan Press, 2001).

18. S. Riley, 'REACT-1 round 11 report: low prevalence of SARS-CoV-2 infection in the community prior to the third step of the English roadmap out of lockdown', Imperial College Working Paper, 13 May 2021. Although positives isn't much data, with 2/3 Delta, the best estimate for percentage Delta in the community would be 67%, with a 95% confidence interval ranging from 9% to 99%.

19. 'Singapore tightens COVID-19 curbs as overseas virus variants emerge', Reuters, 4 May 2021; N. W. Kai, '2 staff at Ng Teng Fong, Changi General Hospital among 13 new Covid-19 community cases', *Straits Times*, 12 May 2021.

20. Main analysis development was from 6–10 May 2021.

21. E.g. twitter.com/trvrb/status/1392132876712304645; http://nextstrain.org/

22. Public Health England, 'SARS-CoV-2 variants of concern and variants under

investigation in England', Technical briefing 11, 12 May 2021.

24. S. Knapton, 'Indian variant may not be as dangerous as we thought, admit scientists', *Telegraph*, 19 May 2021; twitter.com/arambaut/status/1396817913701666816

25. Public Health England, 'SARS-CoV-2 variants of concern and variants under investigation in England', Technical briefing 12, 22 May 2021.

26. Data: ourworldindata.org/coronavirus-data-explorer

27. 'SPI-M-O: Summary of further modelling of easing restrictions–roadmap Step 4', 9 June 2021. From: www.gov.uk

28. JVT dialled in.

29. T. W. Russell et al., 'Estimating the infection and case fatality ratio for coronavirus disease (COVID-19) using age-adjusted data from the outbreak on the *Diamond Princess* cruise ship, February 2020', Eurosurveillance, 2020; R. Verity et al., 'Estimates of the severity of coronavirus disease 2019: a model-based analysis', *Lancet Infectious Diseases*, 2020. Imperial had previously released a non-age specific estimate (Report 4, 10 February 2020),

30. N. Davies et al., 'The effect of social distance measures on deaths and peak demand for hospital services in England', Report for SAGE, 3 March 2020. 돌이켜 보면, 이 결론에 도달하기 위해 더 이상 모델이 필요하지 않다. 2020년 봄 코로나가 정점이었을 당시 약 3,200명의 환자가 COVID로 중환자실에 있었고, ONS 자료에 따르면 2020년 5월 말이 되자 인구의 약 7%가 과거 감염의 증거를 보였다. 정점 시점에 감염된 사람은 이 7%보다 훨씬 적었을 것이다. 따라서 만약 통제되지 않은 유행이 인구의 절반이 감염되었을 때 정점에 도달한다면, 이 시점에서 중환자실 치료가 필요한 환자가 3만 명을 훨씬 넘었을 가능성이 있다.

31. NHS England: SDCS data collection–KH03. 부문별 야간 운영 병상의 평균 일일 가용 및 점유 수. 2020년 1월부터 3월까지 일반 및 급성 병상은 10만 2,000개가 가용했으며, BMA와 NHS의 병상 데이터 분석(2022)에 따르면, 중환자실(ICU) 병상은 영국의 경우 인구 10만 명당 7.3개, 총 약 5,000개에 해당한다.

32. World Health Organization, 'Coronavirus disease 2019 (COVID-19) Situation Report – 41', 1 March 2020.

33. M. Jit et al., 'Estimating number of cases and spread of coronavirus disease (COVID-19) using critical care admissions, United Kingdom, February to March 2020', *Eurosurveillance*, 2020.

34. E.g. C. Cookson, 'Coronavirus may have infected half of UK population–Oxford study', *Financial Times*, 24 March 2020; S. Morrison, 'Coronavirus may have infected

half of UK population, experts believe', *Evening Standard*, 24 March 2020.

35. Background on RCP 8.5: Z. Hausfather, 'Explainer: the high-emissions "RCP8.5" global warming scenario', CarbonBrief, 21 August 2019; Z. Hausfather et al., 'Emissions – the "business as usual" story is misleading', *Nature*, 29 January 2020; Z. Hausfather et al., 'Climate simulations: recognize the "hot model" problem', *Nature*, 2022.

36. Hausfather, 'Explainer: the high-emissions "RCP8.5" global warming scenario'.

37. M. Meinshausen, 'A perspective on the next generation of Earth system model scenarios: towards representative emission pathways (REPs)', *Geoscientific Model Development*, Vol. 17 (11), 2023.

38. Author interview, September 2023.

39. J. Pearl and D. Mackenzie, *The Book of Why* (New York, Basic Books, 2018).

40. Author interview, August 2022.

41. Author interview, October 2023.

42. N. A. Haber et al., 'Causal and associational language in observational health research: a systematic evaluation', medRxiv, 8 October 2021.

43. M. Hernan, 'The C-word: scientific euphemisms do not improve causal inference from observational data', *American Journal of Public Health*, Vol. 108 (5), 2018.

44. N. Rowe, 'Milton Friedman's thermostat', Worthwhile Canadian initiative blog, 22 December 2010; M. Friedman, 'The Fed's thermostat', 19 August 2003.

45. Author interview, July 2022.

46. Rubin, 'On the application of probability theory to agricultural experiments. Essay on principles. Section 9. Comment: Neyman (1923) and causal inference in experiments and observational studies.'

47. R. McElreath, *Statistical Rethinking* (London, Chapman & Hall, 2020).

48. C. I. Jarvis et al., 'Quantifying the impact of physical distance measures on the transmission of COVID-19 in the UK', *BMC Medicine*, Vol. 18 (1), 2020.

49. Public Health Agency of Sweden, 'Estimates of the number of infected individuals during the covid-19 outbreak in the Dalarna region, Skane region Stockholm region, and Vastra Gotaland region, Sweden', 2020.

50. Later published here: T. W. Russell et al., 'Reconstructing the early global dynamics of under-ascertained COVID-19 cases and infections', *BMC Medicine*, Vol. 18 (332), 2020. 돌이켜보면, 연구자들이 대중과의 소통에서 미래 유행의 구체적인 형태(이는 특정 가정에 기반하고 오해의 소지가 더 많았다)보다는 감수성과 중증도의 수준에 더 집중했더라면 좋았을 것이라고 생각한다. 실제로 감수성과 중증도에 대한 추정치는 정확

한 것으로 드러났다.

51. 'Coronavirus tracked: see how your country compares', *Financial Times*, 2020; R. K. Arora et al., 'SeroTracker: a global SARS-CoV-2 seroprevalence dashboard', *Lancet Information Distribution*, Vol. 20, 2021.

52. J. Ladyman, *Understanding Philosophy of Science* (Abingdon, Routledge, 2001).

53. G. Ellis, 'Unburdened by proof ', *Nature*, 4 October 2006; M. Pigliucci, 'String theory vs the Popperazzi', *Philosophers Magazine*, 12 October 2015,

54. E. Siegel, 'This is how, 100 years ago, a solar eclipse proved Einstein right and Newton wrong', Forbes, 29 May 2019.

55. Background on Kuhn: M. R. Matthews, 'Thomas Kuhn and science education: learning from the past and the importance of history and philosophy of science', *Science & Education*, Vol. 33, 2022; S. Shapin, 'Paradigms gone wild', *London Review of Books*, 30 March 2021.

56. S. Sigurdsson, 'The nature of scientific knowledge: an interview with Thomas S. Kuhn', Research Library for the History and Development of Knowledge, *Proceedings*, Vol. 8, 2016.

57. Background on RECOVERY: R. Blakely, 'Inside the Recovery trial', *The Times*, 30 December 2020; D. Scott, 'How the UK found the first effective Covid-19 treatment—and saved a million lives', Vox, 26 April 2021; H. Pearson, 'How COVID broke the evidence pipeline', *Nature*, 12 May 2021.

58. The RECOVERY Collaborative Group, 'Effect of hydroxychloroquine in hospitalized patients with Covid-19', *New England Journal of Medicine*, Vol. 383, 2020.

59. N. Tomes, '"Destroyer and teacher": managing the masses during the 1918–1919 influenza pandemic', Public Health Report, 125, Supplement 3, 2010; P. Nuki, 'The Hundred Years' War over face masks—and why we'll all be wearing them soon', *Telegraph*, 29 August 2020.

60. For example: 'Opinion: mask wearing has been proven to have obvious advantages in slowing spread of COVID-19', *San Diego Union Tribune*, 8 August 2022; Nuki, 'The Hundred Years' War over face masks—and why we'll all be wearing them soon'.

61. H. Bundgaard, 'Effectiveness of adding a mask recommendation to other public health measures to prevent SARS-CoV-2 infection in Danish mask wearers', *Annals of Internal Medicine*, Vol. 174 (3), 2020.

62. C. Heneghan and T. Jefferson, 'Landmark Danish study shows face masks have no significant effect', *Spectator*, 19 November 2020. Headline was later edited to 'Landmark

Danish study finds no significant effect for face mask wearers'.

63. V. Amrhein, 'Retire statistical significance', *Nature*, 21 March 2019.

64. N. A. Haber, 'Much ado about something: a response to "COVID-19: underpowered randomised trials, or no randomised trials?"', *Trials*, Vol. 22 (780), 2021. DANMASK 연구는 마스크가 전파를 줄이는 효과를 평가할 수 없었는데, 그 이유는 전파 감소(따라서 유행 감염 수준의 변화)가 발생하면 대조군과 마스크 착용군 모두에서 바이러스에 걸릴 평균 위험이 낮아지기 때문이다.

65. 'Statement from the Chief Investigators of the Randomised Evaluation of COVID-19 therapy (RECOVERY) Trial on dexamethasone', 16 June 2020.

66. R. Burton, *First Footsteps in East Africa* (London, 1856).

67. D. Lewis, 'Wind, wave, star, and bird. Isles of the Pacific', *National Geographic Magazine*, 7 December 1974; J. Nash, 'Rulers of the sea maritime strategy and sea power in ancient Greece, 550–321 bce', *De Gruyter Studies in Military History*, Vol. 8, 2023.

68. P-value for getting all tails (or heads) is equal to $2 \times 0.5^6 = 0.03125$. The Wilson score confidence interval is 0.61 to 1.

69. J. Neyman, 'On the two different aspects of the representative method: the method of stratified sampling and the method of purposive selection', *Journal of the Royal Statistical Society*, Vol. 97 (4), 1934.

70. T. Bayes, 'An essay towards solving a problem in the doctrine of chances', *Philosophical Transactions*, 1 January 1763.

71. Specifically, P(disease | positive)=P(positive | disease) P(disease)/P(positive).

72. 이 추정치는 2022년 연구 결과와 일치하는데, 양성 유방촬영 검사 후 추가 검사가 필요하다는 판정을 받은 여성들 가운데 단지 4%만이 이후 암 진단을 받은 것으로 나타났다. D. J. Morgan et al., 'Accuracy of practitioner estimates of probability of diagnosis before and after testing', *JAMA Internal Medicine*, Vol. 181 (6), 2021.

73. T-Q. H. Ho et al., 'Cumulative probability of false-positive results after 10 years of screening with digital breast tomosynthesis vs digital mammography', *JAMA Open*, Vol. 5 (3), 2022.

74. Background: D. Hoffman, 'I had a funny feeling in my gut', *Washington Post*, 10 February 1999; T. Long, 'Sept. 26, 1983: the man who saved the world by doing …… nothing', *Wired*, 26 September 2007; P. Aksenov, 'Stanislav Petrov: the man who may have saved the world', BBC News Online, 26 September 2013.

75. Background to German tank problem: R. Ruggles, 'An empirical approach to economic

intelligence in World War II', *Journal of the American Statistical Association*, Vol. 42, 1947; A. Berg et al., 'Introducing Bayesian inference with the taxicab problem', Proceedings of the 10th Annual Australian Congress on Teaching Statistics, OZCOTS, 8–9 July 2021; Panzer V Panther Ausf. D, A, and G. From: tanks-encyclopedia.com. Note: D-Day was originally scheduled for 5 June 1944, but was later postponed for 24 hours because of bad weather.

76. 'Union General George B. McClellan lets Confederates retreat from Antietam', This Day in History, 13 November 2009. From: www.history.com; Rosenheim, J., 'Photography and the American Civil War', Metropolitan Museum of Art, 2013.

77. B. Carruthers, *Eastern Front: Encirclement and Escape by German Forces* (Eastern Front from Primary Sources) (Barnsley, Pen & Sword Military, 2013).

78. For example: W. Poundstone, *How to Predict Everything: The Formula Transforming What We Know About Life and the Universe* (London, Oneworld, 2019); A. Rooney, Think Like a Mathematician (New York, Rosen, 2021).

79. E. L. Lehmann, 'Jerzy Neyman: a biographical memoir', *National Academy of Sciences*, Vol. 63, 1994.

80. J. Aldrich, 'R. A. Fisher on Bayes and Bayes' theorem', *Bayesian Analysis*, Vol. 3 (1), 2008.

81. R. A. Fisher, *The Design of Experiments* (Edinburgh, Oliver and Boyd, 1935).

82. E. T. Jaynes, *Probability Theory: The Logic of Science* (Cambridge University Press, 2003).

83. S. E. Fienberg et al., *R. A. Fisher: An Appreciation* (Lecture Notes on Statistics, Vol. 1) (Berlin, Springer, 1990).

84. S. Morrison, 'Coronavirus may have infected half of UK population, experts believe', *Evening Standard*, 24 March 2020.

85. J. Lourenco et al., 'Fundamental principles of epidemic spread highlight the immediate need for large-scale serological surveys to assess the stage of the SARS-CoV-2 epidemic', medRxiv, 22 December 2020.

86. A. Kucharski, 'Can we trust the Oxford study on Covid-19 infections?', *Guardian*, 26 March 2020.

87. T. W. Russell et al., 'Estimating the infection and case fatality ratio for coronavirus disease (COVID-19), using age-adjusted data from the outbreak on the Diamond Princess cruise ship, February 2020', *Eurosurveillance*, 2020; R. Verity et al., 'Estimates of the severity of coronavirus disease 2019: a model-based analysis', *Lancet Information Distribution*, Vol. 20 (6), 2020; J. T. Wu et al., 'Estimating clinical severity of

COVID-19 from the transmission dynamics in Wuhan, China', *Nature Medicine*, Vol. 26, 2020.

88. L. Redlin, 'Thales' shadow', *Mathematics Magazine*, Vol. 73 (5), 2000.

89. Proposition 20 in the Casey edition of *The Elements*.

90. Author interview, October 2022.

91. Background on triangulation: M. R. Munafo et al., 'Repeating experiments is not enough', *Nature*, Vol. 533 (7869), 2018; M. R. Munafo et al., 'Triangulating evidence through the inclusion of genetically informed designs', *Cold Spring Harbor Perspectives in Medicine*, Vol. 11 (8) 2020; D. A. Lawlor et al., 'Triangulation in aetiological epidemiology', *International Journal of Epidemiology*, Vol. 45 (6) 2017.

92. X. L. Meng, 'Statistical paradises and paradoxes in big data', *Annals of Applied Statistics*, Vol. 12 (6) 2018.

93. Author interview, October 2022.

94. F. Galton, 'Vox populi', *Nature*, Vol. 75, 1907.

95. S. Kent, 'Words of estimative probability', CIA memo, 1964.

96. C. E. Bender, *Critical Thinking for Strategic Intelligence*, 2nd edn (Washington, CQ Press, 2017). Modern data from: github.com/zonination/perceptions

97. github.com/zonination

98. R. J. Bacigal, 'Making the right gamble: the odds on probable cause', *Mississippi Law Journal*, Vol. 74 (1), 2004.

99. Professional Head of Intelligence Assessment, 'Professional development framework', Cabinet Office, 2019.

100. Eighty-ninth SAGE meeting on COVID-19, 13 May 2021. From: gov.uk

101. D. T. Jamison et al., *Disease Control Priorities: Improving Health and Reducing Poverty*, 3rd edition (Washington (DC), The International Bank for Reconstruction and Development/The World Bank); *Contagion: The BBC Four Pandemic*, 2018.

102. Background on GJP: ACE: Aggregative Contingent Estimation. From: www.iarpa. gov; Good Judgment Project. Superforecasters smashed all accuracy records in their first-ever competition. From: www.goodjudgment.com; P. E. Tetlock et al., 'False dichotomy alert: improving subjective-probability estimates vs. raising awareness of systemic risk', SSRN, 28 January 2022.

103. N. N. Taleb and P. E. Tetlock, 'On the difference between binary prediction and true exposure with implications for forecasting tournaments and decision making research', SSRN, January 2013.

104. J. M. Keynes, *The General Theory of Employment*, 1936.

105. National Public Radio, 'Memorable moments from Donald Rumsfeld', morning edition, 9 November 2006.

106. D. Rumsfeld, *Known and Unknown: A Memoir* (New York, Penguin, 2011); NASA Program Management and Procurement Procedures and Practices Hearings before the Subcommittee on Space Science and Applications of the Committee on Science and Technology, US House of Representatives, Ninety-seventh Congress, First Session, June 1981.

107. J. Kemppanen, 'More than SCE to AUX – Apollo 12 lightning strike incident–a Look 50 years on', *Apollo Flight Journal*, 2019.

108. K. Underwood, 'Why companies are hiring sci-fi writers to imagine the future', *Pivot Magazine*, 27 February 2020.

109. Centers for Disease Control and Prevention, 'Hospital preparedness and the Boston Marathon Bombing', Public Health Matters Blog, 18 September 2013.

110. K. M. Clermon, 'The logic of uncertainty in law and life', SSRN, 13 February 2020.

111. National Risk Register, UK Cabinet Office, 2008.

6장. 거짓의 사다리, 반복이 진실이 되는 순간

1. Background on riots: R. Ruelas et al., 'Jake Angeli, QAnon man in fur hat, horns during Capitol riot, arrested', *USA Today*, 9 January 2021; T. Armus et al., 'QAnon Shaman's' note to Pence cited as evidence of "assassination" plot before prosecutors walk back claim', *Washington Post*, 15 January 2021; US Attorney's Office, 'Arizona man sentenced to 41 months in prison on felony charge in January 6 Capitol breach', News release, 17 November 2021.

2. K. Popper, *The Open Society and Its Enemies* (Abingdon, Routledge, 1945).

3. Background on the Frye case: Martin K. Fryed, 'The untaught history behind the infamous test', *Attorney at Law*, 25 February 2021; 'The Frye standard, connecting the dots'. From: www.lindahall.org; K. J. Weiss et al., 'Frye's backstory: a tale of murder, a retracted confession, and scientific hubris', *Journal of the American Academy of Psychiatry and the Law*, Vol. 42 (2), 2014; J. Hilbert, 'The disappointing history of science in the courtroom: Frye, Daubert, and the ongoing crisis of "junk science" in criminal trials', *Oklahoma Law Review*, Vol. 71 (3), 2019.

4. J. Neyman, 'On the two different aspects of the representative method: the method of stratified sampling and the method of purposive selection', *Journal of the Royal Statistical Society*, Vol. 97 (4), 1934.

5. A. Lincoln, Speech at Columbus, Ohio, September 1859.

6. Background on the Daubert case: Supreme Court of the United States, William Daubert, et ux., etc., et al., Petitioners v. Merrell Dow Pharmaceuticals, Inc. 92–102, 30 Argued: 30 March 1993, Decided: 28 June 1993; P. A. Smith, 'Where science enters the courtroom, the Daubert name looms large', *Undark*, 17 February 2020.

7. One evidence review, based on sixteen case-control studies and eleven cohort studies, concluded that it is 'unlikely that Bendectin exposure contributed to the prevalence of congenital malformations'. Source: P. M. McKeigue, 'Bendectin and birth defects: I. A meta-analysis of the epidemiologic studies', *Teratology*, Vol. 50 (1), 1994.

8. Rule 702. Testimony by Expert Witnesses. From: www.law.cornell.edu/rules/fre/rule_702

9. Daubert v. Merrell Dow Pharmaceuticals, Inc. 90-55397, Decided: 4 January 1995.

10. S.R. Slaughter. 'FDA Approval of Doxylamine–Pyridoxine Therapy for Use in Pregnancy'. NEJM, Vol 370 (12), 2014.

11. United States v. Starzecpyzel, 880 F. Supp. 1027 (S.D.N.Y. 1995). US District Court for the Southern District of New York–880 F. Supp. 1027 (S.D.N.Y. 1995), 3 April 1995.

12. N. G. Reich et al., 'Visualizing clinical evidence: citation networks for the incubation periods of respiratory viral infections', *PLoS ONE*, Vol. 6 (4), 2011.

13. P. Jones, 'Accuracy of comparing bone quality to chocolate bars for patient information purposes: observational study', *British Medical Journal*, Vol. 335 (7633), 2007.

14. R. Leng, 'The phantom reference and the propagation of error', *Matter of Facts*, 4 March 2020.

15. 'Still not significant', *Probable Error*, 21 April 2013. From: mchankins. wordpress.com

16. E. H. Turner, 'Selective publication of antidepressant trials and its influence on apparent efficacy', *New England Journal of Medicine*, Vol. 358 (3), 2008.

17. P (p-value above 5% purely by chance given test N hypotheses)$=1-(1-0.05)^{N}$.

18. T. Chivers, 'Will social psychology ever clean up its act?' *Unherd*, 23 April 2021.

19. S. B. Northover, 'Artificial surveillance cues do not increase generosity: two meta-analyses', *Evolution and Human Behavior*, Vol. 38 (1), 2017; A. Rotella et al., 'No effect of "watching eyes": an attempted replication and extension investigating individual

differences', *PLoS ONE*, Vol. 10 (137), 2021.

20. K. M. Smith and C. L. Apicella, 'Winners, losers, and posers: the effect of power poses on testosterone and risk-taking following competition', *Hormones and Behavior*, Vol. 92, 2017.

21. M. Serra-Garcia et al., 'Nonreplicable publications are cited more than replicable ones', *Science Advances*, Vol. 7 (21), 2021; W. Youyou, 'A discipline-wide investigation of the replicability of psychology papers over the past two decades', *Proceedings of the National Academy of Sciences*, Vol. 120 (6), 2023.

22. D. P. Phillips et al., 'Importance of the lay press in the transmission of medical knowledge to the scientific community', *New England Journal of Medicine*, Vol. 325 (16), 1991.

23. F. Fox, Beyond the Hype (London, Elliott & Thompson, 2022).

24. S. DellaVignaet al., 'RCTs to scale: comprehensive evidence from two nudge units', *Econometrica*, 26 January 2021.

25. M. Maier et al., 'No evidence for nudging after adjusting for publication bias', *Proceedings of the National Academy of Sciences*, Vol. 119 (31), 2022.

26. V. Arel-Bundock et al., 'Quantitative political science research is greatly underpowered', OSF, 17 April 2023.

27. V. Pronskikh, 'Review of *Allan Franklin, Shifting Standards. Experiments in Particle Physics in the Twentieth Century*', *Philosophy of Science*, Vol. 82 (4), 2015; C. Seife, 'CERN's gamble shows perils, rewards of playing the odds', Science, 29 September 2020. Note p-values given correspond to a two-tailed test.

28. N. Lerr, 'HARKing: hypothesizing after the results are known', *Personality and Social Psychology Review*, Vol. 2 (3), 1998.

29. R. M. Kaplan and V. L. Irvin, 'Likelihood of null effects of large NHLBI clinical trials has increased over time', *PLoS ONE*, 5 August 2015. 가독성을 위해 y축이 잘려 있다. 그래프에는 나타나 있지 않지만, 1991년의 한 시험은 상당한 위해를 시사하는 이상치를 보여주고 있다.

30. G. Davey Smith, 'Pre-registered triangulation of evidence', Kolokotrones Circle Seminar. From: www.youtube.com/watch?v=-0XxYEjhHZ4

31. S. Vazire, 'Peer-reviewed scientific journals don't really do their job', *Wired*, 25 June 2020.

32. Background on 1936 paper: A. S. Blum, 'Einstein's second-biggest blunder: the mistake in the 1936 gravitational-wave manuscript of Albert Einstein and Nathan Rosen',

Archive for History of Exact Science, Vol. 76 (6), 2022. A. Spicer et al., 'Hate the peer-review process? Einstein did too', *The Conversation*, 2 June 2014.

33. A. Spicer et al., 'Hate the peer-review process? Einstein did too' *The Conversation*, 2 June 2014.

34. R. May, 'Epidemiology of financial networks', Presentation at LSHTM John Snow bicentenary event, April 2013. Available on YouTube.

35. M. Midgley, *Science and Poetry* (Abingdon, Routledge, 2007).

36. 'Modus ponens', Wolfram Mathworld. From: mathworld.wolfram.com/ModusPonens.html

37. A. C. Doyle, 'The Adventure of Silver Blaze', *Strand Magazine*, December 1892.

38. S. M. Rice, 'Conspicuous logic: using the logical fallacy of affirming the consequent as a litigation tool', *Barry Law Review*, Vol. 14 (1), 2010.

39. A. M. Turing, 'Computing machinery and intelligence', *Mind*, 59, 1950.

40. F. O. Kelsey, 'Autobiographical reflections'. From: www.fda.gov

41. 'The tragedy of thalidomide in Canada'. From: thalidomide.ca

42. B. Christopher, 'Why the father of modern statistics didn't believe smoking caused cancer', *Priceonomics*, 21 September 2016.

43. W. Bodmer, 'Fisher and Bradford Hill: a discussion', *International Journal of Epidemiology*, Vol. 32 (6), 2003; R. A. Fisher, 'Cigarettes, cancer, and statistics', *Centennial Review of Arts and Science*, Vol. 2, 1958.

44. H. T. Stelfox et al., 'Conflict of interest in the debate over calciumchannel antagonists', *New England Journal of Medicine*, Vol. 338, 1998.

45. Ref No GB 0809 Bradford-Hill/01, courtesy LSHTM Library, Archive, Open Research Service.

46. K. Pearson, *The History of Statistics in the 17th and 18th Centuries Against the Changing Background of Intellectual, Scientific, and Religious Thought. Lectures Given at University College, London, During the Academic Sessions, 1921–1933* (London, Macmillan, 1978).

47. K. Pearson, 'National life from the standpoint of science', Speech in Newcastle, 1900.

48. I. Kant, *Observations on the Feeling of the Beautiful and Sublime and OtherWritings* (Cambridge University Press, 2012).

49. Inquiry into the History of Eugenics at UCL–Final Report, February 2020.

50. S. E. K. Sudat et al., 'Racial disparities in pulse oximeter device inaccuracy and estimated clinical impact on COVID-19 Treatment Course', *American Journal of Epidemiology*, Vol. 192 (5), 2023.

51. 'Einstein's philosophy of science', *Stanford Encyclopedia of Philosophy*, 11 February 2004.

52. P. Plaven-Sigray et al., 'The readability of scientific texts is decreasing over time', eLife, 5 September 2017.

53. B. Quinn et al., 'Hospital incursions by Covid deniers putting lives at risk, say health leaders', *Guardian*, 27 January 2021.

54. G. Pennycook et al., 'Shifting attention to accuracy can reduce misinformation online', *Nature*, Vol. 592, 2021.

55. L. K. Fazio et al., 'Repetition increases perceived truth equally for plausible and implausible statements', *Psychonomic Bulletin and Review*, Vol. 5, 2019.

56. W. C. Langer, 'A psychological analysis of Adolph Hitler', CIA archives, released 1998.

57. C. Giles et al., 'US election 2020: how a misleading post went from the fringes to Trump's Twitter', BBC News Online, 6 November 2020.

58. A. Kucharski, *The Rules of Contagion* (London, Profile, 2020).

59. WHO Twitter account, 28 March 2020.

60. A. Paget, 'NHS respiratory expert was BANNED from Twitter after his tweet calling for better ventilation in pubs and restaurants to tackle covid because it spreads in the air was blocked as "misinformation"', *Mail Online*, 27 May 2021.

61. H. Poincare, *Science and Method* (Nelson, 1914; French edition published in 1908).

62. H. S. Whitehead, 'A systematic review of communication interventions for countering vaccine misinformation', *Vaccine*, Vol. 41 (5), 2022.

63. Author interview, August 2023.

64. R. Van Noorden, 'How many clinical trials can't be trusted?', *Nature*, Vol. 619 (7879), 2023.

65. E. Bik, 'Science has a nasty photoshopping problem', *The New York Times*, 29 October 2022.

66. Poincare, *Science and Method*.

67. J. E. Lane-Claypon, *Hygiene of Women and Children* (London, Hodder & Stoughton, 1921).

68. B. Guay et al., 'How to think about whether misinformation interventions work', PsyArXiv, 10 August 2022.

69. J. Mills, 'Couple's £1.5m house trashed after hundreds of Facebook gatecrashers storm daughter's 16th birthday party', *Daily Mail*, 3 December 2008.

70. Background on story from: T. Whipple, 'The Facebook Republic Army, a gang of twenty-somethings who targeted teenage parties advertised on the site, say they never

actually existed', *The Times*, 5 December 2008; Twitter: twitter.com/whippletom/status/1673267795906252802; author interview with Whipple, August 2023.

71. Voltaire, *The Age of Louis XIV*, 1751.

72. J. Burn-Murdoch, 'Tragic fallout from the politicisation of science in the US', *Financial Times*, 14 October 2022.

73. J. W. Kim and E. Kim. 'Identifying the effect of political rumor diffusion using variations in survey timing', *Quarterly Journal of Political Science*, Vol. 14 (3), 2019.

74. N. Voigtlander et al., *Quarterly Journal of Economics*, Vol. 127 (3), 2012.

75. A. A. Arechar et al., 'Understanding and combatting misinformation across 16 countries on six continents', *Nature Human Behaviour*, Vol. 7 (9), 2023; Wellcome, Wellcome Global Monitor, 2019.

76. I. Walker et al., 'There are three types of climate change denier–and most of us are at least one', *Quartz*, 15 October 2019.

77. Author interview, September 2023.

7장. 기계의 증명, 설명 없는 정답을 믿을 수 있을까?

1. K. Burke, 'Roborace returns for second season with updateable self-driving vehicles powered by NVIDIA DRIVE', NVIDIA Blog, 29 October 2020. Video: twitter.com/dogryan100/status/1321800383505657856

2. C. Gilbertsen, 'First live Roborace between two self-driving race cars ends in crash', *The Drive*, 22 February 2017; M. Kew, 'The Roborace driverless car has become the first ever fully autonomous race car to officially complete a hillclimb after running at the Goodwood Festival of Speed', *Autosport*, 13 July 2018.

3. R. Stumpf, 'Here's why that autonomous race car crashed straight into a wall', *The Drive*, 30 October 2020.

4. A. M. Williams and T. Wigmore, 'Under pressure: why athletes choke', *Guardian*, 5 November 2020.

5. The Royal Society, 'Explainable AI: the basics', November 2019.

6. E. Awad et al., 'The Moral Machine experiment', *Nature*, Vol. 563, 2018.

7. J. Agar, 'Driver who hit pedestrians on sidewalk was veering to avoid crash', *M Live*, 29 May 2020.

8. Google Scholar.

9. C. Muyskens, 'Man sentenced to jail for crash that seriously injured young couple', *Holland Sentinel*, 18 October 2021.

10. H. M. Roff, 'The folly of trolleys: ethical challenges and autonomous vehicles', Brookings, 17 December 2018.

11. D. J. Dosdall et al., 'Mechanisms of defibrillation', *Annual Review of Biomedical Engineering*, Vol. 12, 2010.

12. J. Bowler, 'For 170 years, no one's known how general anaesthesia works. We're finally getting close', *ScienceAlert*, 14 June 2020.

13. 한 가지 설명은 날개의 곡률이 위쪽의 압력을 아래쪽보다 낮게 만들어 양력을 발생시킨다는 것이다. 그러나 이는 비행기가 평평한 날개로도, 혹은 뒤집힌 상태에서도 날 수 있는 이유를 설명하지 못한다. 다른 설명은 날개가 공기를 아래로 밀어내며, 이는 뉴턴의 제3 법칙에 따라 위쪽으로 동일하고 방향이 반대인 힘을 만들어낸다는 것이다. 다만 이 역시 날개 위쪽의 저압 영역을 설명하지는 못한다.

14. S. Singh, *Fermat's Last Theorem* (London, Fourth Estate, 2002); W. Dunham, *The Genius of Euler: Reflections on His Life and Work, Mathematical Analysis and Applications*, 2007.

15. L. J. Lander and T. R. Parkin, 'Counterexample to Euler's conjecture on sums of like powers', American Mathematical Society, 1966.

16. XalD via Wikimedia commons. From: commons.wikimedia.org/wiki/File:Four_color_world_map.svg

17. M. Walters, 'It appears that four colors suffice: a historical overview of the four-color theorem', 17 May 2004.

18. E. S. Reich, 'Mathematician claims breakthrough in Sudoku puzzle', *Nature*, 6 January 2012.

19. G. B. Kolata, 'Mathematical proofs: the genesis of reasonable doubt', *Science*, Vol. 192 (4243), 1976.

20. M. O. Rabin, 'Probabilistic algorithm for testing primality', *Journal of Number Theory*, Vol. 12 (1), 1980; Kolata, 'Mathematical proofs: the genesis of reasonable doubt'.

21. N. Nisanet al., 'Hardness vs randomness', *Journal of Computer and System Sciences*, Vol. 49 (2), 1994.

22. D. Bogdanov, 'Zero-knowledge proofs expl SNARKs vs zk-STARKs', Limechain blog, 16 March 2023.

23. K. I. Appel, 'The use of the computer in the proof of the four color theorem', *Proceedings of the American Philosophical Society*, 1984.

24. W. T. Gowers, 'How can it be feasible to find proofs?' 2022.

25. P. Hoffman, *The Man who Loved Only Numbers* (London, Fourth Estate, 1999).

26. J. D. Sarlis, 'Holographic wills', *New York State Bar Association Journal*, Vol. 85 (9), 2014.

27. B. W. Kernighan. 'Programming in C – a tutorial', Bell Laboratories, 1974.

28. L. Gilbert, *Particular Passions: Grace Murray Hopper. Women of Wisdom*(Lynn Gilbert Inc., 1981).

29. Y. LeCun et al., 'Backpropagation applied to handwritten zip code recognition', *Neural Computation*, Vol. 1 (4), 1989.

30. R. Dechter, 'Learning while searching in constraint-satisfactionproblems', *Association for the Advancement of Artificial Intelligence*, Vol. 1, 1986.

31. G. Bodwin and O. Grossman, 'Strategy-stealing is non-constructive', arXiv, 15 November 2019.

32. A. Doxiadis et al., *Circles Disturbed: The Interplay of Mathematics and Narrative* (Princeton University Press, 2012).

33. E. O. Thorp, *A Man for All Markets* (London, Random House, 2017).

34. M. Bowling et al., 'Heads-up limit hold'em poker is solved', *Science*, Vol. 347 (6218), 2015.

35. D. Silver et al., 'Mastering the game of Go with deep neural networks and tree search', *Nature*, 27 January 2016.

36. N. Brown and T. Sandholm, 'Superhuman AI for heads-up no-limit poker: Libratus beats top professionals', *Science*, Vol. 359 (6374), 2017.

37. Ibid.

38. 'AlphaFold: a solution to a 50-year-old grand challenge in biology', DeepMind Blog, 30 November 2020; Ewen Callaway, 'Chemistry Nobel goes to developers of AlphaFold AI that predicts protein structures', *Nature*, 9 October 2024.

39. Author interview with Ewan Birney, April 2022.

40. W. D. Heaven, 'This is the reason Demis Hassabis started DeepMind', *MIT Technology Review*, 23 February 2022.

41. EMBL-EBI, AlphaFold Protein Structure Database, 2023; J. Abramson et al. 'Accurate structure prediction of biomolecular interactions with AlphaFold 3'. *Nature*, Vol 630, 2024.

42. C. Liuet al., 'The antibody response to SARS-CoV-2 Beta underscores the antigenic distance to other variants', *Cell Host and Microbe*, Vol. 30 (1) 2021.

43. K. Hartnett, 'To build truly intelligent machines, teach them cause and effect', *Quanta*, 15 May 2018.

44. C. L. C. Gillilland, 'The stone Money of Yap', Smithsonian *Studies in History and Technology*, Vol. 23, 1975.

45. M. Friedman, 'The island of stone money', Working Papers in Economics, 1991.

46. Ibid.

47. B. Resnick, 'The world just redefined the kilogram', *Vox*, 16 November 2018.

48. 'Decret relatif aux poids et aux mesures', 7 April 1795. From: web.archive.org/web/20130225163152/http://smdsi.quartier-rural.org/histoire/18germ_3.htm

49. J. McBride, 'Understanding the Libor scandal', Council on Foreign Relations, 12 October 2016.

50. M. North, 'Bitcoin network surpasses 100,000 nodes, new data shows', *Bitcoinist*, 2019.

51. A. Neumueller et al., 'Bitcoin electricity consumption: an improved assessment', Cambridge Judge Business School Insight Report. Available from: www.jbs.cam.ac.uk/2023/bitcoin-electricityconsumption

52. E. Napoletano, 'Proof of stake explained', Forbes, 8 April 2022.

53. J. Hellewell et al., 'Feasibility of controlling COVID-19 outbreaks by isolation of cases and contacts', *Lancet Global Health*, Vol. 8 (4), 2020; A. Kucharski et al., 'Effectiveness of isolation, testing, contact tracing, and physical distancing on reducing transmission of SARS-CoV-2 in different settings: a mathematical modelling study', *Lancet Infectious Diseases*, Vol. 20 (10), 2020.

54. Author interview with Peter Whawell, October 2023.

55. B. Baharudin, 'Apple-Google contact tracing system not effective for Singapore: Vivian Balakrishnan', *Straits Times*, 15 June 2020.

56 M. Burgess, 'Why the NHS Covid-19 contact tracing app failed', *Wired*, 19 June 2020.

57. L. Ferretti, 'Digital measurement of SARS-CoV-2 transmission risk from 7 million contacts', *Nature*, Vol. 626, 2023.

58. H. Wang, *A Logical Journey: From Godel to Philosophy* (Massachusetts, MIT Press, 1997).

59. M. Murgia, 'Transformers: the Google scientists who pioneered an AI revolution', *Financial Times*, 23 July 2023.

60. A. Vaswani et al., 'Attention is all you need', arXiv, 12 June 2017.

61. S. Levy, 'What OpenAI really wants, *Wired*, 5 September 2023.

62. A. Radford et al., 'Learning to generate reviews and discovering sentiment', arXiv, 5

April 2017.

63. Wayve, 'LINGO-2: Driving with natural language', 17 April 2024. Available from: wayve.ai/thinking/lingo-2-driving-with-language/; L. Chen et al., 'Driving with LLMs: fusing object-level vector modality for explainable autonomous driving', arXiv, 3 October 2023.

64. Levy, 'What OpenAI really wants'.

65. J. Vincent, 'Getty Images sues AI art generator Stable Diffusion in the US for copyright infringement', *The Verge*, 6 February 2023.

66. A. Alter and E. A. Harris, 'Franzen, Grisham and other prominent authors sue OpenAI', *The New York Times*, 20 September 2023; M. M. Grynbaum and R. Mac, '*The Times* sues OpenAI and Microsoft over A.I. use of copyrighted work', *The New York Times*, 27 December 2023.

67. European Commission. Shaping Europe's digital future: AI Act, March 2024.

68. R. Patel, 'An expanded partnership with Reddit', Google, 22 February 2024; '*Financial Times* announces strategic partnership with OpenAI', 29 April 2024. From: aboutus. ft.com/press_release/openai; 'A landmark multiyear global partnership with News Corp', 22 May 2024. From: openai.com/index/news-corp-and-openai-sign-landmark-multi-year-global-partnership

69. T. Ryckewaert, 'Move 37', Lecture at Kaaitheater, 22 October 2022.

70. C. Metz, 'In two moves, AlphaGo and Lee Sedol redefined the future', *Wired*, 16 March 2016.

71. M. Shin et al., 'Human learning from artificial intelligence: evidence from human Go players' decisions after AlphaGo', *Proceedings of the Annual Meeting of the Cognitive Science Society*, Vol. 43, 2021.

72. A. Davies et al., 'Advancing mathematics by guiding human intuition with AI', *Nature*, Vol. 600, 2021.

73. J. Shane, 'The danger of AI is weirder than you think', TED, 2019. From: www.youtube.com/watch?v=OhCzX0iLnOc

74. P. F. Christiano, 'Deep reinforcement learning from human preferences', arXiv, 12 June 2017.

75. J. Dziza, 'AI is a lot of work', The Verge, 20 June 2023.

76. C. Metz et al. 'How Self-Driving Cars Get Help From Humans Hundreds of Miles Away'. *New York Times*, 3 Sep 2024.

77. S. L. Smith et al., 'ConvNets match vision transformers at scale', arXiv, 25 October

2023; See also: J. Hoffmann et al., 'Training computeoptimal large language models', arXiv, 29 March 2022; Gemini, 'A family of highly capable multimodal models', Google Gemini Team, 2024.

78. I. J. Goodfellow et al., 'Explaining and harnessing adversarial examples', arXiv, 20 March 2015.

79. 토니 왕 인터뷰, 2023년 8월.

80. T. T. Wang, 'Adversarial policies beat superhuman Go Ais', arXiv, 13 July 2023.

81. OpenAI, 'GPT-4 technical report', arXiv, 27 March 2023.

82. P. Raghavan, 'Gemini image generation got it wrong. We'll do better', Google Blog, 23 February 2024.

83. P. Christiano, 'AI alignment is distinct from its near-term applications', *Medium*, 13 December 2022.

84. M. Tegmark and S. Omohundro, 'Provably safe systems: the only path to controllable AGI', arXiv, 5 September 2023.

85. J. Titcomb, 'Critics say tech giants' endorsement of regulation is designed to hamper industry upstarts', *Telegraph*, 30 October 2023.

8장. 불확실성 속에서 얼마나 손해를 감수할 것인가?

1. T. Phillips, '"Utter disaster": Manaus fills mass graves as Covid-19 hits the Amazon', *Guardian*, 30 April 2020; Associated Press, 'Guayaquil, Ecuador, once had bodies on the street because of coronavirus. Now it's helping others', NBC News, 7 August 2020.

2. T. Whipple, 'Tom Whipple's year in Covid from Wuhan to lockdown to vaccine', *The Times*, 3 December 2020.

3. B. Carey, 'Stanford's Maryam Mirzakhani wins Fields Medal', *Stanford News*, 12 August 2014.

4. J. E. Lane-Claypon, *Hygiene of Women and Children* (London, Hodder & Stoughton, 1921).

5. E. Pearson, '"Student" as statistician', Biometrika, 1939.

6. Author interview, April 2022.

7. T. Greenhalgh et al., 'Evidence based medicine: a movement in crisis?', *British Medical Journal*, Vol. 13 (348), 2014.

8. Obituary: Alice Stewart, *Telegraph*, 16 August 2002.

9. A. B. Hill, 'The environment and disease: association or causation?', *Proceedings of the Royal Society of Medicine*, Vol. 58 (5), 1965.